普通高等教育"十三五"电子信息类规划教材

数字信号处理

第 2 版

杨毅明　编著

机 械 工 业 出 版 社

本书采用新颖的形式系统介绍数字信号处理的概念、用途、理论和实现方法，编写力求理论紧扣实际、论述有据、逻辑连贯，应用内容涉及广泛、形象生动。

全书共分10章。第1章介绍数字信号处理的基本概念。第2、3章介绍从时域和频域观察数字信号的基本理论。第4~6章介绍数字信号处理的方法和技巧。第7、8章介绍数字滤波器的设计方法。第9、10章介绍数字信号处理的实现和实验平台。

本书可作为高等学校电子信息工程、通信工程、自动化、电子科学与技术、测控技术与仪器、生物医学工程、计算机、雷达、声纳等工科专业以及理科电子信息科学与技术专业的教材，也可作为从事这些专业的工程技术人员和科学研究人员的参考书。

本书各章后的习题大多与实际应用紧密相关，书中习题附有详细的参考解答，方便用书教师授课和学生自学。本书配有免费电子课件，欢迎选用本书的教师登录 www.cmpedu.com 注册下载或发邮件至邮箱 happyvivian0915@126.com 索取。

图书在版编目（CIP）数据

数字信号处理/杨毅明编著. —2版 . —北京：机械工业出版社，2017.7
（2023.12 重印）

普通高等教育"十三五"电子信息类规划教材

ISBN 978-7-111-57623-5

Ⅰ.①数…　Ⅱ.①杨…　Ⅲ.①数字信号处理-高等学校-教材　Ⅳ.①TN911.72

中国版本图书馆 CIP 数据核字（2017）第 189590 号

机械工业出版社（北京市百万庄大街 22 号　邮政编码 100037）
策划编辑：王　康　责任编辑：王　康　刘丽敏
责任校对：刘秀芝　封面设计：张　静
责任印制：刘　媛
涿州市般润文化传播有限公司印刷
2023 年 12 月第 2 版第 4 次印刷
184mm×260mm　·13.5 印张　·324 千字
标准书号：ISBN 978-7-111-57623-5
定价：38.00 元

电话服务　　　　　　　　网络服务
客服电话：010-88361066　机　工　官　网：www.cmpbook.com
　　　　　010-88379833　机　工　官　博：weibo.com/cmp1952
　　　　　010-68326294　金　书　网：www.golden-book.com
封底无防伪标均为盗版　机工教育服务网：www.cmpedu.com

第 2 版前言

数字信号处理是信息技术的基础，是高校电子信息类和计算机类专业的必修课。本书基于读者对第 1 版的厚爱，为应对信息社会对数字信号处理的更高需求，在第 1 版的基础上全面改编而成。

根据教学经验和学生的反馈意见，为保证理论的完整性，又能精简篇幅，本书的策略是：公式推导只描述推导的基本思路，去除推导的中间步骤，对第 1 版进行了缩减，并尽量保持内容的逻辑关联性和全面性，以简洁贯穿全文。同时，结合 MATLAB 和 DSP 技术的广泛应用，添加了一些 MATLAB 的关键性指令和生动的应用实例，以加强学生对数字信号处理的三种基本运算的认识。添加的指令能解决书中大部分数学计算和绘图工作，实例部分则有利于拓宽学生的视野，以提高数字信号处理的直观性，提高学生的学习效率，构建学生发挥想象力的平台。

另外，为方便读者学习，本书在每章的习题后面配有一个二维码，扫描二维码即可获得本章习题的参考答案。全书习题列表和勘误可通过扫描下面的二维码来获取，可供读者查看实时更新。

由于编者水平有限，书中的缺点和不足之处在所难免，恳请广大读者指正与建议，以便再版时做进一步修订与完善。

杨毅明

写于华侨大学，2017 年 8 月 10 日

第 1 版前言

今天，超大规模集成电路技术的飞速发展，使得数字技术越来越广泛地应用于各种产品，数字信号处理技术在现代科技中的地位越来越重要。在这种背景下，笔者历时 7 年，以 71 份国内外参考资料为素材，顺应社会对应用型人才的需要，并考虑今天大学生的学习兴趣和知识接受特点，综合自己多年讲授"数字信号处理"课程的经验，编写了本书。

本书力求将深奥的理论按照我国读者的认知方式和文化习惯来编写，并力求通俗、易懂和实用。在介绍高科技的同时，更期望可以培养读者选择优秀的科学处理方法的能力，启迪智慧和心灵，让读者通过学习高科技理论的过程，看到专业学者解决问题所采用的方法，学会解决问题的科学策略，学会学习的方法和培养开发创新的能力。

为了防止数字信号处理的概念被众多数学公式的推导所淹没，本书将讲清概念放在第一位，深入浅出，数学工具的使用和数学推导过程的介绍力求均衡，既不过于简化内容，又不拘泥于数学细节，让读者快速了解数字信号处理的要领。

为了把数字信号处理中难学的抽象理论转化成有益的学习工具，为了减少繁琐的数学计算工作，为了提高数字信号处理的趣味，为了使数字信号处理更加形象生动，为了提高读者的实践和创新能力，本书大量采用 MATLAB 软件作为辅助工具。当然，即便读者之前没有学习过 MATLAB 软件的使用，也同样可以在阅读本书时一边轻松地学习数字信号处理，一边轻松地应用 MATLAB，而不必把它当做一门新课来学。

本书内容除第 1 章对数字信号处理进行全面介绍之外，其余章节的知识结构，按照认知规律，可以分为"了解""参与""应用"3 个阶段。了解阶段由第 2~6 章组成，它从我们熟悉的时间分析角度到具有本质意义的频率分析角度，介绍描述数字信号处理的基本方法和基本理论，从提高计算机计算速度和节约计算机资源的角度介绍计算方法，从频率的分析角度介绍处理信号的本质。这种安排为的是循序渐进，让读者从熟悉的现象过渡到生疏的理论，学习和适应抽象的理论。参与阶段由第 7、8 章组成，它从常见的滤波器入手介绍数字信号处理的设计，教给读者应用数字信号处理的技巧。应用阶段由第 9、10 章组成，它从实际情况出发，介绍实现数字信号处理的基本方法，给数字信号处理的知识做一个总结。

本书还提供了 5 个数字信号处理的小实验，它们是为本书量身定做的应用实例。通过实验，读者可以真切感受数字信号处理的应用魅力。可以通过模仿和变通，培养和开拓自己的创新能力。

对授课教师的建议：

本书课时安排建议如下：第 1 章，介绍数字信号处理的概念与应用，从 15 个领域介绍各种应用的基本方法，建议讲 2 课时，部分内容让学生自学。第 2 章，介绍从时域观察信号的方法、信号之间的关系，并引出从时域观察系统的方法和在时域处理信号的方法，建议讲 8 课时。第 3 章，介绍从频域观察信号的方法，以正弦波为信号的基本成分，给出 4 类信号的正弦分析，并引出从频域观察系统的方法，建议讲 8 课时。第 4 章，介绍怎样合理地转换模拟信号和数字信号，怎样简化系统的频谱分析，怎样用计算机进行频谱分析，建议讲 10 课时。第 5 章，介绍提高信号处理的效率，着重介绍时域抽取和频域抽取两种方法，并给出它们的应用，建议讲 6 课时。第 6 章，介绍数字滤波的概念、技术指标和研究方法，并从信号流动的角度对数字滤波器分类，建议讲 2 课时，部分内容让学生自学。第 7 章，介绍无限脉冲响应滤波器的设计，从间接设计法、直接设计法、低通模型的变换等 3 个方面进行介绍，建议用 8 课时，重点讲模拟滤波器的设计和数字滤波器的间接设计，具体设计让学生自己实践。第 8 章，介绍有限脉冲响应滤波器的设计，以频谱表示法和线性相位为基础，介绍时域设计法、频域设计法和最优化设计法，建议用 8 课时，重点讲原理，具体的设计操作让学生自己实践。第 9 章，介绍实际数字系统的多采样率概念和意义，重点在整数倍降低采样率和整数倍提高采样率两个方面，建议讲 4 课时。第 10 章，介绍实现数字信号处理的基本方法，主要是如何提高数字信号处理器的计算速度、怎样合理地用数字表示信号、怎样对付计算时出现的误差，并给出 3 个应用实例，建议讲 4 课时。

如果学时不够的话，第 9 章和第 10 章可让学生自学。书后附录中的 5 个实验是针对教材所阐述的理论安排的，它们只是数字信号处理应用的引子，希望学生能以此为基础，设计出更有趣的数字信号处理应用实例。

在编写过程中，笔者遵循通俗、易懂和实用的原则，以及"数字信号处理"课程注重信号本质和讲求信号处理实效的科学精神。本书的编写，有幸得到北京工商大学计算机与信息工程学院陈天华教授，华侨大学信息科学与工程学院冯桂教授、戴声奎副教授、陈东华博士等的指正，以及广西大学物理科学与工程技术学院阳兆祥教授的指导。在此，感谢他们为规范和完善本教材所做的贡献。另外，感谢 MATLAB 这个强大的软件工具，为本书提供了扩展和创新的平台。最后，感谢家人对我全力的支持与帮助。

书中漏误之处，望广大读者不吝赐教。

杨毅明

写于华侨大学，2011 年 3 月 25 日

目 录

第1章

数字信号处理的策略

数字信号处理是指用数学和数字计算来解决问题。因为数学是最精炼的科学语言，能简化问题，并预测结果；而人类的进步在于能用机器完成的事尽量让机器做，数学计算能用计算机执行。

在大学里，数字信号处理（Digital Signal Processing，DSP）是指用数字计算进行信号处理的理论。另外 DSP 也是 Digital Signal Processor 的简称，即数字信号处理器，是一种可编程计算机芯片，小到绿豆那么大；大学里将 DSP 视为一门技术，称 DSP 技术与应用。

1.1 数字信号处理的概念

数字信号处理的信号主要来自自然界，信号在计算机里用二进制数表示，信号处理则是将人的意愿用数学表示，然后编程让计算机执行。

二进制数的 0 和 1 状态电路容易判断，有利于消除干扰。比特是数字位的单位。

电量是最适合传输和处理的物理量。若信号的时间连续大小也连续则称模拟信号，大小不连续则称连续时间信号。若信号的时间不连续大小连续则称离散时间信号，大小离散则称数字信号。

不管哪种信号，要让计算机处理就必须是数字信号。图 1-1 的信号 $v(t)$ 是模拟信号，若变为数字信号 $v(n)$，只能是一组数字 $[v_1, v_2, v_3, \cdots]$。时间间隔越密，数字的位越多，则 $v(n)$ 与 $v(t)$ 越接近。在学习研究阶段，数字信号常用十进制表示，不考虑误差，把离散时间信号视为数字信号。

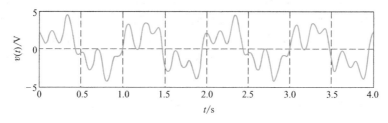

图 1-1 模拟信号波形

2

大部分数字信号处理都要求按信号变化的时间进行，这种信号处理称实时（Real Time）信号处理，它对计算机的速度要求较高。用数字表示信号是有讲究的，它关系到计算机的速度、存储量、误差等。例如图1-1的信号

$$v(t) = 2\sin(2\pi t) + \sin(6\pi t + 1) + \sin(11\pi t + 2) \tag{1-1}$$

若要将它存储在磁带上，可模拟信号存储、离散时间信号存储、数字信号存储，但不算很好，最好是存储正弦波的幅度、频率和初相位。

通用计算机可进行数字信号处理，但它们体积大、价格贵、耗电多，只适合学习和研究阶段。DSP芯片体积小、功耗低、价格便宜，容易嵌入设备，适合数字信号处理的应用。

1.2 数字信号处理的用途

东西要整理，事情要处理，信号也是一样。信号处理的用途遍及工、农、商、学、军事等，归纳起来无非对比、加工和分析。

信号对比类似事物对比，对比可获得信息。如医疗诊断、语音识别、文件分类等。

信号加工类似材料加工，加工可获得所需的东西。例如，当你打电话时，信号经线路传到对方，若线路阻抗不匹配，则到达对方的部分信号将沿线路反射回来，成为回声。距离几百公里时，回声几毫秒就能回到你耳朵，因人耳习惯几毫秒的回声，所以感觉正常。通话距离越远，回声就越明显。回声时间超过40ms就会扰乱人的听觉。中国到美国的洲际通话，直线距离超过1.2万km，回声时间约80ms，这种情况会令通话者讨厌；经卫星传输的距离更远，回声时间达500～600ms。

信号加工可消除回声，方法是在产生回声的地方，即当地电话总机对回声信号进行处理，原理如图1-2所示，让远方信号通过一个数字滤波器，复制出与回声大小相同的信号，并与回声信号相减。由于

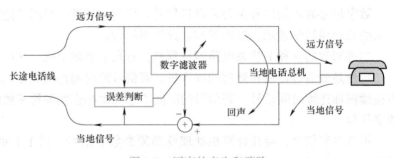

图1-2　回声的产生和消除

通话线路因人、天气而变，所以滤波器的性能应自动调整，才能抵消回声。根据远方信号和相减结果，误差判断算出合适的滤波器参数，就能使滤波器朝着消除回声的方向改进。

信号分析类似化学分析，分析可知物质成分。例如无解体故障检测。飞机是在天上飞的，必须保证机械无故障。发动机是飞机的心脏，结构精密，不能随便拆卸检查。因此，监听监测发动机声音、齿轮啮合运转振动和机身振动，成为快速准确检测飞机的方法。发动机部件的尺寸不同，工作时形成特定频率的振动，它们相互叠加和调制，形成发动机系统特有的频率特性。检修飞机时，用振动传感器检测这些信号，根据信号分析公式计算它们的成分，就可了解发动机的内部情况。

又如数码相机。民用电子产品必须物美价廉，这要求数码相机有限存储器可存很多照

片。有效的方法是对原始图像数字进行分解计算，根据算出的重要性保存数字，这样才能降低产品成本。

1.3　数字信号处理的模型

数字信号处理用数学描述，由机器完成。

1.3.1　机器模型

大部分信号的初态是物理变化，如声音和光，它们要转换才能成为电信号，如图 1-3 所示；这种电信号是模拟信号，计算机不能处理，要转换成数字信号。模数转换的速度有限，而且模拟信号可能含有快变成分，所以要低通滤波，消除没用的快变部分，保证模数转换的正确性。

原始信号变为数字信号后就可进行数字信号处理，如编码、调制等。对于不可编程的处理器，信号经过电路就完成处理；对于可编程的处理器，信号经过计算机计算才能完成处理。

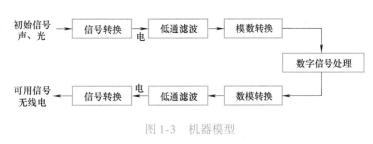

图 1-3　机器模型

处理后的数字信号往往要回到物理形态才能使用，如无线电。数字信号要数模转换才能成为连续时间信号，这种信号突变的地方要低通滤波，才会光滑。

若只考虑电信号，数字信号处理系统可分为五个单元：低通滤波、模数转换、数字信号处理、数模转换和低通滤波。不管数字信号处理系统由七个还是五个单元组成，技术含量最高是数字信号处理。

1.3.2　数学模型

数学是最精炼的语言，它研究量、结构、空间的变化规律，能准确描述问题，还能预测结果；没有数学，人类还在黑暗中摸索。只要信号或系统能用数学公式表示，工程师就能以此设计电路，不管电路可否编程，都能实现信号处理。

用数学解决问题的第一步是用数学符号、图表、公式等描述实际问题，这种描述叫数学建模，它是数据处理、信号处理和科学决策的基础。

以美国人口预报为例。从 1790 ～ 1990 年，美国每隔 10 年的全国人口统计数据是 {3.9，5.3，7.2，9.6，12.9，17.1，23.2，31.4，38.6，50.2，62.9，76.0，92.0，106.5，123.2，131.7，150.7，179.3，204.0，226.5，251.4}/百万，让我们根据这些数据，用马尔萨斯的人口模型预报 2000 年的美国人口。

4

马尔萨斯（Malthus）是英国人口学家，他1798年提出，若人口增长率与当时 t 的人口 $x(t)$ 成正比，则人口问题将是个微分方程问题。基于这个理论，美国人口的数学模型为

$$\frac{dx(t)}{dt} = rx(t) \tag{1-2}$$

r 为常数，该微分方程的解是

$$x(t) = ce^{rt} \tag{1-3}$$

c 为常数。两组时间人口可确定 r 和 c。例如，根据 $x(1790) = 3.9$ 和 $x(1890) = 62.9$，得二元方程组

$$\begin{cases} 3.9 = ce^{1790r} \\ 62.9 = ce^{1890r} \end{cases} \tag{1-4}$$

其根 $r \approx 0.0278$ 和 $c \approx 9.45 \times 10^{-22}$。这种根的美国人口模型为

$$x(t) = 9.45 \times 10^{-22} e^{0.0278t} \tag{1-5}$$

根据该式预报，2000年美国人口 $x(2000) \approx 1325$ 百万。预报与实际人口如图1-4所示，黑点代表实际人口，虚线代表人口模型，两者在 $t = 1790 \sim 1920$ 年的变化比较接近，1920年后的差别拉大。人口增长与自然资源、环境等因素有关，考虑这些因素的数学建模，才可做出较合理的预报。人口变化规律是规划和控制可持续发展的重要依据。

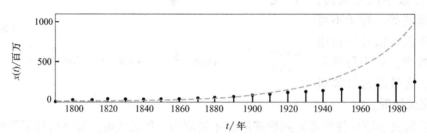

图1-4 人口时间曲线

1.4 数字信号处理的优点

模拟电路按电压的大小处理信号，数字信号处理按电压的高低处理信号，所以，数字信号处理具有如下优点：

1. 处理精度高

数字信号处理的精度由字长决定，常用芯片的字长有16bit和32bit，精度达 $1/2^{16}$ 和 $1/2^{32}$。在模拟电路中，提高元件的精度比较困难，精度能达到 $1/10^2$ 就不错了。

2. 改变功能灵活

数字信号处理采用可编程集成电路，处理信号的功能由数学方程和程序决定。只要改变程序，就可改变功能。模拟电路改变功能要更换电路和元件。

3. 性能稳定

数字信号处理的数字由高低电平组成，不易受器件误差和环境因素的影响，故数字产品容易达到相同指标。模拟电路由元件组成，易受元件误差和环境影响。

4. 效率高

对于慢速信号，数字信号处理器有很多空余时间处理其他信号，实现一机多用。

5. 制作成本低

同型号的处理器是结构相同的集成电路，可批量生产，合格率高、一致性好，节省资源。对于遥感地震这种低频信号，模拟电路需要大体积的电感电容，耗财、耗能，稳定性也不好；而数字信号处理只是一块芯片，体积小、重量轻、耗电少，节省材料、能源和资源。

6. 功能强大

需要解决的问题，只要能用数学表示，数字信号处理器就能处理。另外，数字信号、程序都可存储在电路、光盘或磁盘上，方便传输和处理。

放眼全球，数字信号处理技术能节省大量硬件投资、缩短开发产品的周期、实时适应市场变化，无论用户还是厂家都能从中获取巨大效益。

信号处理分为三种，下面介绍如何用数学公式表示它们，信号对比和加工在第 2 章讲解，信号分析在第 3 章讲解。

1.5　习题

1. 语音经话筒转换的电信号是模拟还是数字信号？玻璃温度计的温度是模拟还是数字信号？光盘存储的信号是模拟还是数字信号？

2. 测量得到的人身高是什么信号？

3. 用传声器得到的鸟叫信号是什么信号？

4. 模拟信号抗干扰能力强，还是数字信号抗干扰能力强？

5. 统计学生成绩是模拟还是数字信号处理？

6. 观察年气温变化，用模拟还是用数字信号处理较好？

7. 放大老师讲课的声音，该用模拟电路还是数字信号处理器？

8. 根据数字信号处理系统 7 个部分来判断，激光唱机由哪几部分组成？

9. 海底判断远处是否有潜水艇游动，为什么不用信号处理就听不到想听的声音？

10. 请从生活中找 5 种数字信号处理实例，并介绍它们在准确性和制作成本方面的贡献。

11. 记录自己每天新学单词，根据 10 天的均值预计自己看英文书的日子，设看英文书要 8000 个单词。

12. 监测地震波，模拟和数字方式哪种好？

13. 数字信号处理的信号与通用计算机的信号有什么不同？

习题参考答案

本章从时间的角度，介绍描述信号和系统的方法，即如何用数学公式表示信号、信号对比和信号加工。

实际应用中，信号大多是模拟信号，自变量多为时间，故以时间为自变量，信号为因变量。从数学的角度看，自变量和因变量都是符号，代表什么物理量都可以。在学习研究阶段，用离散时间信号表示数字信号较方便和直观。

2.1 时域信号

离散时间信号简称离散信号，其自变量为整数，表示时间顺序，简称时序，用符号 n 表示。时序既可表示时刻位置，也可表示存储器位置、地理位置等。离散信号大多来自模拟信号，连续时间 t 和离散时序 n 的关系是 $t = nT$，T 为时间离散 t 的间隔，称采样周期（Sample Time），一般为常数。为了简洁，离散信号只用 n 表示自变量。

数学上称离散信号为序列（Sequence），这样一来，序列还可以代表信号处理的系统。常见序列有脉冲序列、阶跃序列、矩形序列、正弦序列、周期序列，它们可组合成各种复杂序列。

1. 脉冲序列

突然为非 0 值然后又为 0 的序列叫脉冲序列，若非 0 值为 1 则叫单位脉冲序列（Unit Impulse Sequence），用符号 $\delta(n)$ 表示，定义为

$$\delta(n) = \begin{cases} 1 & (n=0) \\ 0 & (n \neq 0) \end{cases} \tag{2-1}$$

波形如图 2-1 所示，用点线表示，左图用数学软件 MATLAB 绘制，右图用传统方式绘制。若单位脉冲的 1 在 $n=2$ 出现，则用 $\delta(n-2)$ 表示；若脉冲幅值为 3，则用 $3\delta(n)$ 表示。

2. 阶跃序列

突然为非 0 值然后一直保持该值的序列叫阶跃序列，若非 0 值为 1 则叫单位阶跃序列（Unit Step Sequence），用符号 $u(n)$ 表示，定义为

$$u(n) = \begin{cases} 1 & (n \geq 0) \\ 0 & (n < 0) \end{cases} \tag{2-2}$$

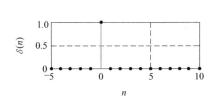 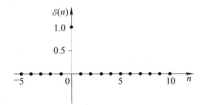

图 2-1　单位脉冲序列波形

图 2-2 是用 MATLAB 绘制的 $u(n)$ 波形。若序列含很多数字，用光滑曲线画波形较好看，如图 2-3 所示，该 $u(n)$ 有 101 个样本。

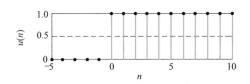 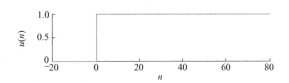

图 2-2　单位阶跃序列波形　　　　　　　图 2-3　大数量单位阶跃序列曲线

根据位移的概念，单位脉冲序列 $\delta(n)$ 和单位阶跃序列 $u(n)$ 的关系为

$$\delta(n) = u(n) - u(n-1) \tag{2-3}$$

同理，单位阶跃序列 $u(n)$ 和单位脉冲序列 $\delta(n)$ 的关系为

$$u(n) = \delta(n) + \delta(n-1) + \delta(n-2) + \cdots$$
$$= \sum_{p=0}^{\infty} \delta(n-p) \tag{2-4}$$

p 是连续相加时的时序，表示 $\delta(n)$ 的延时。

3. 矩形序列

突然为非 0 值，稳定一阵后又为 0 的序列叫矩形序列（Rectangle Sequence），若非 0 值为 1 则叫单位矩形序列，用符号 $R_N(n)$ 表示，N 表示 1 的数量，定义为

$$R_N(n) = \begin{cases} 1 & (0 \leq n \leq N-1) \\ 0 & (\text{其他 } n) \end{cases} \tag{2-5}$$

图 2-4 是 6 点长矩形序列 $R_6(n)$ 波形。

序列可分可合，故 $R_N(n)$ 还可写为

$$R_N(n) = \sum_{p=0}^{N-1} \delta(n-p) \tag{2-6}$$
$$= u(n) - u(n-N)$$

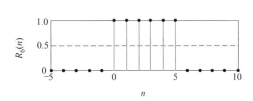

图 2-4　6 点长矩形序列波形

4. 正弦波序列

按正弦函数变化的序列叫正弦序列，定义为

$$x(n) = \sin(\omega n) \tag{2-7}$$

式中，ω 称为数字角频率，单位为弧度/样本，表示单位时序的弧度增量。因时序没单位，故 ω 的单位可称弧度。余弦序列的变化规律和正弦序列相同，只是相位相差 $\pi/2$，有时正弦和余弦序列都称正弦序列。

若以 T 为采样周期从正弦函数 $x_a(t) = \sin(\Omega t)$ 得到正弦序列 $x(n)$，则

$$x(n) = x_a(nT) = \sin(\Omega nT) = \sin(\omega n) \tag{2-8}$$

Ω 为模拟角频率，简称角频率，单位为弧度/秒（rad/s）。可见，数字角频率 $\omega = \Omega T = 2\pi f T$。

5. 周期序列

特征重复变化的序列叫周期序列，定义为

$$x(n) = x(n+N) \tag{2-9}$$

N 为最小正整数，称周期序列的周期。不满足这个定义的序列为非周期序列。

例 2.1　请判断正弦序列 $x(n) = \sin(0.08\pi n)$ 是否是周期序列。

解　用 $n+N$ 替换 $x(n)$ 的 n 得到

$$\begin{aligned}
x(n+N) &= \sin[0.08\pi(n+N)] \\
&= \sin(0.08\pi n + 0.08\pi N)
\end{aligned} \tag{2-10}$$

根据转一圈的角度为 2π，若等号右边的 $0.08\pi N = 2\pi k$，k 为正整数，则有 $x(n+N) = x(n)$。观察可知 $N = 25k$，$k = 1$，故 $x(n) = \sin(0.08\pi n)$ 是周期序列，周期 $N = 25$。

例 2.2　请判断正弦序列 $x(n) = \sin(0.08n)$ 是否是周期序列。

解　用 $n+N$ 替换 $x(n)$ 的 n 得到

$$x(n+N) = \sin(0.08n + 0.08N) \tag{2-11}$$

因等号右边的 $0.08N$ 无法等于 $2\pi k$，故 $x(n) = \sin(0.08n)$ 不是周期序列。

2.2　信号对比

信号对比就是测量两个信号的相似程度，或者说两个信号统计的相关和依赖性。例如，接收机收到一串二进制码，可能里面个别比特有错，想正确知道对方发出的码，对比即可，将所有预定码与接收码对比，取最相似的。

2.2.1　相关系数

两个等长序列 $x(n)$ 和 $y(n)$ 对比，$n = 0 \sim N-1$，为了更具普遍意义，设它们为复数序列，它们的关系写为

$$x(n) = cy(n) + e(n) \tag{2-12}$$

c 为任意常数，$e(n)$ 为误差，应存在一个最佳（Optimal）值 c_0 使 $e(n)$ 最小。

由于误差为复数，有两种方法计算：一种是误差的绝对值求和，另一种是误差的绝对值二次方求和。第二种方法便于求导，这种方法称方均误差（也叫期望），用 E 表示。方均误差写为

$$E = \frac{1}{N} \sum_{n=0}^{N-1} \{[x(n) - cy(n)][x(n) - cy(n)]^*\} \tag{2-13}$$

因 $E \geq 0$，寻找最小误差 E_{min} 就是求 c 为自变量的 E 的最小值，对 E 求导即可。求导得

$$\frac{dE}{dc} = \frac{1}{N} \sum_{n=0}^{N-1} \left\{ -y(n)\left[x(n) - cy(n) \right]^* + \left[x(n) - cy(n) \right]\left(-\frac{dc^*}{dc} \right) y^*(n) \right\} \quad (2\text{-}14)$$

整理后得

$$\frac{dE}{dc} = \frac{1}{N} \sum_{n=0}^{N-1} \left[cy(n)y^*(n) - x(n)y^*(n) \right]^* + \frac{1}{N}\frac{dc^*}{dc} \sum_{n=0}^{N-1} \left[cy(n)y^*(n) - x(n)y^*(n) \right]$$

$$(2\text{-}15)$$

若导数的求和项

$$\sum_{n=0}^{N-1} \left[cy(n)y^*(n) - x(n)y^*(n) \right] = 0 \quad (2\text{-}16)$$

则导数也为 0，这是方均误差为最小值的条件。所以，使 E 为最小的 c 为

$$c_0 = \frac{\displaystyle\sum_{n=0}^{N-1} x(n)y^*(n)}{\displaystyle\sum_{n=0}^{N-1} |y(n)|^2} \quad (2\text{-}17)$$

这说明，在各种序列 $cy(n)$ 中，唯有 $c_0 y(n)$ 与 $x(n)$ 最相似。将 c_0 代入 E 公式可得最小方均误差

$$E_{\min} = \frac{1}{N}\sum_{n=0}^{N-1}|x(n)|^2 - \frac{\left[\displaystyle\sum_{n=0}^{N-1} x(n)y^*(n) \right]\left[\displaystyle\sum_{n=0}^{N-1} x(n)y^*(n) \right]^*}{N\displaystyle\sum_{n=0}^{N-1}|y(n)|^2} \quad (2\text{-}18)$$

为了便于观察 $E_{\min}$，将上式除以等号右边第一项，得到相对误差最小值

$$E_{\min}\bigg/ \frac{1}{N}\sum_{n=0}^{N-1}|x(n)|^2 = 1 - r \cdot r^* \quad (2\text{-}19)$$

其系数

$$r = \frac{\displaystyle\sum_{n=0}^{N-1} x(n)y^*(n)}{\sqrt{\displaystyle\sum_{n=0}^{N-1}|x(n)|^2 \sum_{n=0}^{N-1}|y(n)|^2}} \quad (2\text{-}20)$$

该系数称相关系数（Correlation Coefficient）。特点是 $|r| \leqslant 1$，$|r|$ 越大 $y(n)$ 和 $x(n)$ 越像，$|r| = 1$ 时 $y(n)$ 和 $x(n)$ 最像。原因是误差 $E \geqslant 0$，相对误差 $\geqslant 0$。

相关系数用 MATLAB 求解时写为

$$r = (x * y')/\text{sqrt}(x * x')/\text{sqrt}(y * y') \quad (2\text{-}21)$$

变量的运算是复数矩阵运算，x 表示 $x(n)$ 的行向量，x' 表示 x 的共轭转置，依此类推。

例 2.3　设参考信号为 $w(n) = R_3(n)$，对比信号为 $x(n) = (n+2)R_3(n)$、$y(n) = 2R_4(n)$ 和 $z(n) = 1.5\delta(n) + 2\delta(n-1) + 1.5\delta(n-2)$，如图 2-5 所示。请问 $x(n)$、$y(n)$ 和 $z(n)$ 哪个最像 $w(n)$，$n = 0 \sim 5$。

解　根据相关系数式，$w(n)$ 与 $x(n)$ 在 $[0, 5]$ 范围的相关系数

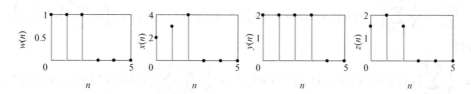

图 2-5　参考信号和对比信号

$$r_{wx} = \sum_{n=0}^{5} w(n)x^*(n) \bigg/ \sqrt{\sum_{n=0}^{5} |w(n)|^2 \sum_{n=0}^{5} |x(n)|^2}$$

$$= [1 \times 2 + 1 \times 3 + 1 \times 4] \bigg/ \sqrt{(1^2 + 1^2 + 1^2)(2^2 + 3^2 + 4^2)} \qquad (2\text{-}22)$$

$$\approx 0.96$$

同理，$w(n)$ 与 $y(n)$ 和 $z(n)$ 的相关系数 $r_{wy} \approx 0.87$ 和 $r_{wz} \approx 0.99$。相比之下，r_{wz} 最大，故 $z(n)$ 最像 $w(n)$。

2.2.2　相关序列

信号 $x(i)$ 与 $y(i)$ 逐段对比的原理如图 2-6 所示，对比的结果是序列，称相关序列。相关序列的计算可借鉴相关系数得到，其做法是取相关系数的分子式，并且 $x(i)$ 对比的段用 $y(i+n)$ 表示，如此可得

$$r(n) = \sum_{i=0}^{N-1} x(i)y^*(i+n) \qquad (2\text{-}23)$$

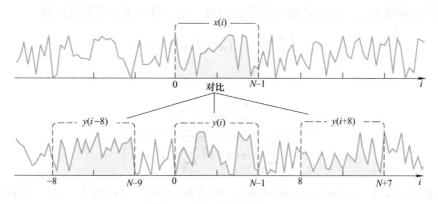

图 2-6　$x(i)$ 逐段对比 $y(i)$

相关序列与位置 n 有关，它是计算 $x(i)$ 与 $y(i)$ 各段相似程度的工具，直观写法为

$$r(n) = x(0)y^*(n) + x(1)y^*(1+n) + \cdots + x(N-1)y^*(N-1+n) \qquad (2\text{-}24)$$

若 $x(n)$ 长 N 点，$y(n)$ 长 M 点，则 $r(n)$ 长 $M+N-1$，$n = -N+1 \sim M-1$。根据是 $x(i) \neq 0$ 的 $i = 0 \sim N-1$ 和 $y(i+n) \neq 0$ 的 $i+n = 0 \sim M-1$，得 $x(i)y^*(i+n) \neq 0$ 的 $n = -N+1 \sim M-1$。

相关的终极目标是应用，理解其运算特点是关键。相关的运算只有延时、乘、加。相关的应用非常广泛，一般分为自相关序列和互相关序列。

（1）自相关序列

当信号 $x(n)$ 与自身对比时，这种相关称自相关序列，用符号 $r_{xx}(n)$ 表示，公式为

$$r_{xx}(n) = \sum_{i=0}^{N-1} x(i)x^*(i+n)$$ (2-25)

下标表示参与对比的序列，n 为 $x(i)$ 与 $x(i+n)$ 的距离。

例 2.4　设有限长序列 $x(n) = [1, 2, 3]$，$n = 0 \sim 2$，求 $x(n)$ 的自相关序列。

解　按定义，$x(n)$ 的自相关序列

$$r_{xx}(n) = \sum_{i=0}^{2} x(i)x(i+n)$$ (2-26)

所以，按公式计算得

$$r_{xx}(-1) = \sum_{i=0}^{2} x(i)x(i-1) = x(0)x(-1) + x(1)x(0) + x(2)x(1) = 2 + 6 = 8$$

$$r_{xx}(0) = \sum_{i=0}^{2} x(i)x(i) = x(0)x(0) + x(1)x(1) + x(2)x(2) = 1 + 4 + 9 = 14$$ (2-27)

$$r_{xx}(1) = \sum_{i=0}^{2} x(i)x(i+1) = x(0)x(1) + x(1)x(2) + x(2)x(3) = 2 + 6 = 8$$

$$\vdots$$

整理后得 $r_{xx}(n) = [3,8,14,8,3]$，$n = -2 \sim 2$，其他 n 时 $r_{xx}(n) = 0$。

自相关序列也能用图形求解，如图 2-7 所示，计算步骤为：移位 n 点、对应时序的数字相乘、乘积相加。

自相关序列还能用乘法竖式计算，如图 2-8 所示。

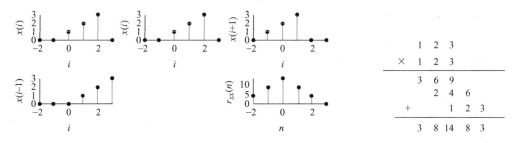

图 2-7　图形计算自相关序列　　　　　　　　　　图 2-8　自相关的乘法竖式

结果 $r_{xx}(n) = [3,8,14,8,3]$，$n = -2 \sim 2$。

有限长实数序列的自相关序列具有偶对称性，该特性可节省计算量。正确性来自

$$r_{xx}(n) = \sum_{i=0}^{N-1} x(i)x(i+n)$$ (2-28)

因 $x(i)x(i+n) \neq 0$ 的条件是 $0 \leq i \leq N-1$ 和 $0 \leq i+n \leq N-1$，或 $i = 0 \sim N-1-n$，故

$$r_{xx}(n) = \sum_{i=0}^{N-1-n} x(i)x(i+n)$$

$$= x(0)x(n) + x(1)x(1+n) + \cdots x(N-1-n)x(N-1)$$ (2-29)

同理

$$r_{xx}(-n) = \sum_{i=n}^{N-1} x(i)x(i-n) \tag{2-30}$$
$$= x(n)x(0) + x(n+1)x(1) + \cdots + x(N-1)x(N-1-n)$$

结果 $r_{xx}(n) = r_{xx}(-n)$。

周期序列的自相关序列具有周期性，周期与周期序列的相同。正确性来自

$$r_{xx}(n+N) = \sum_{i=0}^{N-1} x(i)x(i+n+N) \tag{2-31}$$

根据 $x(n) = x(n+N)$，得 $r_{xx}(n+N) = r_{xx}(n)$。

例 2.5 请根据相关系数的特点，定性分析有限长方波信号 $x(n)$ 和噪声信号 $y(n)$ 的自相关特点，并用 MATLAB 绘制信号及其自相关波形，设信号长 31 点，幅度 ±1，方波周期 10。

解 因 $n=0$ 时信号完全重合，故 $n=0$ 的自相关最大。由于 $x(n)$ 有周期性，当 $x(i+n)$ 相对 $x(i)$ 位移一周期时，$x(i)$ 与 $x(i+n)$ 波形又重合，但重合长度缩短，故 $r_{xx}(n)$ 的极值小于 $r_{xx}(0)$。随 n 增加 $r_{xx}(n)$ 周期衰减。当 $x(i+n)$ 位移超过信号长度后，$r_{xx}(n)=0$。

对于 $y(n)$，因噪声无规律，$y(i+n)$ 怎样位移都与 $y(i)$ 不同、不相似，故 $r_{yy}(n)$ 只有 $r_{yy}(0)$ 最大，其他很小。

用 MATLAB 绘图的指令为

```
n = 0:30;x = 2 * [mod(n,10) < 5] - 1;% mod 为 n 模除
subplot(321);stem(n,x,'.');xlabel('i');ylabel('x(i)');
y = 2 * rand(1,31) - 1;% rand 为随机函数
subplot(322);stem(n,y,'.');xlabel('i');ylabel('y(i)');
r = xcorr(x);% xcorr 为相关函数
subplot(312);stem(-30:30,r,'.');xlabel('n');ylabel('r_{xx}(n)');axis([-30,
30,-30,35])
r = xcorr(y);
subplot(313);stem(-30:30,r,'.');xlabel('n');ylabel('r_{yy}(n)');axis([-30,
30,-3,13])
```

程序运行结果如图 2-9 所示。

周期信号的自相关特性可探测信号所含的周期成分，如信号是否存在机器声，机器声具有周期性；也可检测运行机器的故障，故障和正常声不同；还可检测心脏杂音，健康心跳有规律。

例 2.6 请根据周期和噪声信号的自相关特点，介绍水下探测舰艇原理，并用 MATLAB 绘制相关波形；设潜艇为正弦信号，长 600 幅度 0.5 数字角频率 π/30，噪声为均值 0 方差 1 的正态分布。

解 舰艇信号 $x(n)$ 由发动机产生，噪声信号 $y(n)$ 由海浪、洋流产生，探测信号 $s(n) = x(n) + y(n)$，其自相关得

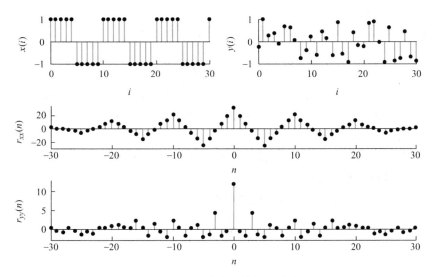

图 2-9　方波和噪声及其自相关波形

$$r_{ss}(n) = \sum_{i=0}^{N-1} s(i)s(i+n)$$

$$= \sum_{i=0}^{N-1} \left\{ \left[x(i) + y(i) \right] \left[x(i+n) + y(i+n) \right] \right\} \qquad (2\text{-}32)$$

$$= r_{xx}(n) + r_{xy}(n) + r_{yx}(n) + r_{yy}(n)$$

$r_{xx}(n)$ 是周期信号的自相关，呈周期衰减；$r_{xy}(n)$ 和 $r_{yx}(n)$ 是 $x(i)$ 与 $y(i)$ 的相关，两者不相似，数值很小；$r_{yy}(n)$ 是噪声的自相关，除 $r_{yy}(0)$ 很大，其他均很小。所以，$r_{ss}(n)$ 呈周期衰减，周期与 $x(n)$ 相同，如图 2-10 所示。产生信号的指令为

```
N = 600; n = 0 : N - 1;
x = 0.5 * sin(pi/30 * n);
y = randn(1, N);
s = x + y;
```

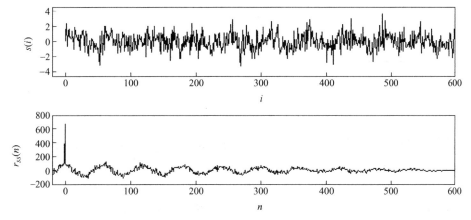

图 2-10　探测信号及其自相关波形

（2）互相关序列

当不同信号对比时，这种相关称互相关序列，用符号 $r_{xy}(n)$ 表示，公式为

$$r_{xy}(n) = \sum_{i=0}^{N-1} x(i)y^*(i+n) \tag{2-33}$$

式中，下标表示对比的序列，n 为对比序列的距离。互相关不但给出两段序列的相似程度，而且给出它们的距离。$r_{xy}(n)$ 常用于搜索长信号中的已知特征信号，如模式识别、电子断层扫描、密码分析和神经生理学。

例 **2.7** 设有限长序列 $x(n)=[1,2]$，$n=0\sim1$，$y(n)=[1,2,3]$，$n=0\sim2$，请按公式、图形和乘法竖式计算互相关序列 $r_{xy}(n)$。

解 按定义，$x(n)$ 和 $y(n)$ 的互相关序列

$$r_{xy}(n) = \sum_{i=0}^{1} x(i)y(i+n) \tag{2-34}$$

所以，不同 n 的互相关序列

$$r_{xy}(-1) = \sum_{i=0}^{1} x(i)y(i-1) = x(0)y(-1) + x(1)y(0) = 2$$

$$r_{xy}(0) = \sum_{i=0}^{1} x(i)y(i) = x(0)y(0) + x(1)y(1) = 5 \tag{2-35}$$

$$r_{xy}(1) = \sum_{i=0}^{1} x(i)y(i+1) = x(0)y(1) + x(1)y(2) = 8$$

$$\vdots$$

整理后得 $r_{xy}(n)=[2,5,8,3]$，$n=-1\sim2$。

按图形计算互相关的原理如图 2-11 所示，计算步骤为：移位 n 点、对应时序的数字相乘、乘积相加，结果 $r_{xy}(n)=2\delta(n+1)+5\delta(n)+8\delta(n-1)+3\delta(n-2)$。

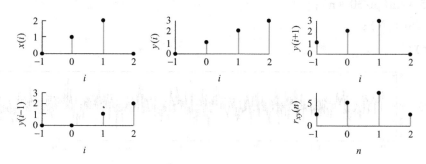

图 2-11　图形计算互相关序列

按乘法竖式计算，如图 2-12 所示，请注意结果的次序：$r_{xy}(n)=[2,5,8,3]$，$n=-1\sim2$。

例 **2.8** 互相关可测量流体速度，原理是对比两地方的信号，如图 2-13 所示，管道上游放置气泡发生器，测量得到上游信号 $x(i)$ 和下游信号 $y(i)=Ax(i-k)+s(i)$，A 为气泡衰减量，k 为气泡上游到下游用的时序，$s(i)$ 是流体噪声。请介绍 $r_{xy}(n)$ 与流速的关系，并绘制相关波形；设 $x(i)$ 长 101 幅度 1，$Ax(i-k)$ 长 1001 幅度 0.5，$s(i)$ 幅度 0.7。

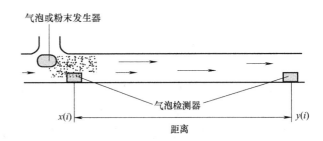

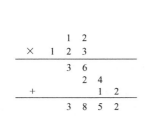

图 2-12　乘法竖式计算互相关

图 2-13　检测流体速度

解　根据定义，$x(n)$ 与 $y(n)$ 的互相关

$$r_{xy}(n) = \sum_{i=0}^{N-1} x(i)\left[Ax(i+n-k) + s(i+n)\right] = Ar_{xx}(n-k) + r_{xs}(n) \qquad (2\text{-}36)$$

式中，$r_{xx}(n-k)$ 是气泡自相关，最大值在 $n=k$；$r_{xs}(n)$ 是两个不同信号的相关，数值都小。所以，$r_{xy}(n)$ 在 $n=k$ 有最大值，如图 2-14 所示。

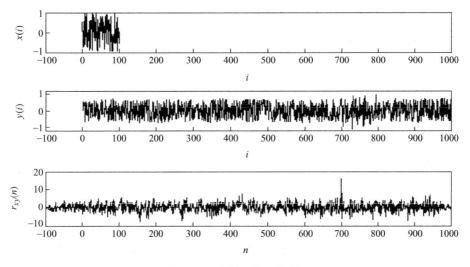

图 2-14　上游下游互相关

本题的绘图程序为

```
i = 0:100; x = 2 * (0.5 - rand(1,101)); % 上游气泡
subplot(311); plot(i,x); xlabel('i'); ylabel('x(i)'); axis([ -100,1000, -1,1])
y = 0.5 * [ zeros(1,700), x, zeros(1,200)] + 1.4 * (0.5 - rand(1,1001)); % 下游气泡
subplot(312); plot(y); xlabel('i'); ylabel('y(i)'); axis([ -100,1000, -1.2,1.2])
r = xcorr(y,x); % 计算互相关
subplot(313); plot( -1000:1000,r); axis([ -100,1000, -10,20]); xlabel('n'); ylabel
('r_{xy}(n)')
```

互相关序列的最大值在 $n=700$，它乘采样周期等于上游到下游的时间，流速 = 距离 ÷ 时间。

2.3 信号加工

数字信号处理将加工信号的实体称为系统（System），系统理论上是数学公式，实际上是计算机软硬件。系统按时序计算信号，达到加工的目的，所以系统是离散时间的，可用公式、波形描述。抽象地说，系统和信号都是序列；但系统有变换信号的功能，这是它与信号的不同之处，因此，系统还有独特的描述方法。

2.3.1 符号

一般用符号 T[ ] 表示系统对方框内的信号进行加工处理，被处理的信号叫作输入信号，处理后的信号叫作输出信号。T 也可用意义相近的符号取代，如 $x(n)$ 的傅里叶变换用符号 F[$x(n)$] 表示。输入 $x(n)$ 和输出 $y(n)$ 的关系用符号表示为

$$y(n) = T[x(n)] \tag{2-37}$$

从数学看，信号加工就是变换，一个输入对应一个输出称为映射（Map）。下面用符号介绍系统的性质。

1. 线性性质

如果系统满足

$$T[x_1(n) + x_2(n)] = T[x_1(n)] + T[x_2(n)] \tag{2-38}$$

则称系统具有相加性。

如果系统满足

$$T[ax(n)] = aT[x(n)] \quad (a \text{ 为常数}) \tag{2-39}$$

则称系统具有比例性。

同时具有相加性和比例性的系统称为线性系统。根据相加性和比例性，线性系统满足

$$T[ax_1(n) + bx_2(n)] = aT[x_1(n)] + bT[x_2(n)] \ (a \text{ 和 } b \text{ 为常数}) \tag{2-40}$$

这种性质也称为叠加（Superposition）性。

例 2.9　房间里讲话的声音有直接和反射到达耳朵的。若话音为 $x(n)$，耳朵听到的为

$$y(n) = 0.9x(n) + 0.5x(n-7) \tag{2-41}$$

请问该系统是否为线性的？

解　若输入 $x(n) = ax_1(n) + bx_2(n)$，则系统的输出

$$\begin{aligned}
y(n) &= T[ax_1(n) + bx_2(n)] \\
&= 0.9[ax_1(n) + bx_2(n)] + 0.5[ax_1(n-7) + bx_2(n-7)] \\
&= a[0.9x_1(n) + 0.5x_1(n-7)] + b[0.9x_2(n) + 0.5x_2(n-7)] \\
&= aT[x_1(n)] + bT[x_2(n)]
\end{aligned} \tag{2-42}$$

满足叠加性，故该系统是线性的。

2. 时不变性质

如果系统的输入 $x(n)$ 和输出 $y(n)$ 满足

$$y(n-d) = \mathrm{T}\big[x(n-d)\big] \tag{2-43}$$

式中，d 为整数，则该系统具有时不变性质，称时不变系统。计算器是时不变系统，人脑是时变系统。

有线性性质又有时不变性质的系统称线性时不变系统。这种系统是信号处理的基础，容易学习，是本书的重点。

例 2.10 若放大器处理信号 $x(n)$ 后，输出 $y(n) = \big[6 + \sin(n)\big]x(n)$。请判断该放大器是否时不变。

解 将 $y(n)$ 的 n 换成 $n-d$，得

$$y(n-d) = \big[6 + \sin(n-d)\big]x(n-d) \tag{2-44}$$

将 $\mathrm{T}\big[x(n)\big]$ 的 n 换成 $n-d$，得

$$\mathrm{T}\big[x(n-d)\big] = \big[6 + \sin(n)\big]x(n-d) \tag{2-45}$$

因两者不等，故该系统是时变的。

2.3.2 单位脉冲响应

如果系统的初始状态为零，输入 $x(n) = \delta(n)$，则系统的输出称单位脉冲响应（Unit Sample Response），用符号 $h(n)$ 表示，写为

$$h(n) = \mathrm{T}\big[\delta(n)\big] \tag{2-46}$$

单位脉冲响应是系统的数学模型，其性质类似投石问路。声学用脉冲响应捕捉音乐厅的声学特性，经济学用脉冲响应描述经济对外来事件的反应。

对于线性时不变系统，其脉冲响应是加工输入信号的数学工具，即

$$y(n) = \sum_{i=-\infty}^{\infty} x(i)h(n-i) \tag{2-47}$$

其正确性来自化整为零和积少成多。因为，输入 $x(n)$ 在 $n=i$ 的值为 $x(i)\delta(n-i)$，也写为

$$\begin{aligned} x(n) &= \cdots + x(0)\delta(n) + x(1)\delta(n-1) + x(2)\delta(n-2) + \cdots \\ &= \sum_{i=-\infty}^{\infty} x(i)\delta(n-i) \end{aligned} \tag{2-48}$$

线性时不变系统对 $x(i)\delta(n-i)$ 的输出等于 $x(i)h(n-i)$；所以，系统对 $x(n)$ 加工后的输出

$$\begin{aligned} y(n) &= \cdots + x(0)h(n) + x(1)h(n-1) + x(2)h(n-2) + \cdots \\ &= \sum_{i=-\infty}^{\infty} x(i)h(n-i) \end{aligned} \tag{2-49}$$

这种算法称卷积，用符号 $*$ 表示，即 $y(n) = x(n) * h(n)$。卷积的终极目标是应用，理解其运算特点是关键。卷积的运算只有延时、乘和加。

若令变量 $n-i=k$，则 $x(n)$ 和 $h(n)$ 的卷积可写为

$$y(n) = \sum_{i=-\infty}^{\infty} x(n-i)h(i) = h(n) * x(n) \tag{2-50}$$

若 $x(n)$ 和 $h(n)$ 为有限长序列，则 $y(n)$ 也为有限长序列。设 $x(n)$ 长 N 和 $h(n)$ 长 M，则 $y(n)$ 长 $N+M-1$；因为 $x(i)\neq0$ 的 $i=0\sim N-1$，$h(n-i)\neq0$ 的 $n-i=0\sim M-1$，所以 $x(i)h(n-i)\neq0$ 的 $n=0\sim N+M-2$，这也是 $y(n)\neq0$ 的范围。

按公式、图形和乘法竖式都可计算卷积。例如：有限长序列 $x(n)=[1,1,1]$，$h(n)=[0,1,2]$，$n=0\sim2$，波形如图 2-15 所示，它们的卷积公式为

$$y(n)=\sum_{i=0}^{2}x(i)h(n-i)=x(0)h(n)+x(1)h(n-1)+x(2)h(n-2) \tag{2-51}$$

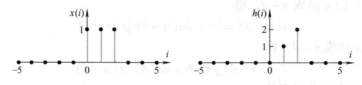

图 2-15　信号和系统

只要计算 $n=0\sim4$ 的 $y(n)$ 值，

$$\begin{aligned}y(0)&=x(0)h(0)+x(1)h(-1)+x(2)h(-2)=0\\y(1)&=x(0)h(1)+x(1)h(0)+x(2)h(-1)=1\\&\vdots\end{aligned} \tag{2-52}$$

最后得 $y(n)=[0,1,3,3,2]$，$n=0\sim4$，其他 $y(n)=0$。

图形计算卷积的步骤：翻转→移位→相乘→相加，最后得 $y(n)$，如图 2-16 所示。

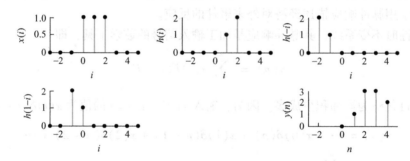

图 2-16　图形计算卷积

乘法竖式计算卷积，如图 2-17 所示，结果 $y(n)=[0,1,3,3,2]$，$n=0\sim4$。

卷积可用于计算机视觉、声学、自然语言等领域，根据单位脉冲响应可计算系统输出。单位脉冲响应代表系统，设计单位脉冲响应就是设计系统。系统的合理性有因果性和稳定性。

$$\begin{array}{r}1\quad1\quad1\\\times\quad0\quad1\quad2\\\hline2\quad2\quad2\\1\quad1\quad1\\+\quad0\quad0\quad0\\\hline0\quad1\quad3\quad3\quad2\end{array}$$

图 2-17　乘法竖式计算卷积

（1）因果性

因果性指事物发生的顺序是先原因后结果。在数字信号处理中，满足先有激励（输入）后有反应（输出）的系统叫作因果系统。若 $n<0$ 时，系统满足

$$h(n)=0 \tag{2-53}$$

则该系统为因果系统。也就是说，$\delta(n)$ 在 $n=0$ 时才为 1，$h(n)$ 在 $n \geqslant 0$ 以后有非 0 值。满足因果条件的序列称为因果序列。若 $n < d$ 时，d 为整数，序列 $x(n) = 0$，则 $x(n)$ 称为右边序列。

（2）稳定性

稳定性指系统的输入有界输出也有界，有界的意思是信号的绝对值小于等于某正数。判断系统稳定性的准则是

$$\sum_{n=-\infty}^{\infty} |h(n)| \leqslant A \tag{2-54}$$

A 为正数。也就是说，若 $h(n)$ 绝对可和，那么系统稳定。证明：因线性时不变系统的输出

$$y(n) = \sum_{i=-\infty}^{\infty} x(n-i)h(i) \tag{2-55}$$

其绝对值

$$|y(n)| \leqslant \sum_{i=-\infty}^{\infty} |x(n-i)h(i)| \tag{2-56}$$

若 $x(n)$ 有界，即 $|x(n)| \leqslant B$，B 为正数，则不等式为

$$|y(n)| \leqslant B \sum_{i=-\infty}^{\infty} |h(i)| \tag{2-57}$$

若 $h(i)$ 绝对可和，则 $|y(n) \leqslant AB$，$y(n)$ 有界。

系统不稳定的表现是什么？模拟电路不稳定表现为电路自激，计算机不稳定表现为无限循环。

2.3.3　差分方程

用输入输出变量描述系统的方法称为输入输出方程，它是系统的一种数学模型，模拟系统称它为微分方程，数字系统称它为差分方程。

差分方程只研究系统的输入 $x(n)$ 和输出 $y(n)$ 关系。例如：张三在山谷中喊叫，因山谷反射，他会听到多次自己的喊叫，这种特点用差分方程写为

$$y(n) = x(n) + b_1 x(n-n_1) + b_2 x(n-n_2) + b_3 x(n-n_3) + \cdots \tag{2-58}$$

$x(n)$ 为原声，其他为反射声，b_1、b_2 等表示空气山坡衰减声波，n_1、n_2 等表示原声的延时。若张三位置不变，则衰减延时系数是常数；若张三运动，则衰减延时系数就是变量。按差分方程编程，可用计算机实现回声。

差分方程的系数决定系统的功能，本书介绍基础理论，都将差分方程的系数看作常数。差分方程常写为

$$\sum_{i=0}^{I} a_i y(n-i) = \sum_{j=0}^{J} b_j x(n-j) \tag{2-59}$$

或者

$$y(n) = \sum_{j=0}^{J} b_j x(n-j) - \sum_{i=1}^{I} a_i y(n-i) \tag{2-60}$$

两种差分方程都叫 I 阶线性常系数差分方程，若 $I = 0$，则称 J 阶差分方程。

例 2. 11 设音乐厅舞台的音乐为 $x(n)$，后排座位的声响为 $y(n)$，请用差分方程建立音乐厅声响的数学模型。

解 后排音乐声有 $x(n)$ 直达的 $b_1x(n-n_1)$、放大器后排喇叭播放的 $b_2x(n-n_2)$，$x(n)$ 经墙壁反射到达的 $b_3x(n-n_3)$、后排声返回舞台再回后排的 $a_1y(n-m_1)$，它们的差分方程为

$$y(n) = b_1x(n-n_1) + b_2x(n-n_2) + b_3x(n-n_3) + a_1y(n-m_1) \tag{2-61}$$

例 2. 12 设因果系统的输入输出方程为

$$y(n) = x(n) + ay(n-1) \tag{2-62}$$

求该系统的单位脉冲响应。

解 令 $x(n) = \delta(n)$，得

$$h(n) = \delta(n) + ah(n-1) \tag{2-63}$$

由于系统是因果的，故 $n<0$ 的 $h(n)=0$；根据递推法，

$$
\begin{aligned}
n=0 \quad & h(0)=1 \\
n=1 \quad & h(1)=a \\
n=2 \quad & h(2)=a^2 \\
& \vdots \qquad \vdots
\end{aligned}
\tag{2-64}
$$

整理后得 $h(n) = a^n u(n)$。

2.3.4 图形

数字信号处理的运算秩序常用框图或流图表示，框图由块状图和有向线段组成，流图由圆点和有向线段组成。

框图常用于描述原理。例如模拟信号的数字处理系统，其结构可视为三个部分，如图 2-18 所示，采样量化部分将模拟信号变为数字信号，数字处理部分按程序计算输入数字，模拟重建部分将数字信号变为模拟信号。

图 2-18　模拟信号的数字处理系统

又如控制系统的原理，如图 2-19 所示，若它表示汽车的巡航控制系统，用于维持驾驶人期望的车速（参考值），则设备输出为车速，参考值和测量值在计算机中相减，所得结果作为设备的输入，控制汽车发动机的节流阀。若这种系统嵌入炮弹就成了导弹，嵌入飞机就成了自动驾驶。

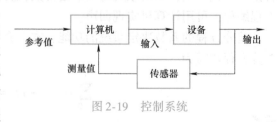

图 2-19　控制系统

流图常用于描述信号处理的运算结构，信号加法用点表示，信号乘法、延时用箭头表示。图 2-20 的框图在流图中都缩到最简，如图 2-21 所示。

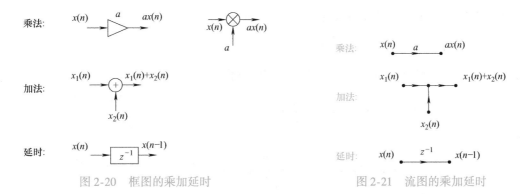

图 2-20 框图的乘加延时   图 2-21 流图的乘加延时

例 2.13 若两个相同声音的时差 $30 \sim 50\text{ms}$ 时，人的听觉感觉声音延迟。请用信号流图描绘合唱系统，它能将一个人的演唱变成两个人的合唱，采样频率 $f_s = 40\text{kHz}$。

解 设演唱者的歌声为 $x(n)$，其延迟 $x(n-n_1)$ 表示另一人的歌声，取延迟时间 $= 40\text{ms}$，则位移 $n_1 = 1600$ 点。两人合唱的差分方程为

$$y(n) = x(n) + x(n-1600) \tag{2-65}$$

信号流图如图 2-22 所示。信号延时用存储器实现，存储 2 个数字可以实现 1 点信号延时，存储 1601 个数字可实现 1600 点延时。

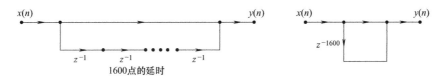

图 2-22 合唱系统

例 2.14 电动机在激光唱机、磁带录像机、卫星天线、电梯、电子打字机、微波炉等产品中随处可见，其控制系统如图 2-23 所示，PID（Proportional Integral Differential）控制器的输出

$$u(t) = K_P e(t) + K_I \int_0^t e(\tau)\,\mathrm{d}\tau + K_D \frac{\mathrm{d}e(t)}{\mathrm{d}t} \tag{2-66}$$

K_P、K_I 和 K_D 是由实验决定的系数，反映系统的直接偏差、静态偏差和动态偏差。传感器检测速度或位置。请将模拟 PID 方程变为数字 PID 方程，并画出对应的原理图。

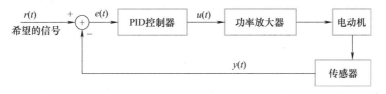

图 2-23 模拟控制系统

解 设离散化时间 $t = nT$，则 $u(t) = u(nT) = u(n)$ 和 $e(t) = e(nT) = e(n)$，自变量括号里不写常数。因积分是求函数面积，对应离散变量的累加，故

$$\int_0^t e(\tau)\,\mathrm{d}\tau \rightarrow \sum_{i=1}^n e(i)T \tag{2-67}$$

而微分是求函数变化率，对应离散变量的差分，故

$$\frac{de(t)}{dt} \rightarrow \frac{e(n) - e(n-1)}{T} \tag{2-68}$$

将累加和差分式用到模拟 PID 方程，得数字 PID 方程

$$u(n) = K_P e(n) + K_I T \sum_{i=1}^{n} e(i) + K_D \frac{e(n) - e(n-1)}{T} \tag{2-69}$$

将 n 换为 $n-1$，得

$$u(n-1) = K_P e(n-1) + K_I T \sum_{i=1}^{n-1} e(i) + K_D \frac{e(n-1) - e(n-2)}{T} \tag{2-70}$$

两式相减得差分方程

$$u(n) = u(n-1) + Ae(n) + Be(n-1) + Ce(n-2) \tag{2-71}$$

$A = K_P + K_I T + K_D/T$，$B = -K_P - 2K_D/T$，$C = K_D/T$。差分方程的原理如图 2-24 所示。

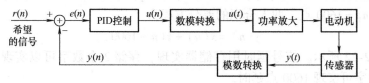

图 2-24 数字控制系统

2.4 时域的系统

系统可用单位脉冲响应表示，系统的输出可用卷积表示。卷积的性质见表 2-1，f、g、h 为序列，a 为常数，d 为整数。对于有限长序列，卷积的结构关系到信号处理的工作量。

表 2-1 卷积的性质

交换	$f * g = g * f$
结合	$f * (g * h) = (f * g) * h$
分配	$f * (g + h) = f * g + f * h$
标量乘	$a(f * g) = (af) * g$
位移	$f(n) * \delta(n-d) = f(n-d)$

例如，若 $f(n)$ 长 3 点，$g(n)$ 长 5 点，从计算式看，

$$f(n) * g(n) = \sum_{i=0}^{2} f(i) g(n-i) \tag{2-72}$$

这种算法每个 n 需要乘 3 次、加 2 次，全部 n 算完需乘 21 次、加 14 次；根据交换率，

$$f(n) * g(n) = g(n) * f(n) = \sum_{i=0}^{4} g(i) f(n-i) \tag{2-73}$$

这种算法每个 n 需要乘 5 次、加 4 次，全部 n 算完需乘 35 次、加 28 次。

又如，若 $f(n) = R_2(n)$，因 $R_2(n) = \delta(n) + \delta(n-1)$，根据分配和移位率，得

$$f(n) * g(n) = [\delta(n) + \delta(n-1)] * g(n) = g(n) + g(n-1) \tag{2-74}$$

系统的输出还可用差分方程表示。差分方程可变为单位脉冲响应，单位脉冲响应也可变为差分方程。

　　例 2.15　设系统的单位脉冲响应 $h(n) = 0.3^n u(n)$，求其差分方程。

　　解　从计算式看，

$$y(n) = \sum_{i=-\infty}^{\infty} x(i) h(n-i) \tag{2-75}$$

因 $h(n-i) \neq 0$ 的 $n-i \geq 0$，所以

$$y(n) = \sum_{i=-\infty}^{n} x(i) 0.3^{n-i} \tag{2-76}$$

将 n 换为 $n-1$，得

$$y(n-1) = 0.3^{-1} \sum_{i=-\infty}^{n-1} x(i) 0.3^{n-i} \tag{2-77}$$

将 $0.3 y(n-1)$ 代入 $y(n)$，得 $y(n) = x(n) + 0.3 y(n-1)$。

　　本章从时域的角度出发，介绍信号处理的两种基本方法：一种是对比信号，从相似程度中获取信息；另一种是用系统加工信号，输出我们期待的信号。

　　还有一种观察问题的角度，就是物质成分的角度。下一章从频域的角度介绍信号处理的第三种基本方法。

2.5　习题

　　1. 设某天的室外温度 $x(n) = \{18, 20, 22, 21, 19, 17\} / ℃$，测量时间 $n = \{8, 10, 12, 14, 16, 18\} / h$。请用单位脉冲序列 $\delta(n)$ 表示 $x(n)$。

　　2. 设离散时间信号 $x(n) = \sin[(\pi/6)n + \pi/6] R_5(n)$，请将它分解为单位脉冲序列形式的数字信号，数字精确到小数点后三位。

　　3. 设 $x(n)$ 的波形为图 2-25 所示，请用矩形序列 $R_N(n)$ 写出信号 $x(n)$ 的表达式。

　　4. 请用单位脉冲序列写出图 2-26 的 $x(n)$，并画出 $x(-n)$ 和 $x(2-n)$ 的波形。

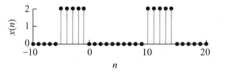

图 2-25　双矩形序列　　　　　　图 2-26　$x(n)$ 的波形

　　5. 请分析正弦波序列 $x(n) = 0.9\sin(0.3n)$ 和 $y(n) = 0.8\cos(0.3\pi n + 6)$ 是否是周期序列。

　　6. 设 $x(n) = \sin(0.3\pi n) + \cos(0.7\pi n)$，请证明其周期性，并说出周期。

　　7. 设采样周期 $T = 0.01s$，请问序列 $y(n) = 0.8\cos(0.2\pi n + 6)$ 对应的自然频率 f 是多少？

　　8. 设信号 $u(n) = R_4(n)$、$v(n) = nR_4(n)$ 和 $w(n) = nR_5(n)$，波形如图 2-27 所示。请问在 $n = 0 \sim 10$ 范围，$v(n)$ 和 $w(n)$ 哪个最像 $u(n)$。

　　9. 设信号 $x(n) = R_2(n)$ 和 $y(n) = (1+n) R_3(n)$。请用 $n = 0 \sim 2$ 的 $x(n)$ 与 $y(n)$ 对比，并画出 $r_{xy}(n)$ 的波形。

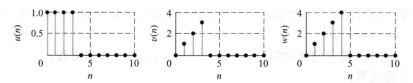

图 2-27　三个信号波形

10. 人造地球卫星给地球拍照时，要知道两者的距离。设卫星向地面发射激光 $x(n)$ 和接收反射光 $y(n)$，波形如图 2-28 所示，采样周期为 1ms；请计算该卫星与地面的距离。

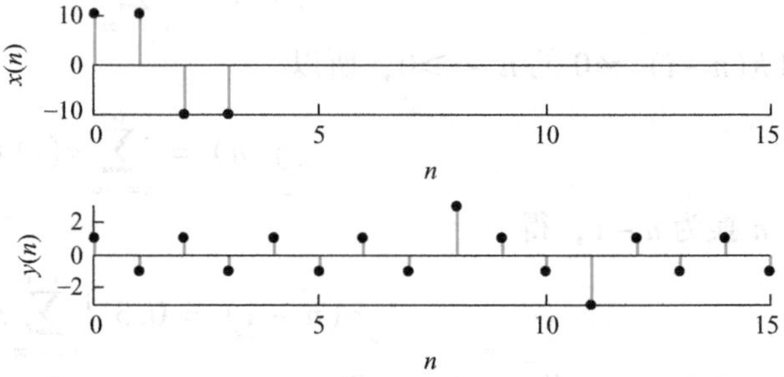

图 2-28　发射和接收的激光

11. 设系统的输入输出关系为 $y(n) = 3x(n) + 4$，请判断它是否是线性时不变系统。

12. 设系统的输入为 $x(n)$，输出为 $y(n) = x(n)x(n)$，请判断它是否是线性时不变系统。

13. 设系统的输入 $x(n) = R_2(n)$，单位脉冲响应 $h(n) = R_3(n)$，请计算 $x(n) * h(n)$ 和 $h(n) * x(n)$，并画波形。

14. 请问相关和卷积在运算和应用方面的区别。

15. 请说明 $h(n) = R_3(n+2)$ 不是因果序列的理由，并说明如何使它成为因果序列。

16. 设系统 $h(n) = \sin(\pi n/2)u(n)$，请问它是否稳定。

17. 设系统 $h(n) = 0.7^n \cos(\pi n/2)u(n)$，请问它是否稳定。

18. 设系统 $h(n) = \sin(\pi n/2)R_{100}(n)$，请问它是否稳定。

19. 设因果系统的差分方程是 $y(n) = 2x(n) - 0.5y(n-1)$，请确定其单位脉冲响应。

20. 设系统的单位脉冲响应 $h(n) = 3 \times 0.6^n u(n)$，请确定其差分方程。

21. 若因果系统的单位脉冲响应满足 $h(n) = b\delta(n) + ah(n-1)$，$a$ 和 b 为常数。请确定该系统的差分方程。

22. 已知正弦波发生器的差分方程为

$$y(n) = R\sin(\omega)\delta(n-1) + 2R\cos(\omega)y(n-1) - R^2 y(n-2)$$

请用框图和流图描述它的原理。

23. 当电视台无线电发射电视节目时，设某电视机接收的节目信号由直接到达的和高楼反射的组成。请用差分方程写出接收信号的系统，并画出其流图。

24. 以 48kHz 速率采样音频信号 6s，用 300ms 时间窗观察信号，问信号样本有多少？时间窗无重叠和有 50% 重叠的信号块有多少？

习题参考答案

化学分析是对物质进行分离，确定其基本成分。信号来自自然界，也可对其进行分析，确定其基本成分。

信号可以分解为正弦波，也可以分解为矩形波、小波等，如图 3-1 所示。分解就是寻找构成信号的基本成分，以什么作成分要视具体情况而定。若对基本信号的时间压缩，可得变化更快的正弦波、矩形波和小波；也就是说，基本成分可衍生出其他成分。如 $f(t) = \sin(2\pi t)$，将 t 换为 $2t$，则 $f(2t) = \sin(2\pi 2t) = \sin(4\pi t)$，波形如图 3-2 所示，右图的 $f(2t)$ 比左图的 $f(t)$ 变化快。这说明，以正弦波作为基本成分，还可衍生出不同快慢的成分。

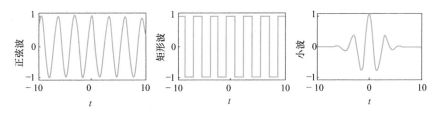

图 3-1　正弦波、矩形波、小波

图 3-2　时间压缩 2 倍

分解也叫分析，在信号处理中，分析的做法是计算信号组成部分，即成分的含量。信号分析常将正弦波看作信号成分，下面从正弦波的角度观察信号处理。

3.1　频域的信号

数字信号和系统的表达式都是序列，为了容易理解，还是以信号为主题，所得结论同样适用于系统。

3.1.1　正弦波公式

正弦波是常见的物理振动现象的抽象，其表示有实数和复数的。实数的用正弦波 $\sin(\theta)$ 或余弦波 $\cos(\theta)$ 表示，两者波形相同、相位差 90°，复数的用指数 $e^{j\theta}$ 表示，其实部为余弦波、虚部为正弦波，即

$$e^{j\theta} = \cos(\theta) + j\sin(\theta) \tag{3-1}$$

该式称为欧拉公式。欧拉公式还可写为

$$e^{-j\theta} = \cos(\theta) - j\sin(\theta) \tag{3-2}$$

或者

$$\begin{cases} \cos(\theta) = \dfrac{e^{j\theta} + e^{-j\theta}}{2} \\[2mm] \sin(\theta) = \dfrac{e^{j\theta} - e^{-j\theta}}{j2} \end{cases} \tag{3-3}$$

复数 $e^{j\theta}$ 的极坐标和直角坐标关系如图 3-3 所示，不管角度 θ 怎么转，2π 为一个周期。对于周期序列，研究一个周期就够了。

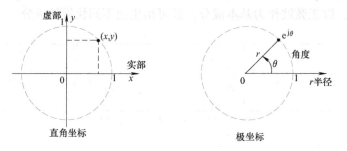

图 3-3　直角坐标和极坐标

3.1.2　正弦波成分

一个正弦波只有振幅、频率和初相位三个参数，用复指数表示正弦波可简化数学推导。下面把信号分解成一系列正弦波成分，理论依据是相关系数。

数字信号要分段处理，我们把信号看作 $n = 0 \sim N-1$ 的有限长序列 $x(n)$。基本正弦波是

$$y(n) = e^{j\frac{2\pi}{N}n} \tag{3-4}$$

它是周期序列，周期为 N。

对该正弦波时序进行压缩，将 n 替换为 kn，k 为任意整数，则得正弦波

$$y_k(n) = e^{j\frac{2\pi}{N}kn} \tag{3-5}$$

它是 n 的周期序列，也是 k 的周期序列，周期为 N。取 $k = 0 \sim N-1$，则数字角频率 $\omega_k = 2\pi k/N$，故称 k 为频序。

不同频序的正弦波变化速度不同，只要频序 $p \neq q$，其正弦波 $y_p(n)$ 和 $y_q(n)$ 在时序

$[0, N-1]$ 范围的相关系数 $r_{pq}=0$，说明 $y_p(n)$ 和 $y_q(n)$ 不相似，不能互相代替，这种情况称独立或正交。这个结论说明：信号 $x(n)$ 的正弦成分数量 $=N$。

从相似性入手，正弦成分的合成信号与 $x(n)$ 的关系为

$$x(n) = c_0 y_0(n) + c_1 y_1(n) + c_2 y_2(n) + \cdots + c_{N-1} y_{N-1}(n) + e(n)$$

$$= \sum_{k=0}^{N-1} c_k y_k(n) + e(n) \tag{3-6}$$

式中，c_k 是第 2 章介绍的误差 $e(n)$ 最小的系数。根据第 2 章的最佳系数公式，得

$$c_k = \frac{\sum_{n=0}^{N-1} x(n) y_k^*(n)}{\sum_{n=0}^{N-1} |y_k(n)|^2} = \frac{1}{N} \sum_{n=0}^{N-1} x(n) e^{-j\frac{2\pi}{N}kn} \tag{3-7}$$

用 c_k 作为正弦波 $y_k(n)$ 的幅度时，$e(n)$ 的方均误差 $=0$。所以，信号 $x(n)$ 可写为

$$x(n) = \sum_{k=0}^{N-1} c_k y_k(n) \tag{3-8}$$

因单位正弦波 $y_k(n)$ 是复数，故幅度 c_k 也是复数，其数字角频率 $2\pi k/N$ 是离散的。为了让离散频率 $2\pi k/N$ 与连续频率 ω 直接对接，把 c_k 的 $1/N$ 放到合成信号，这样一来，信号分析与合成的公式就是

$$X(k) = \sum_{n=0}^{N-1} x(n) e^{-j\frac{2\pi}{N}kn}$$

$$x(n) = \frac{1}{N} \sum_{k=0}^{N-1} X(k) e^{j\frac{2\pi}{N}kn} \tag{3-9}$$

前者是信号的正弦成分含量，称离散傅里叶级数系数，简称频谱；后者是正弦成分的合成，称离散傅里叶级数。

因傅里叶级数及其系数都是周期序列，周期为 N；所以，如果信号 $x(n)$ 有限长，$n=0 \sim N-1$，则合成公式只能在 $[0, N-1]$ 成立。

信号分析与合成的 MATLAB 指令写为

$$\begin{aligned} &X = x * \exp(-j * 2 * pi/N * n' * k) \\ &x = 1/N * X * \exp(j * 2 * pi/N * k' * n) \end{aligned} \tag{3-10}$$

X 为 $X(k)$ 的行向量，x 为 $x(n)$ 的行向量，pi 为 π，n 为 $0 \sim N-1$ 的行向量，k = n。这是矩阵形式的运算。

例 3.1　已知有限长方波信号

$$x(n) = \begin{cases} 1 & (0 \leqslant n \leqslant 5) \\ -1 & (6 \leqslant n \leqslant 11) \\ 0 & (其他 n) \end{cases} \tag{3-11}$$

波形如图 3-4 所示。请分析 $x(n)$ 在 $n=0 \sim 11$ 的正弦成分，并计算这些成分合成的信号与 $x(n)$ 的相似程度。

解　设方波的正弦成分为 $X(k)$，正弦成分合成的信号为 $z(n)$。

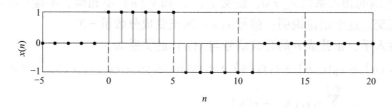

图 3-4 方波信号

（1）成分分析

已知 $x(n)$ 的样本量 $N=12$，根据离散傅里叶级数系数，$x(n)$ 的正弦成分

$$X(k) = \sum_{n=0}^{11} x(n)e^{-j\frac{2\pi}{12}kn} = \sum_{n=0}^{5} e^{-j\frac{2\pi}{12}kn} - \sum_{n=6}^{11} e^{-j\frac{2\pi}{12}kn}$$

$$= \begin{cases} 0 & (k=0) \\ 2\dfrac{1-e^{-j\pi k}}{1-e^{-j\frac{\pi}{6}k}} & (k=1 \sim 11) \end{cases} \tag{3-12}$$

$X(k)$ 可写为极坐标形式，根据欧拉公式

$$1 - e^{-j\theta} = 2j\sin(\theta/2)e^{-j\theta/2} \tag{3-13}$$

将它用到 $X(k)$，得

$$X(k) = \begin{cases} 0 & (k=0) \\ 2\dfrac{\sin\left(\dfrac{\pi}{2}k\right)}{\sin\left(\dfrac{\pi}{12}k\right)}e^{-j\frac{5\pi}{12}k} & (k=1 \sim 11) \end{cases} \tag{3-14}$$

从公式看，偶数 k 的 $X(k)=0$，这意味着 6 个复数正弦波就可组成 $x(n)$。图 3-5 是 $X(k)$ 的频率特性，简称频谱，幅值 $|X(k)|$ 与频序的关系称幅频特性，相位 $\arg[X(k)]$ 与频序的关系称相频特性。

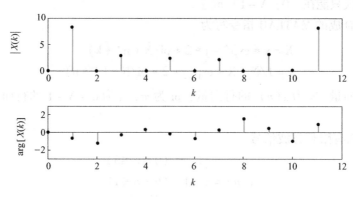

图 3-5 方波的频谱

（2）信号合成

根据离散傅里叶级数，合成的信号

$$z(n) = \frac{1}{12}\sum_{k=0}^{11} X(k) \mathrm{e}^{\mathrm{j}\frac{2\pi}{12}kn} = \frac{1}{6}\sum_{k=1}^{11} \frac{\sin\left(\frac{\pi}{2}k\right)}{\sin\left(\frac{\pi}{12}k\right)} \mathrm{e}^{-\mathrm{j}\frac{5\pi}{12}k} \mathrm{e}^{\mathrm{j}\frac{2\pi}{12}kn} \tag{3-15}$$

利用 $X(k)$ 是 k 的周期序列，正弦波是 n 的周期序列，周期都是 12，得

$$z(n) \approx 0.644\mathrm{e}^{\mathrm{j}\left(\frac{2\pi}{12}n - \frac{5\pi}{12}\right)} + 0.2357\mathrm{e}^{\mathrm{j}\left(\frac{6\pi}{12}n - \frac{3\pi}{12}\right)} + 0.1725\mathrm{e}^{\mathrm{j}\left(\frac{10\pi}{12}n - \frac{\pi}{12}\right)} +$$
$$+ 0.1725\mathrm{e}^{\mathrm{j}\left(-\frac{10\pi}{12}n + \frac{\pi}{12}\right)} + 0.2357\mathrm{e}^{\mathrm{j}\left(-\frac{6\pi}{12}n + \frac{3\pi}{12}\right)} + 0.644\mathrm{e}^{\mathrm{j}\left(-\frac{2\pi}{12}n + \frac{5\pi}{12}\right)} \tag{3-16}$$

再利用欧拉公式，得

$$z(n) \approx 1.29\cos\left(\frac{2\pi}{12}n - \frac{5\pi}{12}\right) + 0.47\cos\left(\frac{6\pi}{12}n - \frac{3\pi}{12}\right) + 0.35\cos\left(\frac{10\pi}{12}n - \frac{\pi}{12}\right) \tag{3-17}$$

其波形如图 3-6 所示，取 $n = 0 \sim 11$ 的 $z(n)$ 与 $x(n)$ 对比，它们的相关系数 $= 1$。

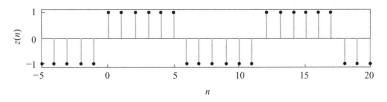

图 3-6　合成序列的波形

有意义的是，例 3.1 在 $n = 0 \sim 11$ 的 3 个余弦波有 9 个数字，而方波有 12 个数字。这在通信领域很有实用意义。从重要的角度看，若保留 $z(n)$ 的重要成分，如

$$y(n) \approx 1.29\cos\left(\frac{2\pi}{12}n - \frac{5\pi}{12}\right) + 0.47\cos\left(\frac{6\pi}{12}n - \frac{3\pi}{12}\right) \tag{3-18}$$

其波形如图 3-7 所示，$n = 0 \sim 11$ 的 $y(n)$ 与 $x(n)$ 的相关系数 ≈ 0.97。这种相似度对语音是可以接受的，因人耳对 5% 以内的失真不敏感。这个 $y(n)$ 的余弦波有 6 个数字。

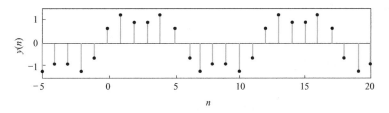

图 3-7　保留重要成分的信号

3.2　信号的成分

　　抽象地看，信号分析与合成归根到底是一种坐标变换，数学上将这种做法称为傅里叶变换。生活中分解时间函数为频率函数的做法很常见，如音乐和弦分解为音符，显示屏彩色分解为三基色等。傅里叶变换是信号分析的术语，它既表示时间函数的频谱，又表示信号从时域到频域的数学运算；反之，用频率函数合成时间函数称为傅里叶反变换，也叫傅里叶合成。下面推广信号分析的方法。

3. 2. 1 信号变换

将时间信号变为正弦成分称为傅里叶变换，将正弦成分变为时间信号称为傅里叶反变换。从离散信号变化的特点看，信号可分为周期的和非周期的。

（1）离散时间周期信号

离散时间周期信号也称周期序列，分布在 $n = -\infty \sim \infty$ 范围，因它有重复性，分析一个周期即可，其周期常以 $n = 0 \sim N-1$ 为代表，称主值区间，对应的序列称主值序列。分析周期信号 $x(n)$ 时，其成分

$$X(k) = \sum_{n=0}^{N-1} x(n) e^{-j\frac{2\pi}{N}kn} \tag{3-19}$$

式中，k 为整数，$X(k)$ 是 k 的周期序列，周期为 N。

用 $X(k)$ 的 N 个独立成分能合成原信号 $x(n)$。通常 $X(k)$ 以 $k = 0 \sim N-1$ 为代表，称主值区间，对应的序列称主值序列，其合成信号

$$x(n) = \frac{1}{N} \sum_{k=0}^{N-1} X(k) e^{j\frac{2\pi}{N}kn} \tag{3-20}$$

式中，$x(n)$ 也是周期的，周期为 N。

$X(k)$ 是周期序列 $x(n)$ 的频谱，是周期序列的分析，称为离散傅里叶级数系数；$x(n)$ 是 $X(k)$ 的合成，是周期序列的合成，称为离散傅里叶级数（Discrete Fourier Series，DFS）。$X(k)$ 和 $x(n)$ 都是周期序列，周期为 N。

（2）离散时间非周期信号

离散时间非周期信号也称非周期序列，分布在 $n = -\infty \sim \infty$ 范围，因它无重复性，分析范围应取无穷大。分析公式可建立在离散傅里叶级数系数的基础上，将周期序列的主值区间两端取无穷大

$$N \to \infty \quad \frac{2\pi}{N} \to d\omega \quad \frac{2\pi}{N}k \to \omega \tag{3-21}$$

这样一来，非周期序列的成分

$$X(\omega) = \lim_{N \to \infty} \{X(k)\} = \sum_{n=-\infty}^{\infty} x(n) e^{-j\omega n} \tag{3-22}$$

$X(\omega)$ 是 ω 的周期函数，周期为 2π，通常以 $[0, 2\pi)$ 为主值区间。

同理，用一个周期 $X(\omega)$ 作为成分，也能合成原信号 $x(n)$。合成公式可建立在离散傅里叶级数的基础上，在 $X(k)$ 的主值区间取 N 无穷大，得

$$x(n) = \lim_{N \to \infty} \left\{ \frac{1}{N} \sum_{k=0}^{N-1} X(k) e^{j\frac{2\pi}{N}kn} \right\}$$

$$= \frac{1}{2\pi} \int_0^{2\pi} X(\omega) e^{j\omega n} d\omega \tag{3-23}$$

符号 $\sum$ 和 $\int$ 表示对离散和连续变量求和。

$X(\omega)$ 是非周期序列的频谱，是非周期序列的分析，称为离散时间傅里叶变换（Discrete-Time Fourier Transform，DTFT）；$x(n)$ 是 $X(\omega)$ 的合成，是非周期序列的合成，称为离散时间傅里叶反变换。

以上介绍了离散时间的信号变换，连续时间的信号变换也有两种，它们可由离散时间傅里叶变换得到。

（3）连续时间周期信号

连续时间周期信号也称周期函数，分布在 $t = -\infty \sim \infty$ 范围，因它有周期性，研究一个周期即可，其周期常以 $t = 0 \sim T$ 为代表。分析公式可建立离散时间傅里叶变换的基础上，先令 $n = k$ 和 $\omega = -2\pi t/T$，并代入离散时间傅里叶变换，得

$$x(k) = \frac{1}{2\pi} \int_0^{-T} X(-2\pi t/T) e^{j(-2\pi t/T)k} d(-2\pi t/T)$$

$$X(-2\pi t/T) = \sum_{k=-\infty}^{\infty} x(k) e^{-j(-2\pi t/T)k}$$

$$(3\text{-}24)$$

再令 $x(k) = F(k)$ 和 $X(-2\pi t/T) = f(t)$，并利用周期函数的周期积分可任选一个周期范围，得

$$F(k) = \frac{1}{T} \int_0^T f(t) e^{-j\frac{2\pi}{T}kt} dt$$

$$f(t) = \sum_{k=-\infty}^{\infty} F(k) e^{j\frac{2\pi}{T}kt}$$

$$(3\text{-}25)$$

$f(t)$ 是周期函数，周期为 T。

$F(k)$ 是周期函数的频谱，是周期函数的分析，称连续傅里叶级数系数；$f(t)$ 是 $F(k)$ 的合成，是周期函数的合成，称为连续傅里叶级数（Continuous Fourier Series，CFS）。

（4）连续时间非周期信号

连续时间非周期信号也称非周期函数，分布在 $t = -\infty \sim \infty$ 范围，因它无重复性，分析范围应取无穷大。分析公式可建立在连续傅里叶级数系数的基础上，将周期函数的主值区间两端取无穷大，

$$T \to \infty \quad \frac{2\pi}{T} \to d\Omega \quad \frac{2\pi}{T}k \to \Omega \tag{3-26}$$

这样一来，非周期函数的成分

$$F(\Omega) = \lim_{T \to \infty} \{ TF(k) \} = \int_{-\infty}^{\infty} f(t) e^{-j\Omega t} dt \tag{3-27}$$

该成分 $F(\Omega)$ 能合成原信号 $f(t)$，其合成公式可由连续傅里叶级数获得，方法也是取极限，即

$$f(t) = \lim_{T \to \infty} \left\{ \frac{1}{2\pi} \sum_{k=-\infty}^{\infty} TF(k) e^{j\frac{2\pi}{T}kt} \frac{2\pi}{T} \right\}$$

$$= \frac{1}{2\pi} \int_{-\infty}^{\infty} F(\Omega) e^{j\Omega t} d\Omega$$

$$(3\text{-}28)$$

符号 $\sum$ 和 $\int$ 表示对离散和连续变量求和。

$F(\Omega)$ 是非周期函数的频谱，是非周期函数的分析，称为连续时间傅里叶变换（Continuous-Time Fourier Transform，CTFT）；$f(t)$ 是 $F(\Omega)$ 的合成，是非周期函数的合成，称为连续时间傅里叶反变换。

上述四种信号的分析与合成是从频域角度看问题的结果，表 3-1 是这四种信号变换的总结，x 为信号，X 为频谱，n 为时序，k 为频序，ω 为数字角频率，t 为时间，Ω 为模拟角频率。四种变换的共性是：信号分析都有信号乘正弦波的共轭然后求和，信号合成都有频谱乘正弦波然后求和。

表 3-1　四种信号变换

傅里叶变换	周 期 信 号	非 周 期 信 号
离散时间的	$X(k) = \sum_{n=0}^{N-1} x(n) \mathrm{e}^{-\mathrm{j}\frac{2\pi}{N}kn}$ $x(n) = \frac{1}{N} \sum_{k=0}^{N-1} X(k) \mathrm{e}^{\mathrm{j}\frac{2\pi}{N}kn}$	$X(\omega) = \sum_{n=-\infty}^{\infty} x(n) \mathrm{e}^{-\mathrm{j}\omega n}$ $x(n) = \frac{1}{2\pi} \int_0^{2\pi} X(\omega) \mathrm{e}^{\mathrm{j}\omega n} \mathrm{d}\omega$
连续时间的	$X(k) = \frac{1}{T} \int_0^T x(t) \mathrm{e}^{-\mathrm{j}\frac{2\pi}{T}kt} \mathrm{d}t$ $x(t) = \sum_{k=-\infty}^{\infty} X(k) \mathrm{e}^{\mathrm{j}\frac{2\pi}{T}kt}$	$X(\Omega) = \int_{-\infty}^{\infty} x(t) \mathrm{e}^{-\mathrm{j}\Omega t} \mathrm{d}t$ $x(t) = \frac{1}{2\pi} \int_{-\infty}^{\infty} X(\Omega) \mathrm{e}^{\mathrm{j}\Omega t} \mathrm{d}\Omega$

3. 2. 2　频谱的周期

离散时间周期和非周期信号的频谱有两个区别：一是求和范围，二是数字角频率。若求和范围相同，则用 $2\pi k/N$ 替换 $X(\omega)$ 的 ω，就可以用 $X(k)$ 计算信号的频谱 $X(\omega)$，这样计算机就能分析信号。分析信号就是确定信号的频率分布范围。表 3-2 列出了六种常见信号，其频谱的最高频率能反映物质的物理性质。例如：地球物理信号代表地壳、温度、气压等物质的变化，这些物质体积质量大，运动变化慢，故频率低；声音信号代表空气分子的振动，它们质量小，运动变化快，故频率高。

表 3-2　典型应用的正弦波成分的最高频率

应 用 范 围	最 高 频 率
地球物理	500Hz
生物医学	1kHz
机械工程	2kHz
语音（Speech）	4kHz
声音（Audio）	20kHz
影像（Video）	4MHz

信号的频率还跟应用有关，如人耳听觉一般在 20Hz ~ 20kHz，而幼儿听到的高频远大于 20kHz。

实际信号大多为模拟信号，是非周期的。从表 3-1 看，时域无穷的信号分析适合理论研究，有限长的信号分析适合实际处理，真正适合计算的只有离散傅里叶级数，因其时域和频域的变量都是离散的。

实际信号分析的做法是，采样一段无限长的信号，并把它当作是离散周期信号的一个周期。这样一来，就可用离散傅里叶级数对信号进行分析。

不管离散时间信号是否具有周期性，其频谱都具有周期性。$X(\omega)$ 的周期为 2π，$X(k)$ 的周期为 N；知道主值区间的频谱即可知道其他区间的频谱，这样就提高了研究效率。低频高频在主值区间哪段呢？

$X(\omega)$ 的主值区间为 $[0, 2\pi)$，如图 3-8 所示，根据周期性，$[-\pi, 0)$ 区间对应 $[\pi, 2\pi)$ 区间，所以 ω 的主值区间也可以是 $[-\pi, \pi)$。负频率是引入复指数的结果，$\omega = 0 \sim \pi$ 为最低频到最高频，对应 $\omega = 0 \sim -\pi$；根据周期性，$\omega = \pi \sim 2\pi$ 为最高频到最低频。因此，了解 $\omega = 0 \sim \pi$ 的频谱就够了。同理，根据 $\omega = 2\pi k/N$，$X(k)$ 的主值区间为 $[0, N)$，$k = 0 \sim N/2$ 为最低频到最高频。

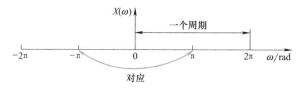

图 3-8　数字频谱的周期性

例 3.2　设周期方波序列 $x(n)$ 和 $y(n)$ 的周期分别为 20 和 50，如图 3-9 所示，请用计算方式分析它们的频谱。

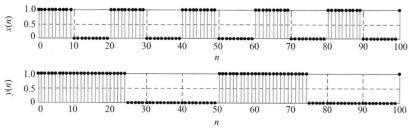

图 3-9　方波序列

解　信号分析只有 DFS 适合计算，比较两个事物时条件应该相同。选择 DFS 的 $N = 100$，它是 $x(n)$ 和 $y(n)$ 周期的整数倍。它们的频谱是

$$X(k) = \sum_{n=0}^{99} x(n)\mathrm{e}^{-\mathrm{j}\frac{2\pi}{100}kn}$$

$$Y(k) = \sum_{n=0}^{99} y(n)\mathrm{e}^{-\mathrm{j}\frac{2\pi}{100}kn}$$

(3-29)

据此用 MATLAB 计算，得图 3-10 的幅频特性，两者的区别是：$|X(k)|$ 的高频分量大于 $|Y(k)|$ 的高频分量，$|Y(k)|$ 的非零分量多于 $|X(k)|$ 的非零分量。

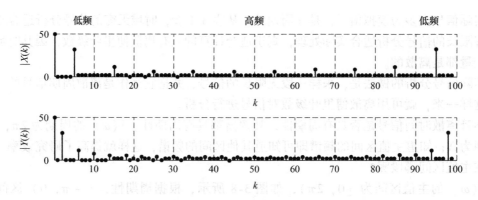

图 3-10　方波的幅频特性

从直流分量 $k=0$ 开始，$X(k)$ 的第 1 个非 0 分量，即基波在 $k=5$，它对应数字角频率

$$\omega_x = \frac{2\pi}{100}5 = \frac{2\pi}{20}(\text{弧度}/\text{样本}) \tag{3-30}$$

其 1/20 正好是 $x(n)$ 的频率。

同理，$Y(k)$ 的基波在 $k=2$，它对应数字角频率

$$\omega_y = \frac{2\pi}{100}2 = \frac{2\pi}{50}(\text{弧度}/\text{样本}) \tag{3-31}$$

其 1/50 正好是 $y(n)$ 的频率。$x(n)$ 的基波频率高于 $y(n)$ 的基波频率，原因是 $x(n)$ 比 $y(n)$ 变化快。

实践中，人们事先很难确定信号的周期，这时分析信号该怎样选择信号的时长？若时长不等于信号周期会怎样呢？这是分析信号的实际问题。

例 3.3　设接收的正弦信号 $x(n) = 1.3\sin(0.08\pi n)$，请用 $N = 20$、40 和 80 分析频谱，并讨论结果。

解　从公式看，$x(n)$ 的频谱只有 0.08π 成分。根据离散傅里叶级数分析。

（1）$N = 20$

根据 $N = 20$ 画出 $x(n)$ 波形，如图 3-11 左图所示，其频谱

$$X_{20}(k) = \sum_{n=0}^{N-1} x(n) e^{-j\frac{2\pi}{N}kn} = \sum_{n=0}^{19} 1.3\sin(0.08\pi n) e^{-j\frac{2\pi}{20}kn} \tag{3-32}$$

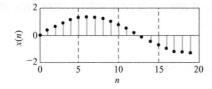 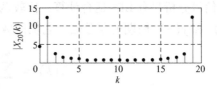

图 3-11　时长 20 的信号和频谱

据此画出的幅频特性如图 3-11 右图，最大分量的频序 $k=1$，对应数字角频率

$$\omega_1 = \frac{2\pi}{20} \times 1 = 0.1\pi \tag{3-33}$$

真正的 0.08π 成分变成很多非零值，这种截断效应称为频谱泄漏。

（2）　$N = 40$

根据 $N = 40$ 画出 $x(n)$ 波形，如图 3-12 左图所示，据频谱公式画出的幅频特性如右图所示，最大分量的频序 $k = 2$，对应数字角频率

$$\omega_2 = \frac{2\pi}{40} \times 2 = 0.1\pi \tag{3-34}$$

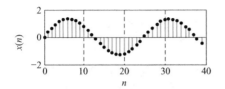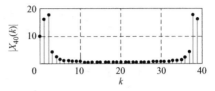

图 3-12　时长 40 的信号和频谱

（3）　$N = 80$

根据 $N = 80$ 画出 $x(n)$ 波形，如图 3-13 左图所示，据频谱公式画出的幅频特性如右图所示，最大分量的频序 $k = 3$，对应数字角频率

$$\omega_3 = \frac{2\pi}{80} \times 3 = 0.075\pi \tag{3-35}$$

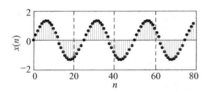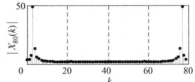

图 3-13　时长 80 的信号和频谱

相比之下，$N = 80$ 的最大分量最接近 $x(n)$ 的频率 0.08π，频谱泄漏最小。但三种长度的分析都不能反映 $x(n)$ 为单频正弦波，原因是：信号分析的长度不是信号周期的倍数。

让我们从合成信号来看这个问题。根据离散傅里叶级数，频谱 $X_{20}(k)$ 合成的信号为

$$x_{20}(n) = \frac{1}{20} \sum_{k=0}^{20-1} X_{20}(k) e^{j\frac{2\pi}{20}kn} \tag{3-36}$$

据此计算可得 $x_{20}(n)$，它应为实数；由于计算存在误差，应取其实部作为 $x_{20}(n)$，波形如图 3-14 所示，它以 20 为周期。信号下标表示频谱分析的长度，$x_{40}(n)$ 的波形以 40 为周期，$x_{80}(n)$ 的波形以 80 为周期。所以，合成信号 $x_{20}(n)$、$x_{40}(n)$、$x_{80}(n)$ 与 $x(n)$ 有差别，N 越大差别越小。

3.2.3　频谱的对称

信号的周期性把分析范围缩小到一个周期，提高了工作效率。频谱还具有对称性，能把分析范围再缩小到半个周期。为了提高效率，这里只介绍频谱 $X(\omega)$ 的对称性，频谱 $X(k)$ 的对称性用 $\omega = 2\pi k/N$ 代换便可知。

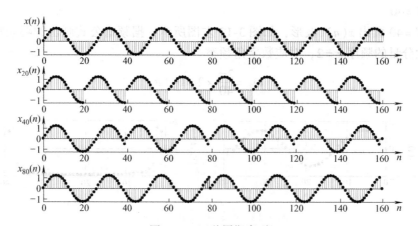

图 3-14　四种周期序列

（1）偶对称

偶对称指实数函数 $f(t) = f(-t)$。实数序列的幅频特性具有偶对称，即

$$|X(\omega)| = |X(-\omega)| \tag{3-37}$$

式（3-37）是关于 $\omega = 0$ 的偶对称。证明如下，因实数序列的频谱

$$X(\omega) = \left\{ \left[\sum_{n=-\infty}^{\infty} x(n) e^{-j\omega n} \right]^* \right\}^* = \left\{ \sum_{n=-\infty}^{\infty} x(n) e^{-j(-\omega)n} \right\}^* = X^*(-\omega) \tag{3-38}$$

故两边取绝对值得到偶对称。

而且，利用周期性 $X(\omega) = X(\omega - 2\pi)$，实数序列的频谱

$$X(\omega) = X^*(2\pi - \omega) \tag{3-39}$$

故两边取绝对值，可得另一种偶对称，即

$$|X(\omega)| = |X(2\pi - \omega)| \tag{3-40}$$

式（3-40）是关于 $\omega = \pi$ 的偶对称。知道这个特点，分析实数序列的幅频特性时，只用分析半个周期。

（2）奇对称

奇对称指实数函数 $f(t) = -f(-t)$。实数序列的相频特性具有奇对称，即

$$\arg[X(\omega)] = -\arg[X(-\omega)] \tag{3-41}$$

式（3-41）是关于 $\omega = 0$ 的奇对称。取 $X(\omega) = X^*(-\omega)$ 的相角可证。而且，取 $X(\omega) = X^*(2\pi - \omega)$ 的相角得

$$\arg[X(\omega)] = -\arg[X(2\pi - \omega)] \tag{3-42}$$

是关于 $\omega = \pi$ 的奇对称。知道这个特点，分析实数序列的相频特性时，只用分析半个周期。

实数序列的对称性让 ω 的主值区间 $[0, 2\pi)$ 缩小到 $[0, \pi]$，让 k 的主值区间 $[0, N)$ 缩小到 $[0, N/2]$，减少一半工作量。

（3）共轭对称

共轭对称（Conjugate Symmetry）指复数函数 $f(t) = f^*(-t)$。复数序列实部 $x_{\text{real}}(n)$ 的频谱具有共轭对称，即

$$\text{DTFT}[x_{\text{real}}(n)] = [X(\omega) + X^*(-\omega)]/2 \tag{3-43}$$

（4）共轭反对称

共轭反对称（Conjugate Antisymmetry）指复数函数 $f(t) = -f^*(-t)$。复数序列 $x(n)$ 虚部 $jx_{imag}(n)$ 的频谱具有共轭反对称，即

$$\text{DTFT}[jx_{imag}(n)] = [X(\omega) - X^*(-\omega)]/2 \tag{3-44}$$

以上是用 $X(\omega)$ 介绍离散信号频谱的对称性，它也适用于 $X(k)$，将 $X(\omega)$ 的 ω 替换为 k 即可。因 $X(\omega)$ 的周期为 2π，故 $-\omega$ 可用 $2\pi-\omega$ 替换；同理，$X(k)$ 的周期为 N，故 $-k$ 可用 $N-k$ 替换。

复数序列频谱的共轭对称性可成倍提高计算效率。例如，计算两个等长实数序列 $u(n)$ 和 $v(n)$ 的频谱 $U(k)$ 和 $V(k)$ 时，直接计算的方法是：

$$U(k) = \sum_{n=0}^{N-1} u(n) e^{-j\frac{2\pi}{N}kn}$$
$$V(k) = \sum_{n=0}^{N-1} v(n) e^{-j\frac{2\pi}{N}kn} \tag{3-45}$$

间接计算的方法是：先做一个复数序列 $x(n) = u(n) + jv(n)$，并计算其频谱

$$X(k) = \sum_{n=0}^{N-1} x(n) e^{-j\frac{2\pi}{N}kn} \tag{3-46}$$

然后，用共轭对称性计算 $x(n)$ 实部的频谱

$$U(k) = [X(k) + X^*(-k)]/2 \tag{3-47}$$

用共轭反对称性计算 $x(n)$ 虚部的频谱

$$V(k) = -j[X(k) - X^*(-k)]/2 \tag{3-48}$$

如果计算机的频谱程序是按复数编写，则两个实数序列的频谱只要算一次 $X(k)$，再算两次加法就可得 $U(k)$ 和 $V(k)$。

例 3.4 设两个实数序列 $u(n)$ 和 $v(n)$ 长 $N=1000$，计算机复数乘一次要 $6\mu s$，复数加一次要 $2\mu s$，频谱按复数序列编程。请对比直接计算频谱和间接计算频谱的时间。

解 已知频谱的公式是

$$X(k) = \sum_{n=0}^{999} x(n) e^{-j\frac{2\pi}{1000}kn} \tag{3-49}$$

设复指数事先已经算好。

（1）直接计算

计算一个 k 的 $U(k)$ 要复数乘 1000 次和复数加 999 次，因 k 取 1000 个值，故 $U(k)$ 总共要复数乘 1000×1000 次和复数加 1000×999 次，计算机耗时约 8s。考虑到 $V(k)$，直接计算 $U(k)$ 和 $V(k)$ 耗时约 16s。

（2）间接计算

首先，按复数序列 $x(n) = u(n) + jv(n)$ 计算频谱，耗时约 8s；然后，按共轭对称计算 $U(k)$ 要复数加 1000 次复数乘 1000 次，耗时 8ms。同理，$V(k)$ 耗时 8ms。

间接计算 $U(k)$ 和 $V(k)$ 耗时约 8s。相比之下，直接计算比间接计算多 1 倍时间。

除了刚介绍的 4 种对称性，傅里叶变换还有其他对称性，见表 3-3，这些性质可为研究和应用提供帮助。表中的复数序列 $x(n) = x_{real}(n) + jx_{imag}(n)$，或者 $x(n) = x_{cs}(n) + x_{ca}(n)$，$x_{cs}(n)$ 为共轭对称部分，$x_{ca}(n)$ 为共轭反对称部分。因 $X(\omega)$ 具有周期性，故表中 $-\omega$ 可用 $2\pi - \omega$ 替换。

表 3-3 复数序列的 DTFT 对称性

类　型	复 数 序 列	频　谱
时域反转	$x(-n)$	$X(-\omega)$
时域共轭	$x^*(n)$	$X^*(-\omega)$
时域反转和共轭	$x^*(-n)$	$X^*(\omega)$
序列实部	$x_{real}(n)$	$[X(\omega) + X^*(-\omega)]/2$
序列虚部	$jx_{imag}(n)$	$[X(\omega) - X^*(-\omega)]/2$
序列共轭对称部分	$x_{cs}(n)$	$[X(\omega) + X^*(\omega)]/2$
序列共轭反对称部分	$x_{ca}(n)$	$[X(\omega) - X^*(\omega)]/2$

例 3.5　已知复数序列 $x(n) = x_{real}(n) + jx_{imag}(n)$，请证明 $x(n)$ 实部 $x_{real}(n)$ 的频谱是共轭对称的。

解　因 $x(n)$ 的实部 $x_{real}(n) = [x(n) + x^*(n)]/2$，而

$$\text{DTFT}[x^*(n)] = \sum_{n=-\infty}^{\infty} x^*(n)e^{-j\omega n} = \left[\sum_{n=-\infty}^{\infty} x(n)e^{-j(-\omega)n}\right]^* = X^*(-\omega) \qquad (3-50)$$

故

$$\text{DTFT}[x_{real}(n)] = [X(\omega) + X^*(-\omega)]/2 \qquad (3-51)$$

是共轭对称的。

表 3-4 给出实数序列的傅里叶变换性质，其 $x(n) = x_{even}(n) + x_{odd}(n)$，$x_{even}(n)$ 为偶对称部分，$x_{odd}(n)$ 为奇对称部分。因 $X(\omega)$ 具有周期性，故表中 $-\omega$ 可用 $2\pi - \omega$ 替换。

表 3-4 实数序列的 DTFT 对称性

类　型	实 数 序 列	频　谱
序列偶对称部分	$x_{even}(n)$	$[X(\omega) + X^*(\omega)]/2$
序列奇对称部分	$x_{odd}(n)$	$[X(\omega) - X^*(\omega)]/2$
组合	$x(n)$	$X(\omega) = X^*(-\omega)$ $X_{real}(\omega) = X_{real}(-\omega)$ $X_{imag}(\omega) = -X_{imag}(-\omega)$ $\|X(\omega)\| = \|X(-\omega)\|$ $\arg[X(\omega)] = -\arg[X(-\omega)]$

例 3.6　已知实数序列 $x(n) = x_{even}(n) + x_{odd}(n)$，请证明 $x(n)$ 的奇对称部分 $x_{odd}(n)$ 的频谱等于 $[X(\omega) - X^*(\omega)]/2$。

解 因 $x(n)$ 为实数，其奇对称部分 $x_{\mathrm{odd}}(n) = [x(n) - x(-n)]/2$，而

$$\mathrm{DTFT}[x(-n)] = \sum_{n=-\infty}^{\infty} x(-n)\mathrm{e}^{-\mathrm{j}\omega n} = \sum_{m=-\infty}^{\infty} x(m)\mathrm{e}^{\mathrm{j}\omega m} = X^*(\omega) \tag{3-52}$$

故

$$\mathrm{DTFT}[x_{\mathrm{odd}}(n)] = [X(\omega) - X^*(\omega)]/2 \tag{3-53}$$

3.3 频域的系统

信号可从时域观察，也可从频域观察；同理，系统可从时域观察，也可从频域观察。系统是加工和处理信号的工具或设备，以上的信号分析同样适用于系统的频谱分析。例如，系统的输出和输入都用 DTFT 描述，则它们之比就是系统的一种描述方法，是系统对频率的性质，其比值称为频率响应（Frequency Response），用符号 $H(\omega)$ 表示，表达式写为

$$H(\omega) = \frac{Y(\omega)}{X(\omega)} = |H(\omega)|\mathrm{e}^{\mathrm{j}\theta(\omega)} \tag{3-54}$$

它是系统的频谱，也称为系统函数，其中 $|H(\omega)|$ 和 $\theta(\omega)$ 称为离散时间系统的幅度响应（Magnitude Response）和相位响应（Phase Response）。幅度响应有时用增益（Gain）表示，即

$$G(\omega) = 20\log_{10}|H(\omega)|\mathrm{dB} \tag{3-55}$$

若增益为负值时，可用衰减 $A(\omega) = -G(\omega)$ 表示。

频率响应是从频域观察系统的结果，单位脉冲响应是从时域观察系统的结果，两者之间有什么关系呢？

3.3.1 系统的频率响应

频率响应和单位脉冲响应的关系要从卷积说起。先写出系统的输出

$$y(n) = \sum_{i=-\infty}^{\infty} x(i)h(n-i) \tag{3-56}$$

对卷积两边求离散时间傅里叶变换，得

$$Y(\omega) = \sum_{i=-\infty}^{\infty} x(i) \sum_{n=-\infty}^{\infty} h(n-i)\mathrm{e}^{-\mathrm{j}\omega n} \tag{3-57}$$

然后用 $k = n - i$ 对卷积变量代换，得

$$Y(\omega) = \sum_{i=-\infty}^{\infty} x(i)\mathrm{e}^{-\mathrm{j}\omega i} \sum_{k=-\infty}^{\infty} h(k)\mathrm{e}^{-\mathrm{j}\omega k} = X(\omega)H(\omega) \tag{3-58}$$

推导说明：$h(n)$ 的频谱就是 $H(\omega)$，$Y(\omega)$ 和 $X(\omega)$ 的比值就是 $h(n)$ 的频谱；时域的卷积对应频域的乘积。这个性质称为卷积定理。

离散时间傅里叶变换的基本性质见表 3-5，它们都是从 DTFT 的定义推出，其 a 和 b 为常数，m 为整数。若将表中 ω 替换为 k，即可得 DFS 的基本性质。

表 3-5　DTFT 的基本性质

类　型	序　列	频　谱
线性	$ax(n) + by(n)$	$aX(\omega) + bY(\omega)$
时域移位	$x(n-m)$	$\mathrm{e}^{-j\omega m}X(\omega)$
频域移位	$\mathrm{e}^{jan}x(n)$	$X(\omega - a)$
时域卷积	$x(n) * y(n)$	$X(\omega)Y(\omega)$
时域乘法	$x(n)y(n)$	$\dfrac{1}{2\pi}\displaystyle\int_{-\pi}^{\pi}X(\theta)Y(\omega - \theta)\,\mathrm{d}\theta$
帕斯维尔定理 (Parseval's Theorem)	$\displaystyle\sum_{n=-\infty}^{\infty}x(n)y^{*}(n) = \dfrac{1}{2\pi}\int_{-\pi}^{\pi}X(\omega)H^{*}(\omega)\,\mathrm{d}\omega$	

3.3.2　频率响应的意义

时域信号的自变量是时间，频域信号的自变量是频率。为了理解频率响应 $H(\omega)$ 的物理意义，设输入信号为单频率正弦波

$$x(n) = A\mathrm{e}^{j\omega n} \tag{3-59}$$

A 为幅度，根据卷积定义，系统对该正弦波的输出

$$y(n) = A\mathrm{e}^{j\omega n}H(\omega) = x(n)H(\omega) \tag{3-60}$$

其频率与输入相同，幅度为 $A|H(\omega)|$，相位为 $\omega n + \theta(\omega)$；$|H(\omega)|$ 是系统的幅度，$\theta(\omega)$ 是系统的相位。

例 3.7　设系统的输入 $x(n) = 2\cos(\omega n)$，单位脉冲响应 $h(n)$ 是实数序列。求系统的输出。

解　已知 $x(n)$ 和 $h(n)$ 都是实数，故输出也是实数。下面介绍两种求解法。

（1）合成法

因 $x(n) = 2\cos(\omega n) = \mathrm{e}^{j\omega n} + \mathrm{e}^{-j\omega n}$，根据线性性质和对称性质，系统的输出

$$
\begin{aligned}
y(n) &= \mathrm{e}^{j\omega n}|H(\omega)|\mathrm{e}^{j\theta(\omega)} + \mathrm{e}^{-j\omega n}|H(-\omega)|\mathrm{e}^{j\theta(-\omega)} \\
&= |H(\omega)|\mathrm{e}^{j[\omega n + \theta(\omega)]} + |H(\omega)|\mathrm{e}^{-j[\omega n + \theta(\omega)]} \\
&= 2|H(\omega)|\cos[\omega n + \theta(\omega)]
\end{aligned}
\tag{3-61}
$$

（2）分析法

因 $x(n) = \mathrm{Re}[2\mathrm{e}^{j\omega n}]$，根据线性性质，系统的输出

$$y(n) = \mathrm{Re}[2\mathrm{e}^{j\omega n}|H(\omega)|\mathrm{e}^{j\theta(\omega)}] = 2|H(\omega)|\cos[\omega n + \theta(\omega)] \tag{3-62}$$

由于信号可看作由许多正弦波组成，系统 $H(\omega)$ 对不同频率的分量幅度决定了输出正弦分量的大小，因此，在信号处理领域，系统也称为滤波器。

3.3.3　不失真系统的条件

单频正弦波经过线性时不变系统后还是正弦波，形状不变，其他信号经过线性时不变系统后是否还是原来形状？

输入输出信号形状不同称失真。从时间看，不失真系统指输入输出的波形相同的系统。从频率看，不失真系统的频率响应该如何呢？

因信号经过系统需要时间，故输出信号不失真的时间表达式为

$$y(n) = kx(n-m) \tag{3-63}$$

其 k 为常数，m 为 0 或正整数。对该式 DTFT，并利用时移特性，得输出

$$Y(\omega) = ke^{-j\omega m}X(\omega) \tag{3-64}$$

它是从频率看输出信号不失真的表达式。它要求不失真系统的频率响应

$$H(\omega) = ke^{-j\omega m} \tag{3-65}$$

即幅度响应为常数，相位响应为过零点直线。

实际上，很多不失真系统不需要满足幅度常数相位直线的条件，它们只需在有用频率范围满足不失真条件；而无用频率分量是要滤除的，是否满足不失真条件并不重要。

例 3.8　设系统收到的信号是

$$x(n) = s(n) + z(n) = 2\sin(0.1n) + 5\sin(0.2n) + 4\sin(0.3n) \tag{3-66}$$

$s(n)$ 为有用信号，频谱分布在 $\omega = 0 \sim 0.2$，$z(n)$ 为噪声信号。为了提取有用信号，工程师设计的系统函数为

$$H(\omega) = \begin{cases} 0.9e^{-j10\omega} & (|\omega| \leqslant 0.25) \\ 0 & (0.25 < |\omega| \leqslant \pi) \end{cases} \tag{3-67}$$

系统的主值区间为 $[-\pi, \pi)$。请分析系统的输出 $y(n)$。

解　因输入可写为

$$x(n) = \text{Im}[2e^{j0.1n} + 5e^{j0.2n} + 4e^{j0.3n}] \tag{3-68}$$

所以，系统的输出也取虚部，利用线性性质得

$$\begin{aligned} y(n) &= \text{Im}[2e^{j0.1n}H(0.1) + 5e^{j0.2n}H(0.2) + 4e^{j0.3n}H(0.3)] \\ &= 1.8\sin(0.1n-1) + 4.5\sin(0.2n-2) \\ &= 0.9s(n-10) \end{aligned} \tag{3-69}$$

噪声信号被 $H(\omega)$ 滤除。相关波形如图 3-15 所示，我们希望信号 $s(n)$ 和输出信号 $y(n)$ 波形相同，$y(n)$ 滞后 $s(n)$ 10 点时序，这个值等于系统相位对 ω 导数的负值，

$$t_{\text{d}}(\omega) = -\frac{\text{d}\theta(\omega)}{\text{d}\omega} \tag{3-70}$$

$t_{\text{d}}(\omega)$ 称为群延时（Group Delay），它反映信号通过系统所需的时间。

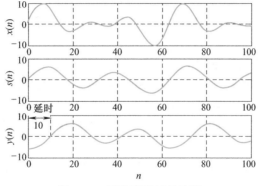

图 3-15　不失真系统的波形

3.4　信号处理

　　频域分析包括信号的分解与合成。分解就是计算各频率正弦波所占的比例，合成就是正弦波按比例组成信号。信号分析能看到时域看不到的东西，为减少数字、节省存储器、节省传输时间等提供了理论依据。

　　例3.9　有一个连续时间信号在 $t = 0 \sim 8\mathrm{s}$ 的变化为

$$y(t) = \mathrm{e}^{-t/10} \left[\sin(2t) + 2\cos(4t) + 0.4\sin(t)\sin(10t) \right] \tag{3-71}$$

将这段时间等分成100点，不包括 $t = 8\mathrm{s}$，则 $y(t)$ 可变为100个样本 $y(n)$。请在频域压缩 $y(n)$，令80%幅度较小的频谱为0。

　　解　因 $N = 100$，采样周期 $T = 8/N = 0.08\mathrm{s}$，故样本

$$y(n) = y(t) \big|_{t = Tn} \tag{3-72}$$

$n = 0 \sim 99$，相关波形如图3-16所示。现将连续时间 $[0, 8)$ 视为 t 的主值区间，$[0, 100)$ 视为 n 的主值区间，根据离散傅里叶级数，得 $y(n)$ 的频谱

$$Y(k) = \sum_{n=0}^{99} y(n) \mathrm{e}^{-\mathrm{j}\frac{2\pi}{100}kn} \tag{3-73}$$

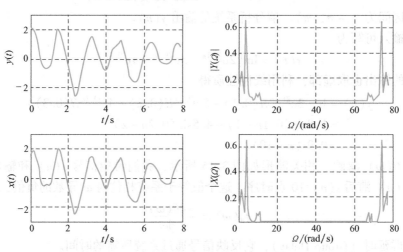

图3-16　信号压缩

k 的主值区间在 $0 \sim 99$，由 $\omega = 2\pi k/100$ 得 $Y(\Omega)$ 的模拟角频率 $\Omega = 0.25\pi k$。在频域压缩 $y(n)$ 的步骤如下：

　　（1）根据压缩率计算被置零的 $Y(k)$ 量，它等于80。

　　（2）将 $Y(k)$ 的元素按幅度从小到大排列，将第81个元素的值作为阈值。

　　（3）将幅度小于阈值的元素变为0，形成新频谱 $X(k)$，$k = 0 \sim 99$ 对应 $\Omega = 0.25\pi k$。

　　压缩得到的 $X(k)$ 有80%的0元素。这个特点无论从传输还是储存的角度看都很重要，因0频谱可用短码表示。

　　从收听的角度看，压缩频谱要变为时间信号才有用。根据离散傅里叶级数，$X(k)$ 合成的信号

$$x(n) = \frac{1}{100}\sum_{k=0}^{99}X(k)\mathrm{e}^{\mathrm{j}\frac{2\pi}{100}kn} \tag{3-74}$$

其中 $n = 0 \sim 99$，$x(n)$ 与 $y(n)$ 的相似度为 0.994。

本题用到的主要指令为

```
N = 100;n = 0:N - 1;T = 8/N;t = T * n;
y = exp( - t/10). * ( sin(2 * t) + 2 * cos(4 * t) + 0.4 * sin(t). * sin(10 * t));
k = n;
Y = y * exp( - j * 2 * pi/N * n' * k);
r = 0.8;z = floor(r * N);
a = sort(abs(Y));
Ymin = a(z + 1);
X = [abs(Y) > Ymin]. * Y;
x = real(1/N * X * exp(j * 2 * pi/N * k' * n));
r = (y * x')/sqrt((y * y') * (x * x'))
```

例 3.10　从频域的角度看，音乐的音高 p 和频率 f 可写为 $f = 440 \times 2^{(p-69)/12}\mathrm{Hz}$。标准音 la 为钢琴的 A4 键，定义为 $p = 69$。音高每上升一个半音，p 加 1；两个半音构成一个全音。

音符 3 和 4 间隔半音，7 和 $\dot{1}$ 间隔半音，其他都是全音。请介绍用正弦波实现歌曲的编程思路，并用 MATLAB 编写 1 = C　2/4 的简谱：

1　1 | 5　5 | 6　6 | 5 — | 4　4 | 3　3 | 2　2 | 1 — |

解　设数模转换的采样频率 $f_\mathrm{s} = 44100\mathrm{Hz}$，一拍音符的时长 $= 0.5\mathrm{s}$。

（1）编程思路

主程序写各音符的音高和时长，用音符写简谱，播放简谱；子程序写频率和时长，用频率和时长写正弦波。

（2）简谱程序

主程序为

```
fs = 44100;% 数模转换的采样频率
a11 = key(60,1);% do 一拍
a21 = key(62,1);% re 一拍
a31 = key(64,1);
a41 = key(65,1);
a51 = key(67,1);
a61 = key(69,1);
a52 = key(67,0.5);% so 两拍
a12 = key(60,0.5);% do 两拍
p1 = [a11,a11,a51,a51,a61,a61,a52];% 第一段简谱
p2 = [a41,a41,a31,a31,a21,a21,a12];% 第二段简谱
song = [p1,p2];% 全部简谱
sound(song,fs)% 播放声音
```

子程序为

```
fs = 44100;%采样频率
f = 440 * 2^((p-69)/12);%频率
t = 0:1/fs:0.5/n;%时长 0.5/n 秒
g = sin(2 * pi * f * t);%频率为 f 时间为 t 的正弦波
```

本章介绍了信号的频谱和系统的频率响应，频谱是信号分析的工具，频率响应是信号处理的工具。

第 2 章和第 3 章的相关、卷积和频谱是信号处理的理论基础，下一章介绍怎样使信号变换的效率最高、效果最好。

3.5　习题

1. 请将实数正弦序列 $x(n) = e^{-2n}\sin(0.6n + \pi/3)$ 写为复指数序列。

2. 设序列 $x(n) = 6R_{10}(n)$，请分析它在时序 $[0, 20)$ 范围的频谱 $X(k)$，并用 $X(k)$ 合成信号。

3. 设序列 $y(n) = 6R_{10}(n-3)$，请分析它在时序 $[3, 23)$ 范围的频谱 $Y(k)$，并用 $Y(k)$ 合成信号。

4. 设频谱 $X(k) = 6\delta(k-5) + 6\delta(k-8)$ 的周期为 13，主值区间在 $[0, 13)$。请用 $X(k)$ 合成信号。

5. 设频谱 $Y(k) = 5\delta(k-3) - 5\delta(k-6)$ 的周期为 9，主值区间在 $[0, 8]$。请根据 $Y(k)$ 合成信号。

6. 设频谱 $Z(k) = 2\delta(k-3) + 3\delta(k-5) + 3\delta(k-13) - 2\delta(k-15)$ 的周期为 18，主值区间 $[0, 17]$。请用 $Z(k)$ 合成信号。

7. 设序列 $x(n) = (n)_5$，请画出它在 $n = -10 \sim 20$ 的序列波形。$(n)_5 = 0 \sim 4$ 称为 n 模除 5 的模数，例如，$(3)_5 = 3$，$(23)_5 = (5 \times 4 + 3)_5 = 3$，$(-3)_5 = (5-3)_5 = 2$。

8. 设周期为 10 的方波序列 $x(n)$ 如图 3-17 所示，请计算其频谱 $X(k)$。

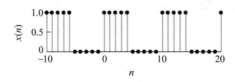

图 3-17　周期方波

9. 设接收信号是一组频谱，

$$X(k) = \begin{cases} \dfrac{\sin(\pi k/2)}{\sin(\pi k/20)} e^{-j9\pi k/20} & (k=9 \text{ 和 } 11) \\ 0 & (\text{其他 } k) \end{cases}$$

$k = 0 \sim 19$。请根据 $X(k)$ 还原发射的信号，并用实数余弦波表示。

10. 设两个声音的相似度超过 90%，人的听觉就认为它们是一样的声音。现有周期信号

$y(n) = R_{10}\big[(n)_{20}\big] - R_{10}\big[(n-10)_{20}\big]$，它可用 9 个实数余弦分量组成，即 $y(n) = x_1(n) + x_2(n) + \cdots + x_9(n)$，

$$x_k(n) = 0.2\,\frac{\sin(\pi k/2)}{\sin(\pi k/20)}\cos(2\pi kn/20 - 9\pi k/20)$$

试问用 $x(n) = x_1(n) + x_3(n) + x_5(n)$ 代替 $y(n)$ 可以吗？分量幅度保留小数点后两位。

11. 设序列 $x(n) = 0.6^n u(n)$，请分析它的频谱。

12. 若 $\mathrm{DTFT}[x(n)] = X(\omega)$，请根据定义求 $\mathrm{DTFT}[x(n-3)] = ?$

13. 设 $x(n)$ 为图 3-18 所示，求其离散时间傅里叶变换 $X(\omega)$。

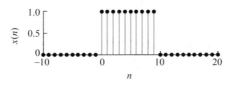

图 3-18　矩形波

14. 已知 $X(\omega)$，请问 $X(\omega + 4\pi) = ?$ 并说明理由。

15. 设 $x(n) = R_4(n)$，请问 $X(\omega) = ?$

16. 请说出序列 $x(n) = \sin(\pi n/4 + \pi/6)$ 的周期，并计算 $x(n)$ 的频谱 $X(k)$，画出其幅频特性和相频特性。

17. 请计算 $y(n) = \sin(\pi n/4 + \pi/6)R_8(n)$ 的频谱 $Y(\omega)$，并指出其幅度的特点。

18. 从信号是否连续时间和是否周期的方面看，傅里叶变换可分为哪四种？

19. 设接收机收到的 DFS 系数 $R(k) = [3,\ 2.4\mathrm{e}^{-j0.9},\ 0,\ 0.6\mathrm{e}^{j0.3},\ 0,\ 0,\ 0,\ 0.6\mathrm{e}^{-j0.3},\ 0,\ 2.4\mathrm{e}^{j0.9}]$。请指出 $k=3$ 和 9 对应的数字角频率，并用 $R(k)$ 恢复原信号 $r(n)$。

20. 设有限长序列 $x(n)$ 的波形如图 3-19 所示，在不求出其 $X(\omega)$ 的情况下，请问 $X(0)$ 和 $\int_{-\pi}^{\pi} X(\omega)\mathrm{d}\omega$ 的值各为多少？

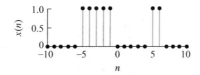

图 3-19　有限长序列

21. 设有限长序列 $x(n)$ 的波形如图 3-20 所示，其频谱为 $X(\omega)$。请快速计算 $X(0)$ 和 $X(\pi)$，并计算 $X(\omega)$ 在一个周期的积分。

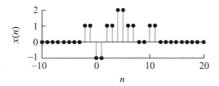

图 3-20　有限长序列

22. 若信号频谱 $X(\omega)$ 的波形如图 3-21 所示，求其时间序列 $x(n)$。

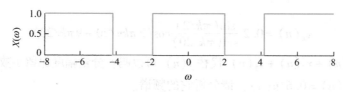

图 3-21　信号频谱

23. 设系统的单位脉冲响应 $h(n) = \delta(n) + \delta(n-1)$，请分析其频谱特点。

24. 设因果线性时不变系统的差分方程为 $y(n) = -0.5y(n-1) + 2x(n)$，请确定其系统函数。

25. 设系统的频率响应为 $H(\omega) = 0.6e^{-j0.4\omega}$，若输入 $x(n) = \sin(0.3n)$，求系统的输出。

26. 设线性时不变系统的频率响应如图 3-22 所示，若输入 $x(n) = 0.5\sin(0.25\pi n + 1)$，请写出系统的输出。

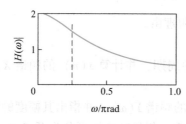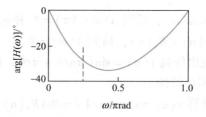

图 3-22　系统的频谱

27. 设系统的单位脉冲响应 $h(n) = \delta(n) - \delta(n-1)$，请问它是不是不失真系统？

28. 信号 $x(t)$ 由 2 和 8kHz 正弦波组成，$y(t)$ 由 12 和 18kHz 正弦波组成，采样率为 20kHz。对比它们主值区间的值。

习题参考答案

有了相关、卷积和频谱就可着手信号处理，不过自然界的信号大多是模拟信号，它们变为数字信号才能用计算机处理。还有，模拟信号持续时间长，用多少数字表示它们关系到计算机的存储、传输和计算，关系到产品的成本。这要求我们，要想效率高、效果好，首先要考虑数字处理前后的信号变换。

4.1 信号的变换

现实世界的模拟信号，必须先变为数字信号，然后再用计算机处理；处理完后，数字信号往往还要变为模拟信号。模拟信号怎样变为数字信号呢？简单说：隔一段时间测量一次模拟信号，并将它用二进制数表示。数字信号怎样变为模拟信号呢？简单说：隔一段时间用数字信号改变一次受控源电压。

模数转换的时间间隔可固定，也可变化；时间间隔可长也可短。时间间隔固定有利于器件制作，时间间隔长也有利于器件制作。时间间隔与信号质量有关，还与产品成本有关，下面从时域分析这个问题。

4.1.1 时域模拟变数字

模拟信号变为数字信号称为模数转换。对物理现象定时测量称为采样，得到的数值叫作样本。慢变现象的采样间隔可以长，以便节省成本；快变现象的采样间隔应该短，这样才能正确反映情况。

为了方便，采样的时间间隔往往是不变的，所以，采样间隔称为采样周期，用符号 T 表示。采样周期越短，数字信号越能准确描述模拟信号。为了提高工作和设备效率，在满足信号质量的前提下，采样周期应尽量长。究竟多长合适？观察图4-1所示的模拟信号 $x(t)$，当 $x(t)$ 连续由小到大、或由大到小单调变化时，其起点终点是反映变化的关键，必须纪录下来；至于过渡值，不纪录也不会有太大影响。所以，选择信号单向变化最短时间作为采样周期，能较好描述真实情况，又能照顾生产成本。不过采样周期也要适应条件的改变，如旱季和汛期的水位。

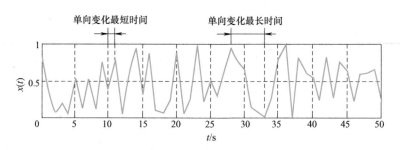

图 4-1 确定采样周期

4.1.2 时域数字变模拟

数字信号变为模拟信号称为数模转换。简单的数模转换有两种：一种是台阶式，每采样周期内 $x(t)$ 固定不变；另一种是斜坡式，每采样周期内 $x(t)$ 直线变化，如图 4-2 所示。图中数字信号用带点垂线表示，实际是一串二进码。

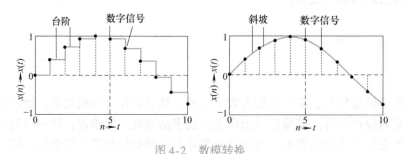

图 4-2 数模转换

数模转换的时间间隔应与模数转换的采样周期相同，才能恢复原模拟信号，所以，数模转换的时间间隔也叫作采样周期。

原理上，台阶式数模转换皱纹多，斜坡式数模转换较平滑。制作上，台阶式比斜坡式容易实现。

上面从时域考虑采样周期的标准，现在从频域考虑采样频率。模数转换的变换速度称为采样频率，简称采样率。在采样信号能够反映模拟信号内容的情况下，采样频率最小能到多少呢？

4.1.3 频域模拟变数字

采样定理告诉我们：若模拟信号最高频率为 f_a 的话，只要选择采样频率 $f_s > 2f_a$，那么，采样信号就能正确反映模拟信号，或者说，这种采样信号可恢复原信号。采样定理也称为奈奎斯特采样定理，满足采样定理的最小频率 $f_s = 2f_a$ 称为奈奎斯特速率。

下面分别从理想采样和实际采样的角度来认识采样定理。

1. 理想采样

采样就是把时刻 $t = nT$ 的模拟信号 $x_a(t)$ 值准确变为离散时间信号 $x(n)$，为了简便，

这里借用单位脉冲函数的概念。单位脉冲函数是一种宽度无穷小、面积为1的理想函数，其定义为

$$\delta(t) = \lim_{\tau \to 0} \frac{1}{\tau}\left[u\left(t + \frac{\tau}{2}\right) - u\left(t - \frac{\tau}{2}\right)\right] = \frac{\mathrm{d}u(t)}{\mathrm{d}t} \qquad (4\text{-}1)$$

τ 表示脉冲时宽，它趋于无穷小的脉冲函数叫作单位脉冲函数。$u(t)$ 表示单位阶跃函数，其定义为

$$u(t) = \begin{cases} 0 & (t < 0) \\ 1 & (t > 0) \end{cases} \qquad (4\text{-}2)$$

$t = 0$ 时 $u(t)$ 没有定义，可令 $u(0) = 0.5$。矩形脉冲演变为单位脉冲函数的原理如图 4-3 所示，因 $\delta(t)$ 幅度极大，故用箭头表示波形，矩形脉冲面积称为冲击强度。

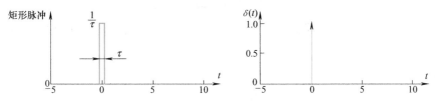

图 4-3　矩形脉冲演变为单位脉冲函数

单位脉冲函数是一种理想脉冲，其另一种表示方法是

$$\int_{-\infty}^{\infty} \delta(t)\,\mathrm{d}t = 1 \qquad (t \neq 0 \text{ 时 } \delta(t) = 0) \qquad (4\text{-}3)$$

这种理想脉冲函数为理论研究提供了极大便利。研究模数关系的基础是周期脉冲函数

$$p(t) = \sum_{n=-\infty}^{\infty} \delta(t - nT) \qquad (4\text{-}4)$$

用 $p(t)$ 表示对模拟信号 $x_a(t)$ 采样的信号

$$\begin{aligned} x_s(t) &= x_a(t)p(t) \\ &= \sum_{n=-\infty}^{\infty} x_a(nT)\delta(t - nT) \end{aligned} \qquad (4\text{-}5)$$

$x_a(t)$ 和 $x_s(t)$ 都是模拟信号，它们的关系如图 4-4 所示，左图是假想的 $x_a(t)$，右图是用 $p(t)$ 对 $x_a(t)$ 采样的信号 $x_s(t)$，采样周期 $T = 0.1\mathrm{s}$，箭头高度为 $t = nT$ 时 $x_s(t)$ 的冲击强度，等于 $x_a(t)$ 此时的物理量，虚线是 $x_a(t)$ 的波形。下面分三步求离散时间信号与模拟信号的频谱关系。

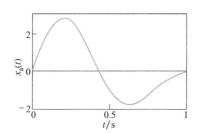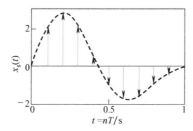

图 4-4　模拟信号采样

第一步，用正弦波表示周期脉冲函数。根据连续傅里叶级数，周期脉冲函数

$$p(t) = \sum_{k=-\infty}^{\infty} P(k) e^{j\frac{2\pi}{T}kt} \tag{4-6}$$

其 $P(k)$ 为正弦波幅度，即连续傅里叶级数系数

$$P(k) = \frac{1}{T} \int_0^T p(t) e^{-j\frac{2\pi}{T}kt} dt = \frac{1}{T} \int_{-T/2}^{T/2} \sum_{n=-\infty}^{\infty} \delta(t - nT) e^{-j\frac{2\pi}{T}kt} dt$$

$$= \frac{1}{T} \tag{4-7}$$

所以，周期脉冲函数可写为

$$p(t) = \frac{1}{T} \sum_{k=-\infty}^{\infty} e^{j\frac{2\pi}{T}kt} \tag{4-8}$$

第二步，用周期脉冲函数求采样信号的频谱。根据连续时间傅里叶变换，$x_s(t)$ 的频谱

$$X_s(\Omega) = \int_{-\infty}^{\infty} x_a(t) p(t) e^{-j\Omega t} dt$$

$$= \frac{1}{T} \sum_{k=-\infty}^{\infty} \int_{-\infty}^{\infty} x_a(t) e^{-j(\Omega - \frac{2\pi}{T}k)t} dt \tag{4-9}$$

$$= \frac{1}{T} \sum_{k=-\infty}^{\infty} X_a\left(\Omega - \frac{2\pi}{T}k\right)$$

更直观的写法为

$$X_s(\Omega) = \frac{1}{T}\left[\cdots + X_a\left(\Omega + \frac{2\pi}{T}\right) + X_a(\Omega) + X_a\left(\Omega - \frac{2\pi}{T}\right) + \cdots\right] \tag{4-10}$$

其意思是：$X_s(\Omega)$ 是 $X_a(\Omega)$ 的周期延续和叠加，延续是顺着模拟角频率 Ω 轴向左右进行，延续周期为 $2\pi/T$。它们的关系如图4-5所示，上图表示 $X_a(\Omega)$，Ω_a 为 $x_a(t)$ 的最高角频率，下图表示 $X_s(\Omega)$，$\Omega_s = 2\pi/T$ 是对模拟信号采样的角频率；$k=0$ 部分是 $X_s(\Omega)$ 的基带频谱（Baseband Spectrum），其他 k 部分是基带频谱的频移版本（Replica），称为频谱影像（Spectral Image）。

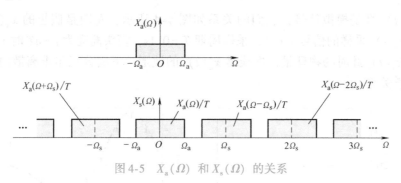

图4-5 $X_a(\Omega)$ 和 $X_s(\Omega)$ 的关系

$X_s(\Omega)$ 的 $[-\Omega_s/2, \Omega_s/2]$ 范围称为基带或奈奎斯特频带，$\Omega_s/2$ 称为折叠频率或奈奎斯特频率。若采样角频率 Ω_s 大于 Ω_a 的两倍，则 $X_s(\Omega)$ 的各周期内容与 $X_a(\Omega)$ 的内容相同，比例系数 $1/T$ 不影响相似性。若 Ω_s 小于 Ω_a 的两倍，则 $X_s(\Omega)$ 的各周期毗邻部分将重叠，使得 $X_s(\Omega)$ 的各个周期内容和 $X_a(\Omega)$ 的内容不相同；这种失真称为混叠失真，混叠

的频谱是不能恢复 $X_a(\Omega)$ 的。这就是采样定理要求采样频率 $f_s > 2f_a$ 的原因。

第三步，用单位脉冲函数求采样信号的频谱，根据连续时间傅里叶变换，$x_s(t)$ 的频谱

$$X_s(\Omega) = \int_{-\infty}^{\infty} x_a(t)p(t)e^{-j\Omega t}dt$$

$$= \sum_{n=-\infty}^{\infty} x_a(nT)\int_{-\infty}^{\infty}\delta(t-nT)e^{-j\Omega t}dt \qquad (4\text{-}11)$$

$$= \sum_{n=-\infty}^{\infty} x_a(nT)e^{-j\Omega nT}$$

令 $x(n) = x_a(nT)$，它是离散时间信号，代入上式后得

$$X_s(\Omega) = \sum_{n=-\infty}^{\infty} x(n)e^{-j\Omega Tn} \qquad (4\text{-}12)$$

其等号右边是离散时间信号 $x(n)$ 的频谱 $X(\omega)$，$X(\omega)$ 的 $\omega = \Omega T$。其意思是：离散时间信号的频谱

$$X(\omega) = \frac{1}{T}\sum_{k=-\infty}^{\infty} X_a\left(\Omega - \frac{2\pi}{T}k\right)\Bigg|_{\Omega=\omega/T} \qquad (4\text{-}13)$$

$X(\omega)$ 是模拟信号频谱 $X_a(\Omega)$ 的周期延续和叠加，周期为 $\Omega_s = 2\pi/T$。

例 4.1 电话通信系统的语音采样频率 $f_s = 8\text{kHz}$。请问该采样频率能够不失真采样的语音最高频率是多少？

解 若语音信号的频带是有限的，则其频谱分布在 $[0, f_{max}]$ 范围。根据采样定理 $f_s > 2f_{max}$，得语音信号的最高频率 $f_{max} = f_s/2 = 4\text{kHz}$。

2. 实际采样

单位脉冲函数是做不出来的，但它给我们指出采样的准则：若离散时间信号能包含模拟信号的信息，则采样频率必须大于模拟信号最高频率的两倍；还有，采样时刻的模拟量必须准确地转换为数字。

用电路实现采样的方法有两种：一种是开关采样，另一种是保持采样。

开关采样是用开关电路控制模拟信号的传输，这个开关周期通断，使模拟信号变为断断续续的脉冲。开关接通时，脉冲信号 $x_s(t)$ 的幅度按模拟信号 $x_a(t)$ 大小变化，开关接通时间 $\tau <$ 采样周期 T，如图 4-6 所示；开关断开时，$x_s(t) = 0$。这种采样方法简单，但开关接通时 $x_s(t)$ 不稳定，不能保证采样时刻 $t = nT$ 的信号准确转换。

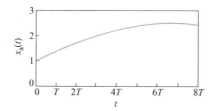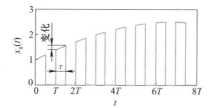

图 4-6 开关采样

保持采样也是开关控制的电路，每次采样时，电路维持脉冲信号 $x_s(t)$ 的大小不变，维持时间 $\tau <$ 采样周期 T，如图 4-7 所示，每次保持不变的信号量被视为采样时刻的模拟量 $x_a(nT)$。

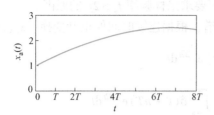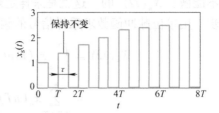

图 4-7 保持采样

实际信号中除了有用成分，往往还有其他无用成分，其频率有些高于有用成分，它们会引起混叠失真。应对的方法是提高采样频率，但这样会增加成本。如何降低采样频率，又防止折叠失真呢？办法是模数转换前置一模拟低通滤波器，即抗混叠滤波器或前置滤波器，限制实际信号的带宽，如图 4-8 所示。一般模数转换器都包含抗混叠滤波器，理想情况下，抗混叠滤波器的截止频率 f_c 等于有用信号最高频率 f_{max}。按采样定理，选择折叠频率 $f_s/2$ 等于 f_{max}。

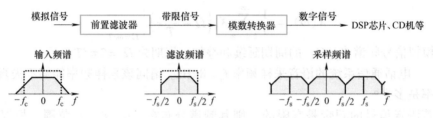

图 4-8 模数转换器的组成

DSP 应用领域的典型频率见表 4-1，信号最高频率指满足需要的最高频率，它们是确定折叠频率的依据。表 4-1 的采样频率 $f_s = 2f_{max}$，这是理想情况。

表 4-1 典型频率

应 用 领 域	最 高 频 率	采 样 频 率
地球物理	500Hz	1kHz
生物医学	1kHz	2kHz
机械工程	2kHz	4kHz
语音	4kHz	8kHz
声音	20kHz	40kHz
影像	4MHz	8MHz

实际上，前置滤波器由模拟器件构成，无法在 f_{max} 地方完全分离有用和无用分量。如图 4-9 所示，实际前置滤波的截止频率 f_c 只表示频率界限，大于该界限的残余频谱不影响应用。虽然残余频谱会产生折叠失真，但对有用频谱影响很小；基于这个考虑，不失真的采样频率

$$f_s \geq f_{max} + f_c \tag{4-14}$$

前置滤波器的过渡带 $f_{max} \sim f_c$ 越陡峭，需要的电感电容元件越多，制作成本越高。若提高采样频率，则可降低前置滤波器的成本，残余频谱在数字信号处理中很容易除掉。

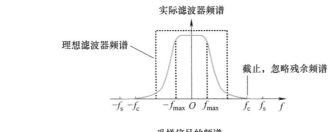

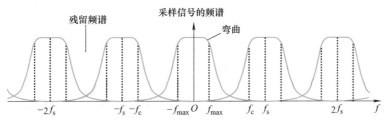

图 4-9　实际采样的频谱

另外，实际滤波器会造成高频部分弯曲，这个影响也放在数字信号处理中解决。

例4.2　设人耳可听懂的语音频谱范围在 300 ~ 3200Hz，实际语音系统的采样频率 f_s = 8kHz。请问选择什么抗混叠滤波器和截止频率比较合适？

解　由于温度、湿度、气压、电网等因素会影响实际电路的性能，产生直流漂移、50Hz 交流噪声等干扰，所以建议选择带通滤波器作为抗混叠滤波器。

为了消除 50Hz 交流干扰，带通滤波器的低频截止频率最低是 50Hz；为了防止折叠失真，带通滤波器的高频截止频率 $f_c = f_s - f_{max} = (8000 - 3200)\text{Hz} = 4800\text{Hz}$。

采样定理满足的是低通信号（Lowpass Signal）的采样要求，即频谱分布在 $f = 0 \sim f_a$ 范围的信号，但实际应用中，这种低通采样定理不是唯一的方案。还有一种带通采样方案，它用于带通信号采样。这种带通信号（Bandpass Signal）的频谱集中在某频率的周围，而不是 0Hz 的附近，如无线电的中频、射频和滤波器组通道。

例4.3　设两个频带有限的信号：一个是低通信号 $x_1(t)$，频谱 $X_1(f)$ 能量集中在 $f_1 = 0\text{Hz}$ 周围，带宽 $B_1 = 2\text{MHz}$；另一个是带通信号 $x_2(t)$，是 $x_1(t)$ 的调幅波，频谱 $X_2(f)$ 集中在 $f_2 = 10\text{MHz}$ 周围，带宽 $B_2 = 4\text{MHz}$，如图 4-10 所示。若对它们采用低通采样方案，请分析采样效率。

解　信号 $x_1(t)$ 和 $x_2(t)$ 的信息相同。根据低通采样定理 $f_s > 2f_a$ 和采样信号的频谱，

$$X_s(f) = \frac{1}{T}[\cdots + X_a(f+f_s) + X_a(f) + X_a(f-f_s) + X_a(f-2f_s) + \cdots] \tag{4-15}$$

$x_1(t)$ 的最小采样频率 $f_{s1} = 4\text{MHz}$，其采样信号 $x_{s1}(t)$ 的频谱 $X_{s1}(f)$ 如图 4-11 所示，它是 $X_1(f)$ 从 $f = 0\text{Hz}$ 向 f 两边周期重复的结果，周期为 $f_{s1} = 4\text{MHz}$。

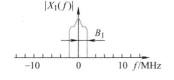

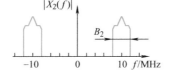

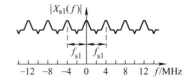

图 4-10　低通和带通信号的频谱　　　　　　　　　　图 4-11　$x_{s1}(t)$ 的频谱

同理，$x_2(t)$ 的最小采样频率 $f_{s2} = 24\text{MHz}$，其采样信号 $x_{s2}(t)$ 的频谱 $X_{s2}(f)$ 如图 4-12 所示，它是 $X_2(f)$ 从 $f = \pm 10\text{MHz}$ 向 f 两边周期重复的结果，周期为 $f_{s2} = 24\text{MHz}$。

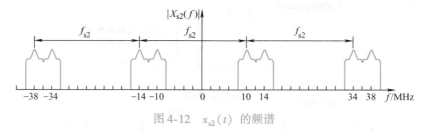

图 4-12 $x_{s2}(t)$ 的频谱

从频谱看，$X_{s1}(f)$ 充分利用频谱空间；从时间看，$X_{s2}(f)$ 需要很高的采样率，会增加模数转换器和数字存储器的负担。

信号调制是通信的常用手段，调制的本质是频谱搬移，将低通信号的频谱搬到载波频率附近。图 4-10 的 $X_2(f)$ 就是 $X_1(f)$ 搬到载波频率 10MHz 的结果，分布在 -10MHz 附近的频谱是 10MHz 的镜像，是复数表示正弦波的结果。

实际数字通信时，必须想办法降低带通信号的采样率，才能提高设备的使用率。如何降低带通信号的采样率，又不产生折叠失真呢？方法是：让信号的最低频率 f_L、最高频率 f_H 和采样频率 f_s 满足

$$\begin{cases} f_H = n(f_H - f_L) \\ f_s = 2(f_H - f_L) \end{cases} \tag{4-16}$$

式中，n 为正整数。满足这个条件的采样是没有折叠失真的，这个条件称为带通采样定理。当 $n = 1$ 时，带通采样定理就变成了奈奎斯特采样定理。

让我们从图形来理解带通采样定理的真实性。根据采样信号的频谱，

$$X_s(f) = \frac{1}{T} \sum_{k=-\infty}^{\infty} X_a(f - f_s k) \tag{4-17}$$

若 $X_a(f)$ 的通带最低频率 $f_L = 3B$，如图 4-13 所示，通带的正负频率部分这里用阴影和花点表示，以示区别，$X_a(f)$ 的带通部分在 $X_s(f)$ 公式中随 k 的变化而正负频移，频移呈周期性，周期为 f_s。

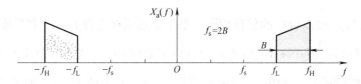

图 4-13 带通信号频谱

当采样频率 $f_s = 2B$ 时，$X_a(f)$ 的阴影部分频移如图 4-14 所示，$X_a(f)$ 的花点部分频移规律相同，组合起来就是 $X_s(f)$。对比采样前后的频谱，这种 $X_s(f)$ 完全保留原信号的信息，没有折叠失真。

例 4.4　有一个模拟带通信号，其频谱集中在 $f_0 = 10\text{MHz}$ 周围，带宽 $B = 4\text{MHz}$。请问它的不失真采样频率最低可选多少？

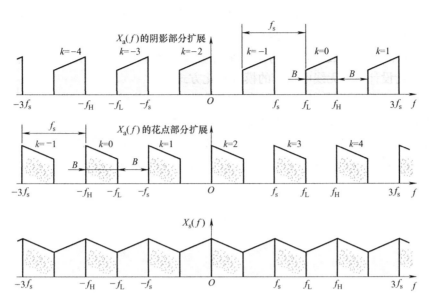

图 4-14 采样信号的频谱

解 根据奈奎斯特采样定理，$f_s > 2f_H$，$f_H = 12\text{MHz}$，最低采样频率 $f_{s1} = 24\text{MHz}$。根据带通采样定理，因 $f_H = 12\text{MHz} = 3B$，故最低采样频率 $f_{s2} = 8\text{MHz}$。

相比之下，最小采样频率应选 8MHz。

带通采样定理使数字信号处理可为无线电通信服务。值得提醒的是：带通信号的采样也需要抗混叠滤波器，这种抗混叠滤波器是带通滤波器，其作用是保证带通信号的频带是有限的，符合带通采样定理。

图 4-15 是一种应用带通采样定理的数字无线电通信，其粗线表示数字信号，细线表示模拟信号。其窄带 ADC（Analog-to-Digital Converter）负责将模拟信号变成数字信号，然后送去数字处理；窄带 DAC（Digital-to-Analog Converter）负责将处理好的数字信号变成模拟信号；DSP（Digital Signal Processor）芯片负责信号的调制、加密、编码、信道分离、解调、解密、解码等，这些都在数字环境中完成；宽带 ADC 将并存的模拟高频信号变为数字信号；宽带 DAC 将处理后的多个数字信号变成模拟高频信号；射频模块负责高频信号的滤波、放大、变频等；天线负责无线电信号的发射和接收。这种数字无线电结构的大部分信号处理都是数字计算，是在程序的安排下进行的，故称这种通信方式为软件无线电。

图 4-15 数字无线电通信

软件无线电的许多功能是用程序实现的，要增添新业务或调制方式，只要增添新软件就可实现，不需要更换设备，避免人力物力的巨大浪费。数字信号处理的优点在软件无线电中得到充分体现，软件无线电不但在军、民无线电通信中获得应用，而且在电子战、雷达、信息化家电等领域也得到推广。现代通信的发展趋势是：简化射频模块，力求宽带 ADC 和 DAC 靠近天线，尽可能用软件来处理信号。

例 4.5 设高性能模数转换器的最高采样频率为 5MHz，陆军无线电通信频段分布在 30 ~ 80MHz。请设计一种无线电通信的模数转化方式。

解 为了充分利用模数转换器和数字信号处理，通信结构采用超外差接收体制，如图 4-16 所示。高频滤波粗略地阻隔带通信号频带以外的频率成分，让 30 ~ 80MHz 的频率通过；本机振荡的信号与高频信号混频，改变本振频率，可得统一的中频信号；中频滤波放大器进一步将信号的频带限制在 10 ~ 12.5MHz，带宽 $B = 2.5$MHz。

图 4-16 超外差接收体制

这种中频信号的最高频率 $f_H = 12.5$MHz $= 5B$，取 $f_s = 5$MHz 可满足带通采样定理，并且符合模数转换器的指标。

由于带宽 2.5MHz 的中频信号可不失真模数转换，若将通信频段 30 ~ 80MHz 分为 $(80 - 30) \div 2.5 = 20$ 个频段，本机振荡器用 20 种正弦波对这 20 个频段混频，即可控制全频段的信号模数转换。

遇到带通信号的频率边界 f_L 和 f_H 不符合带通采样定理时，可适当增加带宽 $f_H - f_L$，以满足带通采样定理。增加的方法是：取满足 $2f_H/n \leqslant f_s \leqslant 2f_L/(n-1)$ 的采样频率，正整数 n 满足 $1 \leqslant n \leqslant \lfloor f_H/(f_H - f_L) \rfloor$ [⊖]，最大 n 对应最低采样频率。

例如，我国的调频广播频率为 87 ~ 108MHz，因 $\lfloor 108/(108 - 87) \rfloor = 5$，故满足 43.2MHz $\leqslant f_s \leqslant 43.5$MHz 的采样频率可避免折叠失真。若取采样频率 43.2MHz，则带宽为 21.6MHz，最高频率为 108.3MHz，最低频率为 86.7MHz，满足带通采样定理。

4.1.4 频域数字变模拟

模拟信号变成数字信号后，计算机就可对它进行处理，处理后的数字信号有时还要变为模拟信号。数字信号变为模拟信号简称数模转换，数模转换电路叫数模转换器。

数模转换的方法取决于我们的应用。从图 4-5 和图 4-9 看，我们可在数字信号的周期频谱中取出我们所需的频谱。若需要低通模拟信号，则用低通滤波器；若需要带通模拟信号，则用带通滤波器。取出这段频谱在时间上是什么概念呢？

数模转换器是由数字和模拟器件构成的，下面从理想滤波和实际滤波的角度介绍数模转换的频谱和时间关系。

1. 理想滤波

模拟信号处理和数字信号处理的原理类似，常用单位脉冲信号和卷积进行研究。线性时不变系统的输出见表 4-2，其卷积运算，离散变量 n 的卷积和连续变量 t 的卷积看似不同，实质相同，都是求和运算，它们在频域都是频谱相乘。

⊖ $\lfloor \ \rfloor$ 表示向下取整数。

表 4-2　数字系统和模拟系统的卷积

类　　别		数 字 系 统	模 拟 系 统
基本信号		单位脉冲序列 $\delta(n)$	单位脉冲函数 $\delta(t)$
输入信号		$x(n)$	$x(t)$
系统		单位脉冲响应 $h(n)$	单位脉冲响应 $h(t)$
卷积定理	时域输出	$\displaystyle\sum_{i=-\infty}^{\infty} x(i)h(n-i)$	$\displaystyle\int_{-\infty}^{\infty} x(\tau)h(t-\tau)\mathrm{d}\tau$
	频域输出	$X(\omega)H(\omega)$	$X(\Omega)H(\Omega)$

数模转换器的输出

$$y(t) = x_{\mathrm{s}}(t) * h(t)$$
$$= \int_{-\infty}^{\infty} x_{\mathrm{s}}(\tau)h(t-\tau)\mathrm{d}\tau \tag{4-18}$$

根据卷积定理和采样信号的频谱，$y(t)$ 的频谱

$$Y(\Omega) = X_{\mathrm{s}}(\Omega)H(\Omega)$$
$$= \frac{1}{T}\sum_{k=-\infty}^{\infty} X_{\mathrm{a}}(\Omega - \Omega_{\mathrm{s}}k)H(\Omega) \tag{4-19}$$

它说明，若想恢复模拟低通信号，滤除 $X_{\mathrm{s}}(\Omega)$ 的 $\Omega = -\Omega_{\mathrm{s}}/2 \sim \Omega_{\mathrm{s}}/2$ 以外成分即可。这要求数模转换器的频谱

$$H(\Omega) = \begin{cases} T & (|\Omega| < \Omega_{\mathrm{s}}/2) \\ 0 & (|\Omega| \geqslant \Omega_{\mathrm{s}}/2) \end{cases} \tag{4-20}$$

它是理想低通滤波器的频谱，图 4-17 为理想滤波的频谱。

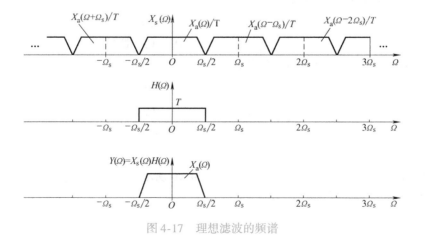

图 4-17　理想滤波的频谱

理想低通滤波器是不存在的。根据连续时间傅里叶变换，理想低通滤波器的单位脉冲响应

$$h(t) = \frac{1}{2\pi}\int_{-\infty}^{\infty} H(\Omega)\mathrm{e}^{\mathrm{j}\Omega t}\mathrm{d}\Omega = \frac{1}{2\pi}\int_{-\Omega_{\mathrm{s}}/2}^{\Omega_{\mathrm{s}}/2} T\mathrm{e}^{\mathrm{j}\Omega t}\mathrm{d}\Omega$$
$$\tag{4-21}$$
$$= \frac{T}{\pi t}\sin(\Omega_{\mathrm{s}}t/2) = \frac{\sin(\pi t/T)}{\pi t/T}$$

当 $t=0$ 时，直接积分可得 $h(0)=1$。该理想滤波器的脉冲响应按抽样函数 $\text{sinc}(t)$ 规律变化，波形如图 4-18 所示；因 $h(t)$ 在负时间有非零值，不符合因果条件，故该 $h(t)$ 做不出来，我们得另想办法。

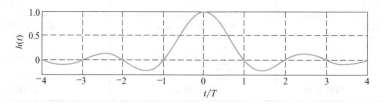

图 4-18　理想滤波器的脉冲响应

2. 实际滤波

理想滤波器是做不出来的，但对我们有启示意义。如：截取一段理想滤波器的脉冲响应波形，或让脉冲响应波形接近理想滤波器的脉冲响应波形，并适当位移，如图 4-19 所示；这种脉冲响应的非零值在 $t=0$ 以后，符合因果条件，可以实现。

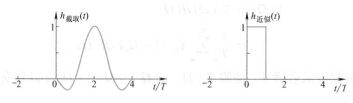

图 4-19　实际滤波器的脉冲响应

矩形单位脉冲响应称为零阶保持器，它用台阶的方式将数字信号变成模拟信号，所以也叫阶梯重建器。零阶保持器容易制作，是常用的数模转换器。下面介绍零阶保持器的频谱。

设零阶保持器的单位脉冲响应

$$h(t)=u(t)-u(t-T)=\begin{cases}1 & (0<t<T)\\0 & (其他\ t)\end{cases} \tag{4-22}$$

根据连续时间傅里叶变换，该 $h(t)$ 的频谱

$$\begin{aligned}H(\Omega) &= \int_{-\infty}^{\infty} h(t)\mathrm{e}^{-\mathrm{j}\Omega t}\mathrm{d}t = \int_{0}^{T} \mathrm{e}^{-\mathrm{j}\Omega t}\mathrm{d}t\\ &= T\frac{\sin(\Omega T/2)}{\Omega T/2}\mathrm{e}^{-\mathrm{j}\Omega T/2}\end{aligned} \tag{4-23}$$

它也按抽样函数规律变化，幅频特性 $|H(\Omega)|$ 如图 4-20 所示，采样角频率 $\Omega_\mathrm{s}=2\pi/T$，$|H(\Omega)|$ 的形状和理想数模转换器的相似。

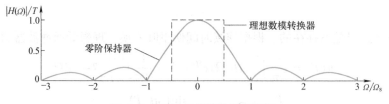

图 4-20　零阶保持器的幅频特性

零阶保持器的幅频特性给数模转换带来两个不良影响：一是引起有益频谱的失真，二是残留重复周期的频谱。这些影响如图 4-21 所示，上图的阴影表示采样信号的频谱 $X_s(\Omega)$，虚线表示阶梯重建器的频谱 $H(\Omega)$；下图表示阶梯重建器的输出频谱 $Y(\Omega) = X_s(\Omega)H(\Omega)$。由于 $|H(\Omega)|$ 的不平坦，造成 $Y(\Omega)$ 在 $[-\Omega_s/2, \Omega_s/2]$ 的内容与 $X_s(\Omega)$ 的只是相似，而且，$Y(\Omega)$ 在 $[-\Omega_s/2, \Omega_s/2]$ 以外的高频成分没有全部为零。

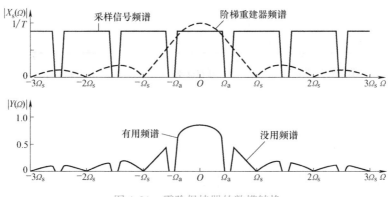

图 4-21　零阶保持器的数模转换

改善不良影响的办法是：提高采样率、频谱补偿、平滑滤波等。

提高采样率可加大 $X_s(\Omega)$ 各周期间的距离，缓解零阶保持器对有用频谱的弯曲。图 4-22 是在图 4-21 的基础上提高一倍采样率的结果，它缓和了有用频谱的弯曲，还增加了没用频谱的衰减。

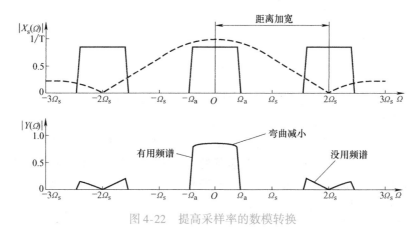

图 4-22　提高采样率的数模转换

频率补偿是用模拟滤波器对数模转换后的有用频谱进行矫正，使有用频谱更接近原频谱。例如，零阶保持器的频谱

$$H(\Omega) = T\frac{\sin(\Omega T/2)}{\Omega T/2}e^{-j\Omega T/2} \tag{4-24}$$

若在其后串联一个模拟低通滤波器，其通带频谱 $H_{EQ}(\Omega)$ 为零阶保持器频谱的倒数，即

$$H_{EQ}(\Omega) = \frac{T}{H(\Omega)} = \frac{\Omega T/2}{\sin(\Omega T/2)}e^{j\Omega T/2} \quad \left(|\Omega| \leqslant \frac{\Omega_s}{2}\right) \tag{4-25}$$

就可抵消 $H(\Omega)$ 的弯曲。遗憾的是，这种模拟补偿技术非常麻烦。若把补偿放到数模转换之前，问题就简单了。

平滑滤波是用模拟滤波器平滑阶梯信号，使其更接近真实信号，如图 4-23 所示，B 表示 B 位二进制的数字信号。从频域看，平滑滤波就是铲除阶梯重建器残留的无用高频成分。平滑滤波器位于数模转换后，故也叫后置滤波器（Postfilter），其截止频率等于奈奎斯特频率 $f_s/2$。

图 4-23　平滑滤波

比零阶保持器的输出更光滑的是一阶保持器，如图 4-24 所示，它将数字信号 $x(n)$ 的相邻点用直线连接起来，得到的模拟信号 $y(t)$ 比零阶保持器更接近真实信号；但从电路制作考虑，它的造价更高。

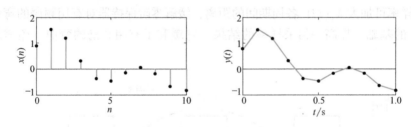

图 4-24　一阶保持器的输入输出

例 4.6　心电图在记录人体信号时，难免电网的 50Hz 干扰。数字信号处理能很好地消除这个干扰。设人体信号的采样频率 $f_s=2\text{kHz}$，用 DSP 系统消除 50Hz 干扰后，要用零阶保持器恢复模拟信号。请问零阶保持器对数字信号每个值的保持时间是多少？

解　零阶保持器输出的模拟信号是台阶状的，各平稳电压对应数字信号的样本；平稳电压的持续时间只有等于原信号的采样周期，台阶信号的变化速度才能与原信号同步；所以，零阶保持器的保持时间 $T=1/f_s=0.5\text{ ms}$。

4.2　频谱分析的推广

离散时间傅里叶变换从频率的角度分析信号的成分，但许多时候用复数 $e^{j\omega}$ 分析信号并不方便：一是书写繁琐，二是不能保证收敛。有人用指数加权来解决收敛，即用复数 $z = re^{j\omega}$ 代替 $e^{j\omega}$，其 r 为正实数。这种方法既减少符号，又让很多序列的傅里叶变换收敛，扩大了频谱分析的范围。

4.2.1　推广的结果

根据离散时间傅里叶变换，$x(n)$ 的频谱

$$X(\omega) = \sum_{n=-\infty}^{\infty} x(n)\mathrm{e}^{-\mathrm{j}\omega n} \tag{4-26}$$

现在给 $x(n)$ 乘上 r^{-n}，r 为正数，得序列 $y(n) = x(n)r^{-n}$。$y(n)$ 的频谱为

$$Y(\omega) = \sum_{n=-\infty}^{\infty} x(n)r^{-n}\mathrm{e}^{-\mathrm{j}\omega n} = \sum_{n=-\infty}^{\infty} x(n)(r\mathrm{e}^{\mathrm{j}\omega})^{-n} \tag{4-27}$$

有了指数 r^{-n}，$Y(\omega)$ 比 $X(\omega)$ 更易收敛。同理，用 $Y(\omega)$ 也可恢复 $x(n)$。根据离散时间傅里叶反变换，

$$x(n) = r^n y(n) = \frac{1}{2\pi}\int_0^{2\pi} Y(\omega)(r\mathrm{e}^{\mathrm{j}\omega})^n\mathrm{d}\omega \tag{4-28}$$

由于 $Y(\omega)$ 能扩大信号的分析范围，所以，将 $Y(\omega)$ 的 $r\mathrm{e}^{\mathrm{j}\omega}$ 看作自变量，用 z 表示，这种信号分析称 $x(n)$ 的 z 变换，简称 ZT，即

$$X(z) = \mathrm{ZT}[x(n)]$$
$$= \sum_{n=-\infty}^{\infty} x(n)z^{-n} \tag{4-29}$$

能让该级数收敛的 z 范围称为收敛域。对于常用序列，从 z 变换的定义看：

（1）因果序列的收敛域为 $R < |z|$，R 为正数；

（2）因果有限长序列的收敛域为 $0 < |z|$。

正确的信号变换应能变过去又能变回来。因 $z = r\mathrm{e}^{\mathrm{j}\omega}$ 对 ω 的微分为 $\mathrm{d}z = \mathrm{j}z\mathrm{d}\omega$，故 $X(z)$ 的 z 反变换为

$$x(n) = \mathrm{IZT}[X(z)] = \frac{1}{2\pi}\int_0^{2\pi} X(z)z^n\mathrm{d}\omega$$
$$= \frac{1}{\mathrm{j}2\pi}\oint_C X(z)z^{n-1}\mathrm{d}z \tag{4-30}$$

C 表示以原点为圆心 r 为半径的逆时针圆周线，对应 $\omega = 0 \sim 2\pi$ 的变化，只要 C 在 $X(z)$ 的收敛域内，反变换的结果都一样。

例 4.7　请说明 z 变换如何简化离散时间傅里叶变换。

解　若 $x(n)$ 的 $X(\omega)$ 存在，说明 z 的收敛域包含 $r = 1$，将 $z = \mathrm{e}^{\mathrm{j}\omega}$ 代入 $X(z)$，得

$$X(z)\,\Big|_{z=\mathrm{e}^{\mathrm{j}\omega}} = \sum_{n=-\infty}^{\infty} x(n)z^{-n}\,\Big|_{z=\mathrm{e}^{\mathrm{j}\omega}} = \sum_{n=-\infty}^{\infty} x(n)\mathrm{e}^{-\mathrm{j}\omega n} \tag{4-31}$$

它与 $X(\omega)$ 相同。对比 z 变换和离散时间傅里叶变换，z 变换的书写更简洁。

例 4.8　设序列 $x(n) = u(n)$，请用离散时间傅里叶变换和 z 变换分析 $x(n)$ 的频谱。

解　根据 DTFT，$x(n)$ 的频谱

$$X(\omega) = \sum_{n=0}^{\infty} \mathrm{e}^{-\mathrm{j}\omega n} = \lim_{N\to\infty} \frac{1 - \mathrm{e}^{-\mathrm{j}\omega N}}{1 - \mathrm{e}^{-\mathrm{j}\omega}} \tag{4-32}$$

它不收敛，所以不能用 DTFT 分析 $x(n)$。

根据 ZT，$x(n)$ 的 z 变换

$$X(z) = \sum_{n=0}^{\infty} z^{-n} = \frac{1}{1-z^{-1}} \quad (|z| > 1) \tag{4-33}$$

只要选择 z 的 $r > 1$，就可用 $z = re^{j\omega}$ 分析 $x(n)$ 的频谱。例如，选择 $r = 2$，并将 $z = 2e^{j\omega}$ 代入 $X(z)$，则得频谱

$$X(2e^{j\omega}) = \frac{1}{1-(2e^{j\omega})^{-1}} \tag{4-34}$$

其幅频特性如图 4-25 所示，最低频 $\omega = 0$ 的幅度为 2，最高频 $\omega = \pi$ 的幅度为 0.67，故低频能量多于高频能量。

z 变换的好处并不只是书写简洁和频谱收敛，它还为数字滤波器设计带来诸多方便。表 4-3 给出常见序列的 z 变换，其中 a 为常数。正弦序列的 z 变换用欧拉公式和指数序列的 z 变换可很快得到。

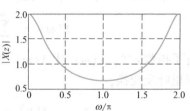

图 4-25 $X(z)$ 的幅频特性

表 4-3　常见的 z 变换

序　列	z 变换	收　敛　域
$\delta(n)$	1	所有值 z
$a^n u(n)$	$\dfrac{1}{1-az^{-1}}$	$|z| > |a|$
$\sin(an)u(n)$	$\dfrac{\sin(a)z^{-1}}{1-2\cos(a)z^{-1}+z^{-2}}$	$|z| > 1$
$\cos(an)u(n)$	$\dfrac{1-\cos(a)z^{-1}}{1-2\cos(a)z^{-1}+z^{-2}}$	$|z| > 1$

例 4.9　已知序列 $x(n) = e^{-0.3n}u(n)$，请用常见序列的 z 变换求 $x(n)$ 的 z 变换。

解　因 $x(n) = (e^{-0.3})^n u(n)$，故

$$X(z) = \frac{1}{1-e^{-0.3}z^{-1}} \quad (|z| > e^{-0.3}) \tag{4-35}$$

表 4-4 给出 z 变换的基本性质，其中 a 和 b 为常数，d 为整数，表示序列的延时。用图形描述系统时，常用 z^{-d} 表示样本被延时，如图 2-20 的框图 z^{-1} 表示信号 $x(n)$ 被延时 1 个样本，输出为 $x(n-1)$。

表 4-4　z 变换的基本性质

性　质	序　列	z 变换
线性	$ax(n) + by(n)$	$aX(z) + bY(z)$
延时	$x(n-d)$	$z^{-d}X(z)$
卷积定理	$x(n) * y(n)$	$X(z)Y(z)$
调制	$a^n x(n)$	$X(a^{-1}z)$

例 4.10　设 $x(n) = R_N(n)$ 和 $y(n) = R_N(n)e^{j6n}$，请根据常见的 z 变换及其基本性质求 $x(n)$ 和 $y(n)$ 的频谱。

解   (1) 求 $X(\omega)$

因 $x(n) = u(n) - u(n-N)$ 为有限长序列，根据常见的 z 变换及其线性性质，

$$X(z) = \frac{1}{1-z^{-1}} - \frac{z^{-N}}{1-z^{-1}} = \frac{1-z^{-N}}{1-z^{-1}} \quad (|z| > 0) \tag{4-36}$$

将 $z = \mathrm{e}^{\mathrm{j}\omega}$ 代入 $X(z)$，得

$$X(\omega) = \frac{1-\mathrm{e}^{-\mathrm{j}N\omega}}{1-\mathrm{e}^{-\mathrm{j}\omega}} = \frac{\sin(N\omega/2)}{\sin(\omega/2)} \mathrm{e}^{\mathrm{j}(1-N)\omega/2} \tag{4-37}$$

(2) 求 $Y(\omega)$

因 $y(n) = x(n)\mathrm{e}^{\mathrm{j}6n}$，根据 z 变换的调制性质，

$$Y(z) = X(\mathrm{e}^{-\mathrm{j}6}z) = \frac{1-(\mathrm{e}^{-\mathrm{j}6}z)^{-N}}{1-(\mathrm{e}^{-\mathrm{j}6}z)^{-1}} \tag{4-38}$$

将 $z = \mathrm{e}^{\mathrm{j}\omega}$ 代入 $Y(z)$，得

$$Y(\omega) = \frac{1-(\mathrm{e}^{-\mathrm{j}6}\mathrm{e}^{\mathrm{j}\omega})^{-N}}{1-(\mathrm{e}^{-\mathrm{j}6}\mathrm{e}^{\mathrm{j}\omega})^{-1}} = \frac{\sin[N(\omega-6)/2]}{\sin[(\omega-6)/2]} \mathrm{e}^{\mathrm{j}[(1-N)(\omega-6)/2]} \tag{4-39}$$

z 变换是信号处理的重要工具，z 反变换同样重要。不过按积分求 z 反变换是件麻烦事，有了基本序列的 z 变换和 z 变换的基本性质，不用积分也能求出 z 反变换。常见的求解方法有：长除法、部分分式法和幂级数法。

1. 长除法

对于多项式分式的 z 变换，求其 z 反变换时，用分子多项式除以分母多项式，取商多项式的系数作为 z 反变换即可。

例 4.11   已知 $X(z) = 1/(1+z^{-2})$，$|z| > 1$，求 $x(n)$。

解   根据除法规则，写 1 除以 $1+z^{-2}$ 的竖式，如图 4-26 所示，将除法的商与 $X(z) = x(0) + x(1)z^{-1} + x(2)z^{-2} + \cdots$ 对比，得 z 反变换

$$x(n) = \cos\left(\frac{\pi}{2}n\right)u(n) \tag{4-40}$$

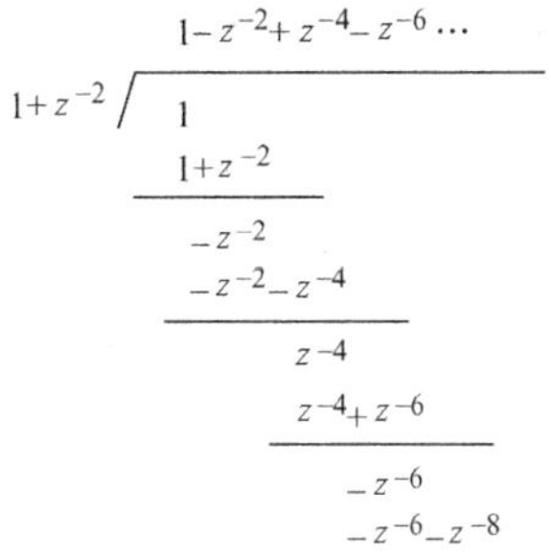

2. 部分分式法

对于有理表达式的 z 变换，求其 z 反变换时，先将表达式分解为最简分式之和，然后利用常见 z 变换及其基本性质求反变换。

例 4.12   设

$$X(z) = \frac{3-z^{-1}}{2-3z^{-1}+z^{-2}} \quad (|z| > 1) \tag{4-41}$$

请用部分分式法求 $X(z)$ 的 z 反变换。

解   因

$$\frac{3-z^{-1}}{2-3z^{-1}+z^{-2}} = \frac{3-z^{-1}}{(2-z^{-1})(1-z^{-1})} = \frac{C_1}{2-z^{-1}} + \frac{C_2}{1-z^{-1}} \tag{4-42}$$

其两边同乘 $(2-z^{-1})$，再令 $z^{-1} = 2$，得 $C_1 = -1$；同理，$C_2 = 2$；故

$$X(z) = \frac{-1}{2-z^{-1}} + \frac{2}{1-z^{-1}} = \frac{-0.5}{1-0.5z^{-1}} + \frac{2}{1-z^{-1}} \quad (|z| > 1) \tag{4-43}$$

图 4-26   长除法

与常见 z 变换对比, 得 $X(z)$ 的 z 反变换

$$x(n) = 2u(n) - 0.5(0.5)^n u(n) \tag{4-44}$$

3. 幂级数法

这种方法是将 z 变换按 z^{-1} 的幂级数形式展开, 根据 z 变换的定义, 幂级数的系数就是原序列的值。求解幂级数的典型方法是泰勒级数展开。

例 4.13 请用幂级数求解 $X(z) = \dfrac{1 + 2z^{-1}}{1 - z^{-2}}$ 的反变换, 收敛域为 $1 < |z|$。

解 因 $1/(1 - z^{-2}) = 1 + z^{-2} + z^{-4} + z^{-6} + \cdots$ 是等比级数, 故

$$\begin{aligned} X(z) &= (1 + 2z^{-1})(1 + z^{-2} + z^{-4} + \cdots) \\ &= 1 + 2z^{-1} + z^{-2} + 2z^{-3} + z^{-4} + 2z^{-5} + \cdots \end{aligned} \tag{4-45}$$

与 $X(z) = x(0) + x(1)z^{-1} + x(2)z^{-2} + \cdots$ 对比, 得 $x(n) = [1, 2, 1, 2, 1, 2, \cdots]$, $n \geq 0$。$x(n)$ 是周期序列。

4.2.2 系统的 z 变换

实际上, z 变换的用途并不仅限于简化频谱分析, 还可用于求解差分方程、分析系统响应和设计滤波器。系统在时域用单位脉冲响应、差分方程描述, 在频域用频率响应描述, 在 z 域中怎样描述呢?

在时域里, 系统的输出

$$y(n) = h(n) * x(n) \tag{4-46}$$

根据 z 变换的卷积定理, z 域的系统输出

$$Y(z) = H(z)X(z) \tag{4-47}$$

输出 $Y(z)$ 比输入 $X(z)$ 是 z 的函数, 是单位脉冲响应 $h(n)$ 的 z 变换, 故 $H(z) = Y(z)/X(z)$ 称为系统函数。

系统的差分方程写为

$$\sum_{i=0}^{I} a_i y(n-i) = \sum_{j=0}^{J} b_j x(n-j) \tag{4-48}$$

若对两边进行 z 变换, 根据 z 变换的线性和延时性质, 则

$$\sum_{i=0}^{I} a_i z^{-i} Y(z) = \sum_{j=0}^{J} b_j z^{-j} X(z) \tag{4-49}$$

将 $Y(z)$ 和 $X(z)$ 提到连加符号 $\sum$ 外, 得

$$H(z) = \frac{Y(z)}{X(z)} = \frac{\displaystyle\sum_{j=0}^{J} b_j z^{-j}}{\displaystyle\sum_{i=0}^{I} a_i z^{-i}} \tag{4-50}$$

它是 z 的函数, 描述系统传输信号的特征, 故也称为传递函数。

在频域里, 系统的频率响应 $H(\omega)$ 是单位脉冲响应 $h(n)$ 的频谱, 它在 z 域中用 $H(z)$ 表示, $H(z)$ 的 z 变为 $e^{j\omega}$ 就是 $H(\omega)$。

因单位脉冲响应是实数序列, 故系统函数是实系数的 z^{-1} 多项式。有了系统函数, 就容

易得到其他系统描述，各种系统描述的关系如图 4-27 所示，线段表示各种描述的互换。例如：系统函数 $H(z)$ 的 z 反变换是脉冲响应 $h(n)$，$h(n) * x(n)$ 的 z 变换是 $H(z)X(z)$。实际上，各种描述都可以互换。

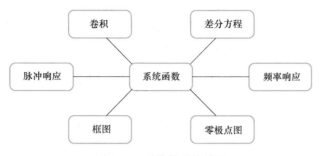

图 4-27　系统描述的关系

例 4.14　设系统函数

$$H(z) = \frac{6 - 2z^{-1}}{1 - 0.4z^{-1}} \tag{4-51}$$

求该系统的单位脉冲响应和差分方程。

　　解　（1）单位脉冲响应

　　求单位脉冲响应就是求 $H(z)$ 的反变换。将系统函数写为部分分式，

$$H(z) = \frac{6 - 2z^{-1}}{1 - 0.4z^{-1}} = C_0 + \frac{C_1}{1 - 0.4z^{-1}} \tag{4-52}$$

求 C_0 时，可令 $H(z)$ 的 z^{-1} 趋于无穷大，则 $C_0 = 5$。求 C_1 时，用 $(1 - 0.4z^{-1})$ 乘等式两边，再令 $z = 0.4$，则 $C_1 = 1$。因实际系统都是因果的，故

$$h(n) = 5\delta(n) + 0.4^n u(n) \tag{4-53}$$

　　（2）差分方程

　　因系统函数可写为 $(1 - 0.4z^{-1})Y(z) = (6 - 2z^{-1})X(z)$，对它运用 z 变换的延时性质，得

$$y(n) - 0.4y(n-1) = 6x(n) - 2x(n-1) \tag{4-54}$$

或写为

$$y(n) = 6x(n) - 2x(n-1) + 0.4y(n-1) \tag{4-55}$$

　　零极点图也是一种系统描述。所谓零极点就是零点和极点，它们在 z 平面的位置称零极点图。零点指让系统函数等于零的 z 值，是系统函数分子多项式的根；极点指让系统函数等于无穷大的 z 值，是系统函数分母多项式的根。z 平面是复变量 z 的实部和虚部构成的平面图。

4.2.3　零极点图

　　研究系统的频谱，离不开绘制幅频特性。零极点图可快速绘制系统的幅频特性，其依据是矢量运算。有理函数的系统函数可写为

$$H(z) = \frac{\sum\limits_{r=0}^{M} b_r z^{-r}}{\sum\limits_{i=0}^{N} a_i z^{-i}} = \frac{b_0}{a_0} z^{N-M} \frac{\prod\limits_{r=1}^{M}(z-c_r)}{\prod\limits_{i=1}^{N}(z-d_i)} \tag{4-56}$$

c_r 为零点，d_i 为极点，分子的 $z-c_r$ 称为零点矢量，分母的 $z-d_i$ 称为极点矢量。当 $z=\mathrm{e}^{\mathrm{j}\omega}$ 时，系统函数 $H(z)$ 等于频率响应 $H(\omega)$，其幅频特性

$$|H(z)| = \left| \frac{b_0}{a_0} \right| \frac{\prod\limits_{r=1}^{M}|z-c_r|}{\prod\limits_{i=1}^{N}|z-d_i|} \tag{4-57}$$

运算变成了零点矢量长度除以极点矢量长度。这种方法称为几何判断法，$\omega=0\sim2\pi$ 对应 $z=\mathrm{e}^{\mathrm{j}\omega}$ 在单位圆上逆时针旋转；z 接近零点时，零点矢量长度变短，$|H(\omega)|$ 变小，产生波谷；z 接近极点时，极点矢量长度变短，$|H(\omega)|$ 变大，产生波峰。

零点阻碍对应的频率成分通过系统，极点帮助对应的频率成分通过系统，这是判断系统性能和设计系统的依据。

例4.15 设助听器的零极点图如图4-28所示，○表示零点，×表示极点，系统的幅频特性最大值为1。请判断该系统的滤波性能，并画出幅频特性草图，写出系统函数。

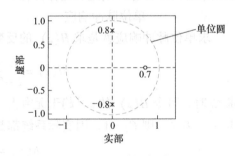

图4-28 零极点图

解 已知零点 $c_1=0.7$，极点 $d_1=0.8\mathrm{e}^{\mathrm{j}\pi/2}$ 和 $d_2=0.8\mathrm{e}^{-\mathrm{j}\pi/2}$，幅频特性的 ω 对应 z 的单位圆。

（1）系统性能

零点 c_1 的 $\omega=0$ 对应零频，低频被抑制；极点 d_1 的 $\omega=\pi/2$ 对应中频，中频被提升；$\omega=\pi$ 对应高频，高频无增减。

（2）幅频特性

因为是草图，而且频谱具有对称性，故只要计算单位圆上半部三个点的幅频特性。系统的幅频特性

$$|H(z)|_{z=\mathrm{e}^{\mathrm{j}\omega}} = \frac{b_0}{a_0} \frac{|z-c_1|}{|z-d_1||z-d_2|} \bigg|_{z=\mathrm{e}^{\mathrm{j}\omega}} \tag{4-58}$$

为了确定 b_0/a_0，从幅频特性最大值开始。

第一点 $\omega=\pi/2$，如图4-29所示，此时零点矢量长 $|z-c_1|\approx1.2$，极点矢量长 $|z-d_1|=0.2$ 和 $|z-d_2|=1.8$，相应的幅频特性

$$\left| H\left(\frac{\pi}{2}\right) \right| \approx \frac{b_0}{a_0} \frac{1.2}{0.2\times1.8} \approx \frac{b_0}{a_0}3.3 = 1 \tag{4-59}$$

故 $b_0/a_0\approx0.3$。

第二点 $\omega=0$，此时零点矢量长 $|z-c_1|=0.3$，极点矢量长 $|z-d_1|\approx1.3$ 和 $|z-d_2|\approx1.3$，相应的幅频特性

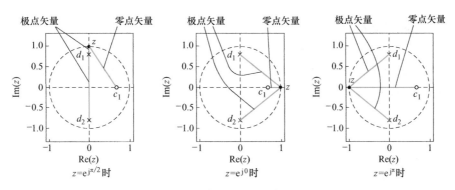

图 4-29 零点矢量和极点矢量

$$|H(0)| \approx 0.3 \times \frac{0.3}{1.3 \times 1.3} \approx 0.1 \tag{4-60}$$

第三点 $\omega = \pi$，此时零点矢量长 $|z - c_1| = 1.7$，极点矢量长 $|z - d_1| \approx 1.3$ 和 $|z - d_2| \approx 1.3$，相应的幅频特性

$$|H(\omega)| \approx 0.3 \times \frac{1.7}{1.3 \times 1.3} \approx 0.3 \tag{4-61}$$

根据这三点，并利用幅频特性的对称性画草图，如图 4-30 左图所示，右图是计算机用 100 个点绘制，其 $b_0/a_0 \approx 0.294$。草图虽粗糙，但计算量少，并能显示出系统提升中频、抑制低频和高频的性能。

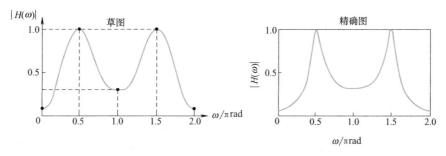

图 4-30 草图和精确图

（3）系统函数

本题系统函数的因式写法为

$$H(z) = \frac{b_0}{a_0} z^{2-1} \frac{z - c_1}{(z - d_1)(z - d_2)} \tag{4-62}$$

给它 $b_0/a_0 \approx 0.3$ 和零极点，得系统函数

$$H(z) \approx \frac{0.3 - 0.21 z^{-1}}{1 + 0.64 z^{-2}} \tag{4-63}$$

零极点的共轭保证了频谱的对称性，也保证了系统函数的系数为实数。

零极点图是快速了解系统频谱的工具，也是快速制定系统方案的工具。只要利用零点极点对应波谷波峰，就可在 z 平面设置系统零极点的大概位置。

4.2.4 z 变换的应用

z 变换可用于计算机编程。例如正弦波发生器，将因果正弦波序列作为系统的单位脉冲响应，$h(n) = \sin(\omega n)u(n)$，这是个不稳定系统，其 z 变换为

$$H(z) = \frac{\sin(\omega)z^{-1}}{1 - 2\cos(\omega)z^{-1} + z^{-2}} \quad (|z| > 1) \tag{4-64}$$

当把它写为差分方程，

$$h(n) = \sin(\omega)\delta(n-1) + 2\cos(\omega)h(n-1) - h(n-2) \tag{4-65}$$

它就成为正弦波发生器的编程依据。设 $\omega = 0.1$，产生 280 个正弦波数字，则其 MATLAB 程序为

```
N = 280;w = 0.1;
a = sin(w);b = 2 * cos(w);h0 = 0;h1 = a;
for n = 1:N
    h2 = b * h1 - h0;
    plot(n,h2,' * ');hold on;
    axis([0,N, -1,1]);shg
    h0 = h1;h1 = h2;
    pause(0.01)
end
```

程序在计算机运行时，屏幕显示动态的正弦波图形。

z 变换的零极点可用于分析信号频谱。单位圆上的 z 变换就是离散时间傅里叶变换，其极点对应主要成分，极点越近单位圆，频谱波峰越清楚。遇到极点远离单位圆的情况时，频谱的波峰是不明显的，不利于观察信号。

解决的方法可以是，令 z 的半径 $r < 1$，使 $z = re^{j\omega}$ 的变化轨道靠近极点。

另一种方法是 z 按螺旋线变化，让 z 从 $A = ae^{jb}$ 点出发，旋转一段角度，例如

$$z = Ar^{\omega}e^{j\omega} = ar^{\omega}e^{j(\omega + b)} \tag{4-66}$$

$\omega = 0 \sim p$，这样就可使 z 的半径 ar^{ω} 随 ω 变化，角度随 $\omega + b$ 变化，在数字角频率 $[b, p + b]$ 内观察频谱。当 $r > 1$ 时，z 的轨道随 ω 增加向外旋转。

分析有限长信号 $x(n)$ 的频谱 $X(\omega)$ 时，一般是在 $\omega = 0 \sim 2\pi$ 内对 $X(\omega)$ 采样，但有时不需要这么做。例如雷达，它收到的一段信号 $x(n)$ 可能是目标的反射信号，内含雷达发射的频率，根据多普勒效应，该频率随目标的移动而变化。这种信号的幅频特性为一个波峰，相当于 $X(z)$ 存在一极点。若反射信号弱，则 $X(\omega)$ 的波峰就不明显。因搜索目标是重点，故其他频段频谱不必分析。波峰不明显对应 $X(z)$ 的极点远离单位圆，检测这种局部频谱时，在 $X(z)$ 的单位圆上均匀采样并不好。

为了解决这个问题，可令 $X(z)$ 的

$$z = A (re^{j\Delta\omega})^k = ar^ke^{j(\Delta\omega k + b)} \tag{4-67}$$

A 选择预计有极点的地方，$k = 0 \sim K - 1$，r 选择 1 的附近值，$\Delta\omega$ 是频率分辨率。$r > 1$ 时 z 轨

道向外旋转，$r < 1$ 时 z 轨道向内旋转，轨道靠近极点则波峰明显升高。这种令 $z = A(re^{j\Delta\omega})^k$ 的 z 变换称为 chirp-z 变换（Chirp-Z Transform），简称 CZT，它的频谱样本量 K 不必等于信号样本量 N。

4.3 离散傅里叶级数的演绎

频谱的傅里叶变换有四种，只有离散傅里叶级数的时序和频序都是离散的，适合计算机应用。离散傅里叶级数的定义是

$$\begin{cases} X(k) = \sum_{n=0}^{N-1} x(n) e^{-j\frac{2\pi}{N}kn} \\ x(n) = \dfrac{1}{N} \sum_{k=0}^{N-1} X(k) e^{j\frac{2\pi}{N}kn} \end{cases} \tag{4-68}$$

它们都是周期序列，n 和 k 的变化范围无穷大。限制 n 和 k 的取值范围，离散傅里叶级数便可作为计算机编程的理论依据。

4.3.1 演绎的结果

离散傅里叶级数的时域和频域序列都是周期序列，周期都为 N；而实际信号和系统大多是非周期的，它们应用离散傅里叶级数时，有下列规定：

(1) 时域序列有限长，即 $n = 0 \sim N - 1$；

(2) 频域序列有限长，即 $k = 0 \sim N - 1$。

这么规定的离散傅里叶级数叫离散傅里叶变换，简称 DFT。

对于有限长离散时间信号，离散傅里叶变换写为

$$X(k) = \sum_{n=0}^{N-1} x(n) e^{-j\frac{2\pi}{N}kn} \quad (k = 0 \sim N - 1) \tag{4-69}$$

它是 $x(n)$ 的分析，简称 DFT；离散傅里叶反变换写为

$$x(n) = \frac{1}{N} \sum_{k=0}^{N-1} X(k) e^{j\frac{2\pi}{N}kn} \quad (n = 0 \sim N - 1) \tag{4-70}$$

它是 $X(k)$ 的合成，简称 IDFT。

DFT 本质就是 DFS 的主值序列，因此，DFT 与 DFS 的性质是一样的。理解 DFT 时，看作 DFS 便可，唯一的区别是：DFT 仅仅使用 DFS 的主值序列。

4.3.2 离散傅里叶变换的性质

离散傅里叶变换是为有限长序列定制的分析理论，它的许多做法与常见序列不同，下面介绍其移位和卷积的概念。

1. 循环移位

通常序列移位是指序列沿横轴整体平移，如图 4-31 所示，有限长序列 $x(n)$ 整体右移 5 点后得 $x(n-5)$。

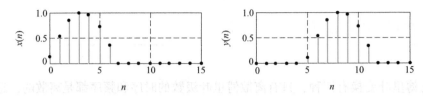

图 4-31　序列移位

离散傅里叶变换的序列移位称为循环移位，也称为圆周移位，其做法是对周期序列移位然后取主值序列。这个周期序列是从有限长序列变来的，周期是有限长序列的长度。

设有限长序列 $x(n)$ 的长度为 N，$n=0\sim N-1$；若它沿时轴 n 向右循环移位 d 点，即延时 d 点，得到的序列 $y(n)$ 还是有限长的，写为

$$y(n)=x\big[(n-d)_N\big]\quad(n=0\sim N-1)\tag{4-71}$$

符号 $(n)_N$ 读作 n 模 N，英文为 n modulo N，结果为模数。模运算的写法为

$$(n)_N=n\bmod N=\mathrm{mod}(n,N)=n-kN\tag{4-72}$$

k 为整数，其取值要保证 $(n)_N=0\sim N-1$。例如，$(-12)_5=-12-(-3)\times5=3$，$(12)_5=12-2\times5=2$。

例 4.16　设某段铁轨的温度样本 $x(n)=\sin(2\pi n/14+0.1)$，$n=0\sim6$，它是 7 点长的序列。若它向右循环移位 5 点，请画出它循环移位的波形。

解　因 DFT 的序列是 DFS 的主值序列，故先将 $x(n)$ 视为周期序列 $x_{\mathrm{p}}(n)$，如图 4-32 所示，然后 $x_{\mathrm{p}}(n)$ 右移 5 点，取 $x_{\mathrm{p}}(n-5)$ 的主值序列，得到的就是 $x(n)$ 循环移位的结果 $x\big[(n-5)_7\big]$，$n=0\sim6$。

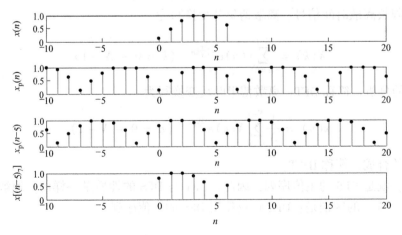

图 4-32　循环移位

也可按数学公式 $y(n)=x\big[(n-5)_7\big]$ 直接循环移位。因 $(0-5)_7=2$、$(1-5)_7=3$、$(2-5)_7=4$、$\cdots$，故 $y(0)=x(2)$、$y(1)=x(3)$、$y(2)=x(4)$、$y(3)=x(5)$、$y(4)=x(6)$、$y(5)=x(0)$ 和 $y(6)=x(1)$。

圆形坐标能形象地表现循环移位，如图 4-33 所示，$x(n)$ 逆时针移位 5 点后，就得到 $x[(n-5)_7]$，$n = 0 \sim 6$。

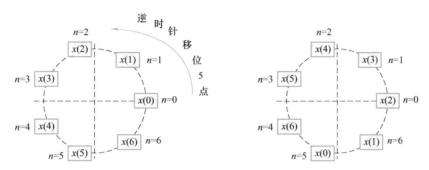

图 4-33 圆形坐标

2. 循环卷积

离散傅里叶变换的卷积称为循环卷积，也称为圆周卷积，以区别于周期卷积。周期卷积是两个周期序列的卷积，两个序列的周期必须相同，求和长度为一个周期，写为

$$y(n) = \sum_{i=0}^{N-1} x(i)h(n-i) = \sum_{i=0}^{N-1} x(n-i)h(i) \tag{4-73}$$

$x(n)$ 和 $h(n)$ 都是周期序列，周期为 N。周期卷积用符号 $\circledast$ 表示，即

$$y(n) = x(n) \circledast h(n) = h(n) \circledast x(n) \tag{4-74}$$

根据周期序列的定义，周期卷积还是周期序列，周期为 N。

循环卷积是周期卷积的主值序列，其做法是先将有限长序列变为周期序列，周期卷积后再取主值序列，写为

$$y(n) = \sum_{i=0}^{N-1} x(i)h[(n-i)_N] = \sum_{i=0}^{N-1} x[(n-i)_N]h(i) \tag{4-75}$$

因求和长度为 N，故循环卷积也叫 N 点循环卷积，用符号 $\circledN$ 表示，即

$$y(n) = x(n) \circledN h(n) = h(n) \circledN x(n) \tag{4-76}$$

若 $x(n)$ 和 $h(n)$ 长度不等，则必须调整为相等。调整的方法是：加长 $x(n)$ 或 $h(n)$ 到 N 点，加长部分为 0。

例 4.17 设地震源信号 $x(n) = \{1, 2\}$，$n = 0 \sim 1$，地面脉冲响应 $h(n) = \{1, 0.5, 0.3\}$，$n = 0 \sim 2$。请分别用模运算和周期卷积计算它们的 3 点循环卷积 $y(n)$。

解 为满足循环卷积的要求，$x(n)$ 需加长 1 点，即 $x(2) = 0$。用模运算计算循环卷积时，先按循环卷积定义写出

$$y(n) = \sum_{i=0}^{2} x(i)h[(n-i)_3] \quad (n = 0 \sim 2) \tag{4-77}$$

当 $n = 0$ 时，因 $(0)_3 = 0$、$(-1)_3 = 2$ 和 $(-2)_3 = 1$，故 $y(0) = x(0)h(0) + x(1)h(2) + x(2)h(1) = 1.6$。同理，$y(1) = 2.5$，$y(2) = 1.3$。

用周期卷积计算循环卷积时，先将 $x(n)$ 和 $h(n)$ 看作周期序列，如图 4-34 所示，并按周期卷积的定义计算 $y_p(n)$，然后取 $y_p(n)$ 的主值序列，得 $y(n) = \{1.6, 2.5, 1.3\}$，$n = 0 \sim 2$。

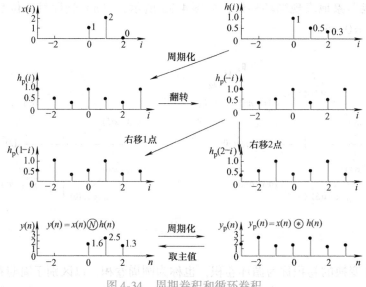

图4-34 周期卷积和循环卷积

除了循环移位和循环卷积，离散傅里叶变换还有其他运算，它们都隐含周期性。表4-5给出了离散傅里叶变换的基本性质，a 和 b 为常数，N 为序列长度，i 为整数，

$$W_N = e^{-j\frac{2\pi}{N}}$$

(4-78)

其整数幂是围绕单位圆旋转的周期序列，故称为旋转因子。

表4-5 DFT 的基本性质

类 型	时 域	频 域
线性	$ax(n) + bh(n)$	$aX(k) + bH(k)$
时域循环移位	$x[(n-i)_N]$	$W_N^{ik}X(k)$
频域循环移位	$W_N^{-in}x(n)$	$X[(k-i)_N]$
卷积定理	$x(n) \, Ⓝ \, h(n)$	$X(k)H(k)$
调制定理	$x(n)h(n)$	$\frac{1}{N}X(k) \, Ⓝ \, H(k)$
帕斯维尔定理	$\sum\limits_{n=0}^{N-1} \|x(n)\|^2 = \frac{1}{N}\sum\limits_{k=0}^{N-1} \|X(k)\|^2$	

离散傅里叶变换也有对称性，它们与离散时间傅里叶变换一样，只不过写法有些特别，表4-6 给出复数序列的离散傅里叶变换对称性，$x_{pcs}(n)$ 和 $x_{pca}(n)$ 表示周期共轭对称（Periodic Conjugate-Symmetric）和周期共轭反对称（Periodic Conjugate-Antisymmetric）序列。周期共轭对称序列的定义是

$$x_{pcs}(n) = x_{pcs}{}^*[(-n)_N] = \frac{x(n) + x^*[(-n)_N]}{2} \quad (n = 0 \sim N-1)$$

(4-79)

周期共轭反对称序列的定义是

$$x_{pca}(n) = -x_{pca}{}^*[(-n)_N] = \frac{x(n) - x^*[(-n)_N]}{2} \quad (n = 0 \sim N-1)$$

(4-80)

任何有限长复数序列都可视为由 $x_{\mathrm{pcs}}(n)$ 和 $x_{\mathrm{pca}}(n)$ 组成，即

$$x(n) = x_{\mathrm{pcs}}(n) + x_{\mathrm{pca}}(n) \quad (n = 0 \sim N-1) \tag{4-81}$$

表 4-6　复数序列的 DFT 对称性

名　称	N 点长复数序列	频　谱
时域共轭	$x^*(n)$	$X^*[(-k)_N]$
时域反转和共轭	$x^*[(-n)_N]$	$X^*(k)$
序列实部	$x_{\mathrm{real}}(n)$	$\{X(k) + X^*[(-k)_N]\}/2$
序列虚部	$\mathrm{j}x_{\mathrm{imag}}(n)$	$\{X(k) - X^*[(-k)_N]\}/2$
序列周期共轭对称部分	$x_{\mathrm{pcs}}(n)$	$[X(k) + X^*(k)]/2$
序列周期共轭反对称部分	$x_{\mathrm{pca}}(n)$	$[X(k) - X^*(k)]/2$

表 4-7 给出实数序列的离散傅里叶变换对称性，$x_{\mathrm{pe}}(n)$ 和 $x_{\mathrm{po}}(n)$ 表示周期偶对称（Periodic Even）和周期奇对称（Periodic Odd）序列。周期偶对称序列的定义是

$$x_{\mathrm{pe}}(n) = x_{\mathrm{pe}}[(-n)_N] = \frac{x(n) + x[(-n)_N]}{2} \quad (n = 0 \sim N-1) \tag{4-82}$$

周期奇对称序列的定义是

$$x_{\mathrm{po}}(n) = -x_{\mathrm{po}}[(-n)_N] = \frac{x(n) - x[(-n)_N]}{2} \quad (n = 0 \sim N-1) \tag{4-83}$$

任何有限长实数序列 $x(n)$ 都可视为由 $x_{\mathrm{pe}}(n)$ 和 $x_{\mathrm{po}}(n)$ 组成，即

$$x(n) = x_{\mathrm{pe}}(n) + x_{\mathrm{po}}(n) \quad (n = 0 \sim N-1) \tag{4-84}$$

表 4-7　实数序列的 DFT 对称性

类　型	N 点长实数序列	频　谱
序列周期偶对称部分	$x_{\mathrm{pe}}(n)$	$[X(k) + X^*(k)]/2$
序列周期奇对称部分	$x_{\mathrm{po}}(n)$	$[X(k) - X^*(k)]/2$
组合	$x(n)$	$X(k) = X^*[(-k)_N]$ $X_{\mathrm{real}}(k) = X_{\mathrm{real}}[(-k)_N]$ $X_{\mathrm{imag}}(k) = -X_{\mathrm{imag}}[(-k)_N]$ $\|X(k)\| = \|X[(-k)_N]\|$ $\arg[X(k)] = -\arg\{X[(-k)_N]\}$

表 4-5 ~ 表 4-7 的性质是从离散傅里叶级数演变而来的，若把表 4-5 ~ 表 4-7 的模符号去掉，表中的性质则适用于离散傅里叶级数。

4.3.3　离散傅里叶变换的关系

离散傅里叶变换与离散时间傅里叶变换、z 变换和卷积有密切关系，这些关系是应用计算机的基础。

73

1. 离散时间傅里叶变换

若非周期序列 $x(n)$ 有限长，在 $n = 0 \sim R-1$ 外都为 0，则其离散时间傅里叶变换

$$X(\omega) = \sum_{n=0}^{R-1} x(n) e^{-j\omega n} \tag{4-85}$$

它是周期函数，主值区间为 $[0, 2\pi)$。按 DFT 定义，有限长序列 $x(n)$ 的 N 点离散傅里叶变换

$$X(k) = \sum_{n=0}^{N-1} x(n) e^{-j\frac{2\pi}{N}kn} \tag{4-86}$$

其 $k = 0 \sim N-1$。对比 $X(\omega)$ 和 $X(k)$，ω 的主值区间与 k 有关系

$$\omega = \frac{2\pi}{N} k \tag{4-87}$$

它表示在 ω 的主值区间 $[0, 2\pi)$ 上等间隔采样。例如 $N = 4$，则 $k = 0$、1、2、3，$\omega = 0$、0.5π、π、1.5π，如图 4-35 所示。N 越大，采样 ω 的点越密，得到的采样频谱 $X_s(k)$ 越真实反映 $X(\omega)$，但计算量越大。该如何选择 N 呢？

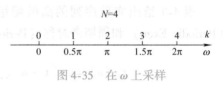

图 4-35　在 ω 上采样

若频域采样量≥序列长，即 $N \geqslant R$ 时，$x(n)$ 的 DTFT

$$X(\omega) = \sum_{n=0}^{R-1} x(n) e^{-j\omega n} = \sum_{n=0}^{N-1} x(n) e^{-j\omega n} \tag{4-88}$$

所以，对 $X(\omega)$ 采样得到的频谱

$$X_s(k) = X(\omega) \big|_{\omega = \frac{2\pi}{N}k} = \sum_{n=0}^{N-1} x(n) e^{-j\frac{2\pi}{N}kn} \quad (k = 0 \sim N-1) \tag{4-89}$$

它与 $x(n)$ 的 N 点 DFT 相同。这种 DFT 合成的序列 $x_s(n) = x(n)$，只是在 $n = 0 \sim N-1$。例如 $x(n)$ 长 2 点，若对其 $X(\omega)$ 采样 6 点，如图 4-36 所示，则 $X_s(k)$ 合成的 $x_s(n) = x(n)$，只是在 $n = 0 \sim 5$。

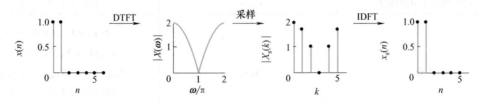

图 4-36　频谱采样

若频域采样量＜序列长，即 $N < R$ 时，对 $X(\omega)$ 采样得到的频谱

$$X_s(k) = X(\omega) \big|_{\omega = \frac{2\pi}{N}k} = \sum_{n=0}^{R-1} x(n) e^{-j\frac{2\pi}{N}kn} \quad (k = 0 \sim N-1) \tag{4-90}$$

它的求和范围大于 $x(n)$ 的 N 点 DFT，故这种 $X_s(k)$ 不等于 $x(n)$ 的 N 点 DFT，$x_s(n) \neq x(n)$。

抽掉 $X(\omega)$ 的内容，则 $X(\omega)$ 变成 $X(k)$ 就是模数转换，它也应遵循采样定理，这个采样定理就是：当 $X(\omega)$ 的采样量≥序列 $x(n)$ 的长度，即 $N \geqslant R$ 时，$X(\omega)$ 的采样频谱能正确恢复原序列。这个采样定理称为频率采样定理，是 DTFT 应用 DFT 的准则。

2. z 变换

z 变换和离散时间傅里叶变换的关系是

$$z = e^{j\omega} \tag{4-91}$$

这个关系成立的条件是 z 变换的收敛域包含单位圆，也就是说，只有离散时间傅里叶变换存在，z 变换的 $z = e^{j\omega}$ 才存在。当序列是有限长时，这个关系成立。有限长是计算机能够计算的条件。通过 $z = e^{j\omega}$ 和 $\omega = 2\pi k/N$，我们可以得到从 z 变换到 DFT 的关系

$$z = e^{j\frac{2\pi}{N}k} \quad (k = 0 \sim N-1) \tag{4-92}$$

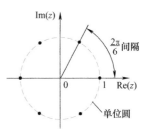

图 4-37　单位圆上的采样

这个关系反映在 z 平面的单位圆上，相当于对连续角度等间隔采样，等间隔的角度是 $2\pi/N$，采样量是 N 点。例如 $N=6$，z 变换与 DFT 的关系为 $z = e^{j2\pi k/6}$，$k = 0 \sim 5$，如图 4-37 所示。

与 DTFT 相似，z 变换转化为 DFT 时的单位圆采样也遵循频率采样定理：当对 z 变换 $X(z)$ 的单位圆数字角频率 ω 采样时，只有当采样量 $N \geqslant$ 序列 $x(n)$ 的长度 R 时，才能从 $X(z)$ 的离散频谱中正确恢复原序列 $x(n)$。

3. 线性卷积

离散傅里叶变换的卷积称为循环卷积，离散时间傅里叶变换的卷积称为线性卷积，两者的区别在求和范围：DFT 是有限长，而 DTFT 是无限长。在满足一定条件的情况下，循环卷积等于线性卷积。这个条件是：当循环卷积的长度 ≥ 线性卷积的长度时，循环卷积等于线性卷积。下面证明这个条件的正确性。

设 $x(n)$ 和 $h(n)$ 的长度为 L_1 和 L_2，N 大于 L_1 和 L_2，那么，它们的 N 点循环卷积

$$
\begin{aligned}
y_C(n) &= \sum_{i=0}^{N-1} x(i)h[(n-i)_N] \\
&= \sum_{i=0}^{N-1} x(i)\big[\cdots + h(n-i+N) + h(n-i) + h(n-i-N) + \cdots\big] \\
&= \cdots + \sum_{i=0}^{N-1} x(i)h(n-i+N) + \sum_{i=0}^{N-1} x(i)h(n-i) + \sum_{i=0}^{N-1} x(i)h(n-i-N) + \cdots
\end{aligned}
$$

$$\tag{4-93}$$

由于 $x(n)$ 与 $h(n)$ 的线性卷积

$$y_L(n) = \sum_{i=0}^{L_1-1} x(i)h(n-i) \tag{4-94}$$

还有 N 大于 L_1 和 L_2，故该循环卷积可写为

$$y_C(n) = \cdots + y_L(n+N) + y_L(n) + y_L(n-N) + \cdots \tag{4-95}$$

它们的 $n = 0 \sim N-1$。

若不想让循环卷积的线性卷积互相混叠，则必须确保循环卷积的长度 ≥ 线性卷积的长度，即 $N \geqslant L_1 + L_2 - 1$。图 4-38 是 $N \geqslant L$ 的循环卷积和线性卷积，$L = L_1 + L_2 - 1$，阴影代表线性卷积的非零值部分，这时 $y_C(n) = y_L(n)$，$n = 0 \sim N-1$。图 4-39 是 $N < L$ 的循环卷积，这时 $y_C(n) \neq y_L(n)$，$n = 0 \sim N-1$。

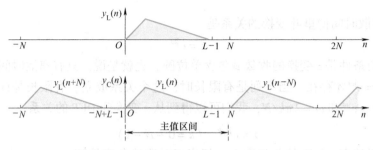

图 4-38 无混叠的循环卷积

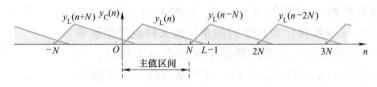

图 4-39 有混叠的循环卷积

例 4.18 请根据频率采样定理，证明循环卷积等效于线性卷积的条件。

解 设有限长序列 $x(n)$ 和 $h(n)$ 的长为 L_1 和 L_2，那么，$x(n)*h(n)$ 的长 $L=L_1+L_2-1$。根据卷积定理，$x(n)*h(n)$ 的频谱为 $X(\omega)H(\omega)$，$x(n) \textcircled{N} h(n)$ 的 N 点 DFT 为 $X(k)H(k)$。

在主值区间对 $X(\omega)H(\omega)$ 均匀采样 N 点，得到 $X_s(k)H_s(k)$。根据频域采样定理，若 $N \geqslant L$，则 $X_s(k)H_s(k)$ 的反变换在 $n=0 \sim N-1$ 内等于 $x(n)*y(n)$，即 $X(k)H(k)$ 的反变换 $x(n) \textcircled{N} h(n)$ 等于 $x(n)*y(n)$，$n=0 \sim N-1$。

反之，若 $N<L$，$X_s(k)H_s(k)$ 的反变换不等于 $x(n)*h(n)$，即 $X(k)H(k)$ 的反变换 $x(n) \textcircled{N} h(n)$ 不等于 $x(n)*h(n)$。

例 4.19 设山坡上检测的地表信号

$$x(n) = \sin(0.2\pi n)R_{10}(n) + \cos(0.7\pi n + 0.2)R_{20}(n-25) \tag{4-96}$$

$n=0 \sim 49$。请用计算机分析该信号的频谱，要求计算量最少。

解 因该信号长 $R=50$，是非周期信号，故用 DTFT 分析其频谱，

$$X(\omega) = \sum_{n=0}^{49} x(n)\mathrm{e}^{-\mathrm{j}\omega n} \tag{4-97}$$

根据频率采样定理，选择频率采样量 $N=50$ 时，频谱分析的计算量最少。对 $X(\omega)$ 均匀采样的频率位置在

$$\omega = \frac{2\pi}{50}k = 0.04\pi k \tag{4-98}$$

$k=0 \sim 49$，得到 $x(n)$ 的离散频谱

$$X(k) = \sum_{n=0}^{49} x(n)\mathrm{e}^{-\mathrm{j}\frac{2\pi}{50}kn} \tag{4-99}$$

计算机绘制的相关波形如图 4-40 所示，$k=0 \sim 25$ 是最低频到最高频的频序，$|X(k)|$ 的波峰在 $k=4$ 和 17；说明 $X(\omega)$ 含 $\omega=0.16\pi$ 和 $\omega=0.68\pi$ 的正弦分量，这与 $x(n)$ 的 0.2π 和 0.7π 相差 20% 和 2.9%，原因是：地表信号 $x(n)$ 不是周期信号。

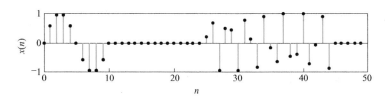

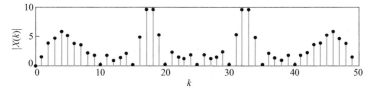

图 4-40 地表信号和频谱

4.3.4 离散傅里叶变换的应用

离散傅里叶变换是离散傅里叶级数演绎的产物,它将有限长序列当周期序列看待,但只取一个周期。这种把非周期当作周期的做法很常用,如电视画面的电子束反复扫描、电影银幕的胶片反复投射、小说故事的反复阅读等。

许多一瞬即逝的事情往往需要重复叙述、反复再现。只要事先知道事情是否存在周期,那么,非周期和周期互换非但不改变问题的本质,反倒给我们处理事情带来方便。

离散傅里叶变换的方程是

$$X(k) = \sum_{n=0}^{N-1} x(n) W_N^{kn}$$

$$x(n) = \frac{1}{N}\sum_{k=0}^{N-1} X(k) W_N^{-kn}$$

$(4-100)$

式中,n 和 k 的取值都在 $0 \sim N-1$,除了 $1/N$,正反变换的计算形式完全相同。这个特点很实用,编写一个变换程序,就可以用在 $X(k)$ 和 $x(n)$,节省存储程序的空间。

满足频率采样定理时,离散傅里叶变换能代表有限长序列的频谱,这样一来,计算机能用于 $X(\omega)$ 的分析,还能计算有限长序列的卷积。

例 4.20 模拟信号可变为数字信号,数字信号可用离散傅里叶变换分析。请说明,分析有限长模拟信号的频谱时,应该注意的地方和理由。

解 信号测量和分析可逐段进行,这个过程分为两步。

(1) 模数转换

设 f_c 为模拟信号 $x_a(t)$ 的截止频率,采样 R 个样本耗时 $P = RT$,T 为采样周期,满足采样定理 $f_s > 2f_c$ 的 $x_a(t)$ 频谱

$$X_a(\Omega) = \int_0^P x_a(t) e^{-j\Omega t} dt$$

$$\approx T \sum_{n=0}^{R-1} x(n) e^{-j\Omega nT}$$

$(4-101)$

这种 $X_a(\Omega)$ 是 Ω 的周期函数，周期为 Ω_s。因 $\Omega T = \omega$，故 Ω 的 $[0, \Omega_s)$ 对应 ω 的 $[0, 2\pi)$，$X_a(\Omega)$ 对应 $TX(\omega)$。

（2）频谱采样

满足频率采样定理 $N \geqslant R$ 的 $X(\omega)$ 离散频谱

$$X(k) = X(\omega)\big|_{\omega = \frac{2\pi}{N}k} = \sum_{n=0}^{R-1} x(n) e^{-j\frac{2\pi}{N}kn} \tag{4-102}$$

它对应 $X_a(\Omega)$ 的采样频谱，即

$$X_a(\Delta\Omega k) \approx TX(k) \tag{4-103}$$

$\Delta\Omega = \Omega_s/N$，$k = 0 \sim N-1$，$T$ 只影响频谱的整体大小，不影响形状。依此公式编程，即可分析模拟信号的频谱。

总之，R 越大，$1/P$ 越小，观察的信号低频越低。N 越大，$\Delta\Omega$ 越小，观察的频谱细节越多。

例 4.21 对于长时间信号，如语音、脑电流、声纳等，怎样才能既分析其成分又知道其发生的时间？

解 离散傅里叶变换可分析信号的频谱，但分析不了频谱发生的时间，需要改造。改造分两步完成。

（1）信号分离

先将长时间信号 $x(i)$ 分离为多段短时信号 $x_n(i)$，n 表示 $x_n(i)$ 的时间起点，然后分析各段信号。短时信号写为

$$x_n(i) = x(i)w(i-n) \tag{4-104}$$

$w(i)$ 称窗（Window），它在 $i = 0 \sim R-1$ 以外为 0，代表截取 $x(i)$ 的方式，类似从窗看外界。最简单的窗是矩形序列，效果像用剪刀截取一段绳索，如图 4-41 所示。

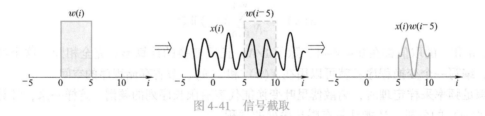

图 4-41 信号截取

（2）频谱分析

有了 n 时刻的短信号 $x_n(i)$，就可用 DTFT 分析其频谱，

$$X(\omega, n) = \text{DTFT}[x_n(i)] = \sum_{i=-\infty}^{\infty} x(i)w(i-n) e^{-j\omega i} \tag{4-105}$$

这样的频谱与时间有关，称为短时傅里叶变换（Short-Time Fourier Transform），简称 STFT，它观察幅频特性的图称频谱图（Spectrogram）。

计算 STFT 时要对 ω 采样，根据频率采样定理，$N \geqslant R$，得到离散频谱

$$X(k, n) = X(\omega, n)\big|_{\omega = \frac{2\pi}{N}k} = \sum_{i=-\infty}^{\infty} x(i)w(i-n) e^{-j\frac{2\pi}{N}ki} \quad (k = 0 \sim N-1) \tag{4-106}$$

它是二维变量的序列，其幅度 $|X(k, n)|$ 在平面上用灰度表示，或用颜色表示。

例 4.22　设声音信号

$$x(i) = 1.5\sin(0.3i)R_{300}(i-100) + \sin(2i)R_{200}(i-600) + 0.5\sin(0.8i) \qquad (4\text{-}107)$$

$i = 0 \sim 1000$，请用短时傅里叶变换分析其频谱，短时信号长 100 点，采样频率为 200Hz。

解　根据 100 点写短时信号

$$x_n(i) = x(i)w(i-n) \quad (n = 0,100,200,\cdots,900) \qquad (4\text{-}108)$$

因 $n = 1000$ 的短时信号只有 1 个样本，故不予分析。

根据频率采样定理，对 $x_n(i)$ 的频谱 $X(\omega,n)$ 采样 100 点，得

$$X(k,n) = X(\omega,n)\big|_{\omega = \frac{2\pi}{100}k} = \sum_{i=0}^{1000} x(i)w(i-n)\mathrm{e}^{-\mathrm{j}\frac{2\pi}{100}ki} \quad (k = 0 \sim 99) \qquad (4\text{-}109)$$

用 MATLAB 计算该 STFT，得图 4-42，其频谱图的横坐标表示各段信号的起止时间，纵坐标表示频谱的频率，频谱幅度 $|X(f,t)|$ 用颜色表示。按此思路编写的程序为

```
i = 0:1000;fs = 200;
x = 1.5*sin(0.3*i).*[(i>99)&(i<400)] + sin(2*i).*[(i>599)&(i<800)] + 0.5
*sin(0.8*i);
subplot(211);plot(i/fs,x),xlabel('t/s'),ylabel('x(t)')
N = 100;i = 0:N-1;k = 0:N/2;X = [];
for n = 0:N:900
    xn = x(i+n+1);
    Xn = xn*exp(-j*2*pi/N*i'*k);
    X = [X;Xn];
end
t = [0:N:900]/fs;f = fs/N*k;
subplot(212);imagesc(t+0.25,f,log(abs(X'))),colormap(jet),axis xy,xlabel('t/s'),
ylabel('f/Hz')
```

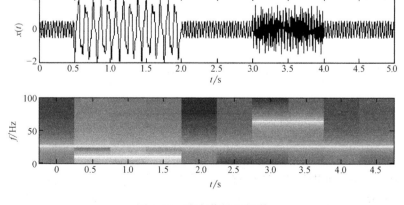

图 4-42　声音信号和频谱

例 4.23　科学家 Cooley 和 Tukey 于 1965 年发明一种算法，若已知旋转因子，则计算长 $N = 2^M$ 点的 DFT 只需复数乘 $N \times M/2$ 次复数加 $N \times M$ 次。设 $x(n)$ 长 1020，$h(n)$ 长 1000，

计算系统的输出时，可直接按卷积计算，也可先算频谱再算反变换。请问那种方法较快？

解 因 $x(n)$ 长 1020，$h(n)$ 长 1000，故线性卷积长 $L=2019$。

（1）**直接卷积**

若按 $x(n) * h(n)$ 计算，则系统的输出

$$y(n) = x(n) * h(n) = \sum_{i=0}^{1019} x(i)h(n-i) \tag{4-110}$$

计算每个 n 的 $y(n)$ 需乘法 1020 次加法 1019 次，计算 L 个 n 的 $y(n)$ 需乘法 2059380 次加法 2057361 次。若按 $h(n) * x(n)$ 计算，则计算全部 $y(n)$ 需乘法 2019000 次加法 2016981 次。

（2）**间接卷积**

根据卷积定理，先计算 N 点 $X(k)H(k)$。因循环卷积等于线性卷积时 $N \geqslant L$，故按 Cooley 算法取 $N = 2^{11} = 2048$，这时，$X(k)$ 和 $H(k)$ 各需复数乘 11264 次复数加 22528 次，$X(k)H(k)$ 需复数乘 2048 次。

然后计算 $X(k)H(k)$ 的反变换，因 DFT 和 IDFT 算法相似，故反变换需复数乘 11264 次复数加 22528 次，还有乘 $1/N$ 的乘法 2048 次。

总之，复数乘 35840 次复数加 67584 次。考虑复数乘 1 次含乘 4 次加 2 次，复数加 1 次含加 2 次，间接卷积需乘 145408 次加 206848 次。

相比之下，间接卷积比直接计算的乘法效率提高 13 倍，加法效率提高 9 倍。

本章介绍了采样定理、系统函数和离散傅里叶变换，它们是信号处理的准则和工具。机器处理信号的本质是数字计算，计算的优劣与算法有关，下一章介绍快速计算的方法。

4.4 习题

1. 设模拟信号的波形如图 4-43 所示，若对它进行模数转换，请根据波形确定最大采样周期。

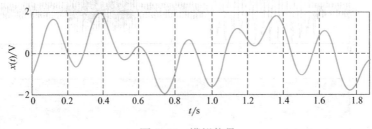

图 4-43 模拟信号

2. 电视画面上快速前进的汽车轮子有时是向后旋转的，原因是电视拍摄发生混叠失真。设汽车的速度为 100km/h，轮子的直径是 60cm，摄像机的拍摄速度为 25 帧/s。请说明这种拍摄速度能否正确记录车轮的旋转。

3. 利用混叠失真可观察声带运动，方法是用频闪灯照射讲话的声带。设声带的振动速度为 100Hz，为观察声带一秒振动一次的现象，请问频闪灯的频率应为多少？

4. 请判断用数码相机和摄像机拍摄自然景物是不是均匀采样？

5. 简述模拟信号变为数字信号的原理。

6. 设 $x_a(t)$ 的幅频特性 $|X_a(\Omega)|$ 如图 4-44 所示，Ω_c 为最高频率。若对 $x_a(t)$ 不失真采样，请给出最低采样频率，并画出采样信号 $x_s(t)$ 的幅频特性 $|X_s(\Omega)|$。

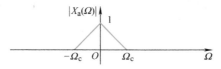

图 4-44　模拟信号的幅频特性

7. 设模拟信号 $x(t)$ 有用频率在 $0 \sim f_{\max}$，大于 $f_{\max}$ 的 $X(f)$ 每 10 倍 $f_{\max}$ 衰减 c 分贝，抗折叠滤波器大于 $f_{\max}$ 的 $H(f)$ 每 10 倍 $f_{\max}$ 衰减 d 分贝。若采样产生的折叠成分在 $0 \sim f_{\max}$ 内衰减大于 e 分贝，请证明对 $Y(f) = X(f)H(f)$ 的最低采样频率

$$f_s = f_{\max} + 10^{\frac{e}{c+d}} f_{\max}$$

8. 设带通信号 $x_a(t)$ 的频谱 $X_a(f)$ 如图 4-45 上图所示，下图为对 $x_a(t)$ 不失真采样的频谱 $X_s(f)$。请指出最低采样频率，采样后 $X_a(f)$ 的哪些部分周期扩展及扩展方向。

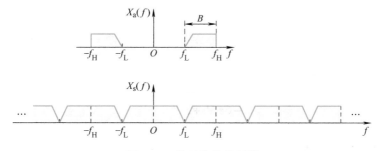

图 4-45　带通信号的频谱

9. 移动电话是在无线电载波（Carrier）上通信的，设其频率范围为 $900 \sim 900.03\,\mathrm{MHz}$。请问对该频段信号不失真采样的最低频率是多少？

10. 设接收信号的频率在 $1 \sim 1.4\,\mathrm{MHz}$，对它采样的速率 $f_s = 1\,\mathrm{MHz}$。请画出它们的频谱，并说明有没有混叠失真。

11. 美国的调频广播频率范围在 $88 \sim 108\,\mathrm{MHz}$，若对该无线电信号进行模数转换，请确定最低采样频率。

12. 设雷达信号的频率在 $900 \sim 901\,\mathrm{MHz}$，以 $2\,\mathrm{MHz}$ 的频率对它采样，频谱分析发现，基带有一个很强的分量，频率是 $300\,\mathrm{kHz}$。请判断实际目标的频率。

13. 设零阶保持器的保持时间 p 小于采样周期 T。请推导该保持器的频谱，并计算 $p = T/2$ 时在折叠频率 $f_s/2$ 的频谱幅度。

14. 有一个数字低通信号，其截止频率 $\omega_c = \pi/2$，采样率 $f_s = 12\,\mathrm{kHz}$。现将它送入保持时间 $= 1/f_s$ 的零阶保持器，然后用后置滤波器平滑。整个模拟信号重建过程，要求频谱影像衰减 80dB 以上。请确定后置滤波器的衰减指标。

15. 有一因果序列 $x(n) = \sin(\theta n)u(n)$，求它的 z 变换。

16. 设 $0 < a < 1$，求序列 $h(n) = a^n \cos(\theta n)u(n)$ 的 z 变换。

17. 若 $x(n) = 0.9^n u(n)$，求 $X(z)$ 和 $X(\omega)$，并画出幅频特性草图。

18. 若 $x(n) = 0.9^n u(n)$，求 $x(n)$ 的 10 点离散傅里叶变换 $X(k)$，并画出幅频特性草图。

19. 分别用长除法和部分分式法求 $X(z) = \dfrac{1 - \dfrac{1}{3}z^{-1}}{1 - \dfrac{1}{4}z^{-2}}$ $\left(|z| > \dfrac{1}{2}\right)$ 的 z 反变换。

20. 设信号 $x(n)$ 的 z 变换

$$X(z) = \frac{1}{1 + 0.25z^{-2}} \quad (|z| > 0.5)$$

请以 z 变量的半径 $r = 0.6$ 和 1 绘制 $x(n)$ 的频谱草图。

21. 心电图仪器内部有一个滤除交流电干扰的数字系统，其信号流图如图 4-46 所示。请根据该流图写出系统函数 $H(z)$ 和频率响应 $H(\omega)$。

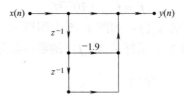

图 4-46 心电图仪信号流图

22. 设序列 $x(n)$ 的 z 变换是

$$X(z) = \frac{48 - 22z^{-1} + z^{-2}}{8 - 6z^{-1} + z^{-2}} \quad (|z| > 0.5)$$

求其 z 反变换。

23. 设数字信号处理器的系统函数

$$H(z) = \frac{1 + z^{-2}}{1 + 0.81z^{-2}} \quad (|z| > 0.9)$$

请判断该系统属于哪种滤波器。

24. 有一个系统函数

$$H(z) = \frac{1 + 2z^{-1} + 3z^{-2} + 4z^{-3}}{1 - z^{-4}}$$

它在单位脉冲序列的作用下可产生周期序列。请说明该序列的形状，并画出波形。

25. 请指出序列的 z 变换和傅里叶变换的主要区别，并给出 z 变换的用途。

26. 请指出序列的傅里叶变换和离散傅里叶变换的主要区别，并说明离散傅里叶变换的用途。

27. 离散傅里叶变换和离散傅里叶级数的区别在哪？离散傅里叶变换有什么用？

28. 设序列 $x(n) = 2\sin(0.1\pi n)$，请画出 $x_1(n) = x[(n)_{16}]$ 和 $x_2(n) = x(n)R_{16}(n)$ 的波形，并画出 $x_1(n)$ 的离散傅里叶级数和 $x_2(n)$ 的 16 点离散傅里叶变换的幅频特性。

29. 设泉州某天的 24h 气温样本

$$x(n) = 30 + 5\sin\left[\frac{\pi}{12}(n-1)\right]\text{℃} \quad (n = 0 \sim 23)$$

$n=0$ 对应早晨 8 点，采样周期为 1h。请用循环移位将最低温度的时序调整到 $n=0$，并写出相应的表达式。

30. 周期卷积的序列可交换位置，即

$$\sum_{i=0}^{N-1} x(i)h(n-i) = \sum_{i=0}^{N-1} x(n-i)h(i)$$

请证明它的正确性。

31. 请说明循环卷积和线性卷积有什么不同？

32. 设 $x(n) = R_4(n) + R_2(n-1)$，$h(n) = \delta(n) + 0.5\delta(n-1) + 0.5\delta(n-2)$，求 8 点循环卷积

$$y(n) = \sum_{m=0}^{7} x(m)h\big[(n-m)_8\big] \quad (n=0 \sim 7)$$

33. 设采样 $x(n)$ 频谱 $X(\omega)$ 的结果为 $X_s(k)$，$k=0 \sim N-1$，请证明 $X_s(k)$ 的傅里叶反变换

$$x_s(n) = \sum_{i=-\infty}^{\infty} x(n-iN) \quad (n=0 \sim N-1)$$

并以此说明频率采样定理的正确性。

34. 梳状滤波器的输出 $y(n) = x(n) + x(n-N)$，画出其零极点和幅频特性草图。采样率为 10kHz，滤除 0.5、1.5、2.5、3.5、4.5kHz 成分 N 取多少？

35. 频率分辨率指相邻样本的频率距离。若采样频率 8000Hz 的主值区间分 100 点，其数字角频率、频序、模拟角频率、自然频率的分辨率是多少？

习题参考答案

上章介绍了信号时域变换和傅里叶变换的技巧，它们还要通过计算才能实现。计算方法的优劣直接影响信号处理的速度。

5. 1　直接计算

信号处理离不开计算频谱和卷积，为了方便分析，现将离散傅里叶变换的定义写为

$$X(k) = \sum_{n=0}^{N-1} x(n) W_N^{kn} \qquad (k = 0 \sim N-1)$$

$$x(n) = \frac{1}{N} \sum_{k=0}^{N-1} X(k) W_N^{-kn} \quad (n = 0 \sim N-1)$$

(5-1)

式中，$W_N = e^{-j2\pi/N}$，当 n 和 k 从 $0 \sim N-1$ 变化时，W_N^{kn} 在极坐标上绕单位圆旋转，故 W_N 称旋转因子。计算 $X(k)$ 和 $x(n)$ 时，除了 $1/N$，其他计算形式都相同，计算量相等。

5. 1. 1　直接计算频谱

下面从两方面评估直接按定义计算频谱的代价：一个是不考虑旋转因子，设它事先已经算好，存储在计算机存储器里；另一个是考虑旋转因子的计算。

1. 不考虑旋转因子

若信号 $x(n)$ 由 N 个复数组成，计算 1 个 k 的 $X(k)$ 时，需复数乘 N 次，需复数加 $N-1$ 次。因 $k = 0 \sim N-1$，故计算全部 k 的 $X(k)$ 需复数乘 N^2 次，复数加 $N(N-1)$ 次。

还有，直接计算 $X(k)$ 时，每个 k 的 $X(k)$ 都要用到全部 $x(n)$；在算出全部 $X(k)$ 前，$x(n)$ 要用 $2N$ 个存储单元，一半存实部一半存虚部；得到的 $X(k)$ 也是复数，也要 $2N$ 个存储单元；整个计算过程至少需要 $4N$ 个存储单元。

2. 考虑旋转因子

计算离散傅里叶变换少不了旋转因子，因

$$W_N^{kn} = e^{-j\frac{2\pi}{N}kn} = \cos\left(\frac{2\pi}{N}kn\right) - j\sin\left(\frac{2\pi}{N}kn\right) \tag{5-2}$$

$n = 0 \sim N - 1$ 和 $k = 0 \sim N - 1$，所以，每个 k 的 $X(k)$ 需计算 N 次旋转因子，全部 k 的 $X(k)$ 需计算 N^2 次旋转因子。旋转因子要计算余弦和正弦，工作量大。

若从极坐标看，旋转因子是指数的周期序列，即

$$W_N^{i+N} = W_N^i \tag{5-3}$$

例如，$N = 8$ 的旋转因子的极坐标形式为

$$W_N^{kn} = e^{-j\frac{2\pi}{8}kn} \tag{5-4}$$

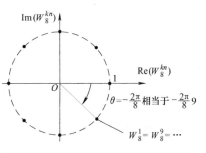

图 5-1　旋转因子的 $N = 8$

尽管其 $k = 0 \sim 7$ 和 $n = 0 \sim 7$，但 W_8^{kn} 只有 8 个独立值，如图 5-1 所示，其他都是独立值的重复；所以，计算 8 点离散傅里叶变换时，不需要计算 8^2 个旋转因子。这个周期性可用来减少计算量。

5.1.2　直接计算卷积

若信号 $x(n)$ 和系统 $h(n)$ 的长都为 N，则系统的输出

$$y(n) = x(n) * h(n) = \sum_{i=0}^{N-1} x(i)h(n-i) \tag{5-5}$$

其非零值为 $2N - 1$ 个。直接按定义计算卷积需乘 $N(2N-1)$ 次，加 $(N-1)(2N-1)$ 次。

利用卷积定理也能计算 $y(n)$，条件是循环卷积的长 $\geqslant 2N - 1$。当循环卷积的长 $= 2N - 1$ 时，$y(n)$ 的频谱

$$Y(k) = X(k)H(k) \tag{5-6}$$

$k = 0 \sim 2N - 2$。若先算好 $H(k)$，如图 5-2 所示，那么用卷积定理求 $y(n)$ 需复数乘 $4N(2N-1)$ 次，复数加 $2(2N-1)(2N-2)$ 次。相比之下，按定义直接卷积优于用卷积定理计算输出。

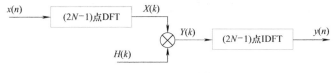

图 5-2　卷积定理计算输出

例 5.1　设语音信号的采样率为 6kHz，记录时间为 1s，计算机复数乘 1 次需 3μs，复数加 1 次需 1μs。请问：该信号均分为 6 段，直接计算其频谱要多少时间？若分为 3 段，要多少时间？

解　因信号样本总数为 6000 个，若把信号分为 6 段，则直接计算频谱的时间为

$$6 \times (1000^2 \times 3 + 1000 \times 999 \times 1)\,\mu s \approx 24s \tag{5-7}$$

若把信号分为 3 段，则直接计算频谱的时间为

$$3 \times (2000^2 \times 3 + 2000 \times 1999 \times 1)\,\mu s \approx 48s \tag{5-8}$$

如果信号样本逐秒连续输入，这两种算法是不能实时分析频谱的。

实际信号处理的样本量 N 远大于1，所以，直接计算频谱的工作量正比于 N^2，直接计算卷积的工作量也正比于 N^2。早期的计算机速度很慢，按这种算法工作不能实时处理信号。

5.2 间接计算

直接计算离散傅里叶变换的计算量与 N^2 成正比，这是一种启示：缩短长度可以降低离散傅里叶变换的计算量。试想：若将 N 点 DFT 的长度缩短一半，变成两个 $N/2$ 点 DFT 的组合，那么，DFT 的复数乘将变为 $(N/2)^2 + (N/2)^2 = N^2/2$ 次，复数加约为 $N^2/2$ 次；这种分解减少近一半计算量。

离散傅里叶变换的计算量还与旋转因子的量有关，减少旋转因子的量意味着减少存储量，降低设备的成本。试看 $N=7$ 和 8 的旋转因子极坐标，如图 5-3 所示，旋转因子不但有周期性，还有对称性，特别是 N 为偶数时，

$$W_N^{i+N/2} = -W_N^i \tag{5-9}$$

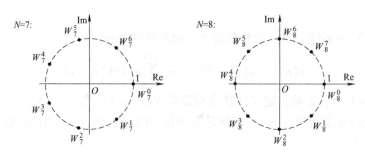

图 5-3 旋转因子的极坐标

离散傅里叶变换可分解为两段、三段等，每段的长可相等也可不等；选择哪种分法要看是否减少了计算量，还要看是否容易编程。

常用的分解方法有两种：一种是按时序的奇偶数将序列分为两段，一种是将整个序列分为前后两段。

5.3 时域抽取的快速算法

时域抽取的基本做法是：将离散傅里叶变换的序列按时序的偶数奇数分解为两段长度相同的序列。这种算法要求序列的长

$$N = 2^M \tag{5-10}$$

M 是自然数，以保证序列能够不断分解，直至分解为 1 点 DFT。

5.3.1 时域抽取的原理

基本的时域抽取分为两步：第一步将序列分解为长度相同的两段序列，第二步整理序列的频谱表达式。具体做法如下。

1. 分解序列

按时序 n 的偶奇数将 N 点序列 $x(n)$ 分解为两个短序列 $x_0(m)$ 和 $x_1(m)$，即

$$x(n) = \begin{cases} x_0(n) & (n = 2m) \\ x_1(n) & (n = 2m+1) \end{cases} \tag{5-11}$$

$m = 0 \sim N/2 - 1$，短序列还可写为

$$\begin{cases} x_0(m) = x(2m) \\ x_1(m) = x(2m+1) \end{cases} \tag{5-12}$$

下标对应二进制，0 代表抽取偶数时序，1 代表抽取奇数时序。用 $x_0(m)$ 和 $x_1(m)$ 组成的 N 点 DFT 如下，

$$\begin{aligned} X(k) &= \sum_{m=0}^{N/2-1} x(2m) W_N^{k2m} + \sum_{m=0}^{N/2-1} x(2m+1) W_N^{k(2m+1)} \\ &= \sum_{m=0}^{N/2-1} x_0(m) W_{N/2}^{km} + W_N^k \sum_{m=0}^{N/2-1} x_1(m) W_{N/2}^{km} \\ &= X_0(k) + W_N^k X_1(k) \end{aligned} \tag{5-13}$$

因 $k = 0 \sim N-1$，故 $X_0(k)$ 和 $X_1(k)$ 还不是真正的 $N/2$ 点 DFT。

2. 整理频谱

为了 $X_0(k)$ 和 $X_1(k)$ 满足 $N/2$ 点 DFT 的规定，同时又能表示 $X(k)$ 的 N 个值，需要整理 $X(k)$ 表达式。

当 $k = 0 \sim N/2 - 1$ 时，N 点 DFT 写为

$$X(k) = X_0(k) + W_N^k X_1(k) \tag{5-14}$$

当 $k = N/2 \sim N-1$ 时，令 $k = N/2 + r$，$r = 0 \sim N/2 - 1$，N 点 DFT 就变为

$$X(N/2 + r) = X_0(N/2 + r) + W_N^{N/2+r} X_1(N/2 + r) \tag{5-15}$$

利用旋转因子的周期性和对称性，并将符号 r 换为 k，得到

$$X(N/2 + k) = X_0(k) - W_N^k X_1(k) \tag{5-16}$$

这种整理具有重大意义，它将 $X_0(k)$ 和 $X_1(k)$ 变成真正的 $N/2$ 点 DFT，其 $k = 0 \sim N/2 - 1$，同时又能表示 $X(k)$ 的 N 个值。基本的时域抽取分解公式为

$$\begin{cases} X(k) = X_0(k) + W_N^k X_1(k) \\ X(N/2 + k) = X_0(k) - W_N^k X_1(k) \end{cases} \quad (k = 0 \sim N/2 - 1) \tag{5-17}$$

$X(k)$ 变为 $X_0(k)$ 和 $X_1(k)$ 后，k 的量减半，复数乘加量都减半，旋转因子的量也减半。在计算机里，加减法所用的时间相同。

5.3.2　原理的推广

既然 N 点 DFT 可分为两个 $N/2$ 点 DFT，我们就有理由对 $N/2$ 点 DFT 继续 2 次分解，变为 $N/4$ 点 DFT。根据基本的分解公式，$X_0(k)$ 可写为

$$\begin{cases} X_0(k) = X_{00}(k) + W_{N/2}^k X_{10}(k) \\ X_0(N/4 + k) = X_{00}(k) - W_{N/2}^k X_{10}(k) \end{cases} \quad (k = 0 \sim N/4 - 1) \tag{5-18}$$

$X_{00}(k)$ 的下标表示抽取 $x_0(n)$ 的偶时序，$X_{10}(k)$ 的下标表示抽取 $x_0(m)$ 的奇时序。

同理，$X_1(k)$ 可写为

$$\begin{cases} X_1(k) = X_{01}(k) + W_{N/2}^k X_{11}(k) \\ X_1(N/4+k) = X_{01}(k) - W_{N/2}^k X_{11}(k) \end{cases} \quad (k = 0 \sim N/4 - 1) \quad (5\text{-}19)$$

$X_{01}(k)$ 的下标表示抽取 $x_1(m)$ 的偶时序，$X_{11}(k)$ 的下标表示抽取 $x_1(m)$ 的奇时序。

第 2 次分解得到 4 个 $N/4$ 点 DFT，使两个 $N/2$ 点 DFT 的乘加量再减半。分解还可继续，直至 1 点 DFT。

DFT 的分解可用信号流图表示，如图 5-4 所示，因其形状像蝴蝶，故称为蝶形运算图，简称蝶形图。

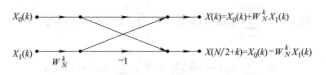

图 5-4　时域抽取的流图

图 5-5 是更简洁的蝶形图，它规定：节点左边为输入，右边为输出，节点右上角为输入信号之和，右下角为输入信号之差。

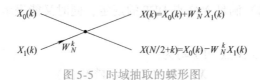

图 5-5　时域抽取的蝶形图

一个碟形运算需复数乘 1 次复数加 2 次。分析计算机算法时，加法和减法统称加法。

例 5.2　设离散傅里叶变换长 8 点，请用蝶形图表示其时域抽取算法。

解　按照时域抽取的原理，8 点 DFT 分解 3 次就变为 1 点 DFT，如图 5-6 所示。第 1 次分解的旋转因子 W_8^k 上标 $k = 0 \sim 3$；$X_0(k)$ 和 $X_1(k)$ 的下标表示抽取偶奇数。第 2 次分解的旋转因子 W_4^k 上标 $k = 0 \sim 1$，频谱的下标从右向左用二进制记录着每次时域抽取的情况。

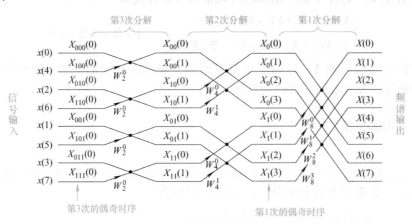

图 5-6　时域抽取流图

抽取时产生下标的过程与十进制变成二进制的过程相同，所以，最后得到的 1 点 DFT 的输入信号 $x(n)$，其时序就是 1 点 DFT 的下标，图 5-6 已将它们变为十进制。

时域抽取的蝶形运算能将短频谱合成长频谱，此外，时域抽取算法还有两个特点：反序和原位运算。

反序（Bit Reversal）指输入信号按二进制数相反的秩序排列，意思是二进制数从左到右逐渐递增，即 000→100→010→110…。产生反序的原因是每次抽取都是按偶数在前奇数在后的秩序排列。

原位运算（In Place Computation）指每个蝶形的输入输出位置相同。这个特点有一个好处：输入蝶形的数字后面不会再用。利用这个特点，存储输入的 2N 个存储单元可用来存储蝶形运算的输出；这比直接计算节省一半存储单元。

利用反序和原位运算，可省去蝶形运算的中间符号，例如，将图 5-6 简化为图 5-7。

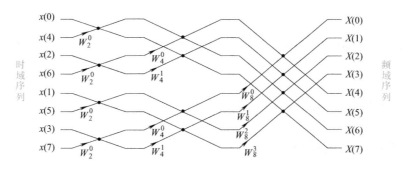

图 5-7　简洁的时域抽取流图

5.3.3　时域抽取的计算量

若把每次分解 DFT 看作一级，如图 5-7 所示，时域抽取的蝶形运算共有 M 级，每级有 $N/2$ 个蝶，每个蝶复数乘 1 次复数加 2 次。所以，时域抽取算法需复数乘 $MN/2$ 次，复数加 MN 次。

这比直接计算的运算量 N^2 少了许多，故时域抽取法的全名叫时域抽取基 2 快速傅里叶变换（Decimation-In-Time radix-2 Fast Fourier Transform），简称 DIT-FFT。

例 5.3　设语音信号的采样率为 6kHz，记录时间为 1s，计算机复数乘 1 次需 3μs，复数加 1 次需 1μs。请问：该信号均分为 6 段，用时域抽取法计算频谱要多少时间？若分为 3 段，要多少时间？

解　因时域抽取法要求 $N=2^M$，当信号分为 6 段时，每段有 1000 个样本，故取 $N=2^{10}$。这时计算机的耗时为

$$6 \times (10 \times 1024/2 \times 3 + 10 \times 1024 \times 1)\mu s \approx 0.15s \tag{5-20}$$

若将信号分为 3 段，每段有 2000 个样本，故取 $N=2^{11}$。这时计算机的耗时为

$$3 \times (11 \times 2048/2 \times 3 + 11 \times 2048 \times 1)\mu s \approx 0.17s \tag{5-21}$$

若信号逐秒连续输入，这两种算法都能实时分析频谱。

例 5.4 设计算机乘法 1 次要 3μs，加法 1 次要 1μs；用它计算 1000 点序列的频谱。请比较直接计算频谱和时域抽取法计算频谱的计算量。

解 若按 DFT 的定义直接计算频谱，取 $N = 1000$，这时计算机的耗时为

$$1000^2 \times (4 \times 3 + 2 \times 1)\,\mu s + 1000 \times 999 \times (2 \times 1)\,\mu s \approx 16s \tag{5-22}$$

若用时域抽取法计算频谱，取 $N = 2^{10}$，这时计算机的耗时为

$$1024 \times 10/2 \times (4 \times 3 + 2 \times 1)\,\mu s + 1024 \times 10 \times (2 \times 1)\,\mu s \approx 92ms \tag{5-23}$$

两种结果相比，$16/0.092 \approx 174$，时域抽取比直接计算快 173 倍。

5.4 频域抽取的快速算法

频域抽取的基本做法是：将离散傅里叶变换的序列从中间分解为等长的两段序列。这种算法要求序列的长

$$N = 2^M \tag{5-24}$$

M 为自然数，以满足序列能不断分解，直到分解为 1 点 DFT。

5.4.1 频域抽取的原理

频域抽取的原理分为两步：第一步将序列按时序的先后分解为两段，第二步是整理序列的频谱表达式。这个过程与时域抽取法有很多相似之处。

1. 分解序列

将 $x(n)$ 按 n 的顺序分解为前后两段，这样 $x(n)$ 的 N 点 DFT 可写为

$$
\begin{aligned}
X(k) &= \sum_{n=0}^{N/2-1} x(n) W_N^{kn} + \sum_{n=0}^{N/2-1} x(N/2 + n) W_N^{k(N/2+n)} \\
&= \sum_{n=0}^{N/2-1} \left[x(n) + x(N/2 + n) W_N^{kN/2} \right] W_N^{kn}
\end{aligned}
\tag{5-25}
$$

它的 $n = 0 \sim N/2 - 1$，但 $k = 0 \sim N - 1$，还没出现真正的 $N/2$ 点 DFT。

2. 整理频谱

为了得到 $N/2$ 点 DFT，根据 k 的偶数奇数将 $X(k)$ 分解为两部分，利用旋转因子的周期性，偶数 k 的频谱

$$
\begin{aligned}
X(2k) &= \sum_{n=0}^{N/2-1} \left[x(n) + x(N/2 + n) W_N^{2kN/2} \right] W_N^{2kn} \\
&= \sum_{n=0}^{N/2-1} \left[x(n) + x(N/2 + n) \right] W_{N/2}^{kn}
\end{aligned}
\tag{5-26}
$$

这时的 n 和 k 都是 $N/2$ 点长，故 $X(2k)$ 是真正的 $N/2$ 点 DFT。

同理，利用旋转因子的对称性，奇数 k 的频谱

$$
\begin{aligned}
X(2k+1) &= \sum_{n=0}^{N/2-1} \left[x(n) + x(N/2+n) W_N^{(2k+1)N/2} \right] W_N^{(2k+1)n} \\
&= \sum_{n=0}^{N/2-1} \left[x(n) - x(N/2+n) \right] W_N^n W_{N/2}^{kn}
\end{aligned}
\tag{5-27}
$$

其 n 和 k 都是 $N/2$ 点长，故 $X(2k+1)$ 也是真正的 $N/2$ 点 DFT。

为了 $X(2k)$ 和 $X(2k+1)$ 的表达式更简洁，令

$$
\begin{cases}
x_0(n) = x(n) + x(N/2+n) \\
x_1(n) = \left[x(n) - x(N/2+n) \right] W_N^n
\end{cases}
\quad (n = 0 \sim N/2 - 1)
\tag{5-28}
$$

这就是频域抽取的基本分解公式，下标表示频序抽取，0 表示抽取偶数 k，1 表示抽取奇数 k。如此安排后，偶奇数频序的频谱为

$$
\begin{cases}
X_0(k) = X(2k) = \displaystyle\sum_{n=0}^{N/2-1} x_0(n) W_{N/2}^{kn} \\
X_1(k) = X(2k+1) = \displaystyle\sum_{n=0}^{N/2-1} x_1(n) W_{N/2}^{kn}
\end{cases}
\quad (k = 0 \sim N/2 - 1)
\tag{5-29}
$$

现在 $X_0(k)$ 和 $X_1(k)$ 都是 $N/2$ 点 DFT，它们的运算量比 $X(k)$ 的运算量少近一半。

5. 4. 2　原理的推广

既然 N 点 DFT 可分为两个 $N/2$ 点 DFT，我们就能对 $N/2$ 点 DFT 继续分解，变成 $N/4$ 点的 DFT。根据频域抽取的基本分解公式，$X_0(k)$ 和 $X_1(k)$ 可分解为 $X_{00}(k)$、$X_{10}(k)$、$X_{01}(k)$ 和 $X_{11}(k)$，下标的二进制表示第 2 次抽取 k 的偶数奇数。不过，用公式分解 DFT 还是麻烦，可以考虑流图。

频域抽取的分解可画为流图，如图 5-8 所示，称为蝶形图，节点左边为输入，右边为输出，节点右上角为输入信号之和，右下角为输入信号之差。

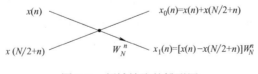

图 5-8　频域抽取的蝶形图

例 5.5　有个 8 点离散傅里叶变换，请用频域抽取的蝶形图描述它的频谱计算过程。

解　频域抽取是对半分解 DFT，8 点 DFT 分解 3 次就为 1 点 DFT。第 1 次分解得 2 个 4 点长序列，如图 5-9 所示，其旋转因子是 W_8^n，$n = 0 \sim 3$；同理，第 2 次分解得 2 点长序列，第 3 次分解得 1 点长序列。表示分解的二进制下标对应输出频谱的频序。

由于频域抽取的分解都是按频序 k 的偶奇数进行，并用二进制表示，当分解到 1 点 DFT 时，序列的下标对应 k 的二进制，它们按反序排列。

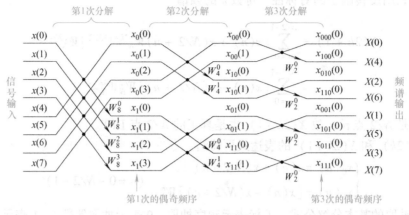

图 5-9　频域抽取流图

频域抽取的蝶形也具有原位运算的特点，故图 5-9 的中间变量符号都可以省略，简化后频域抽取流图如图 5-10 所示。

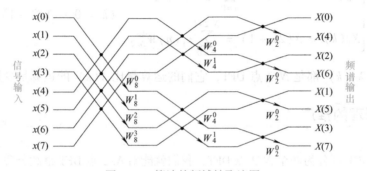

图 5-10　简洁的频域抽取流图

5.4.3　频域抽取的计算量

因频域抽取的序列长 $N = 2^M$，分解 M 次可得 1 点 DFT，若每次分解视为一级，则每级有 $N/2$ 个蝶；所以，全部蝶形的计算需复数乘 $NM/2$ 次，复数加 NM 次。

这比按定义直接计算的运算量 N^2 少了很多，故频域抽取的全称为频域抽取基 2 快速傅里叶变换（Decimation-In-Frequency radix-2 Fast Fourier Transform），简称 DIF-FFT。

5.4.4　两种算法的异同

时域抽取和频域抽快速傅里叶变换异曲同工，都是平分 DFT，并利用旋转因子的周期性和对称性缩短 DFT，它们的运算量相同。

两种算法不同之处在于序号的排列方式，时域抽取快速傅里叶变换的输入根据 n 的偶奇数重新排列，频域抽取快速傅里叶变换的输出根据 k 的偶奇数重新排列。表 5-1 列出两种快速傅里叶变换的特点，流图的蝶从左到右分为 $1 \sim M$ 级，每级蝶按旋转因子分类。

表 5-1   快速傅里叶变换的特点

时 域 抽 取	频 域 抽 取
输入反序	输入顺序
输出顺序	输出反序
第 i 级蝶有 $c = 2^{i-1}$ 种	第 i 级蝶有 $c = 2^{M-i}$ 种
每种蝶有 2^{M-i} 个	每种蝶有 2^{i-1} 个
每个蝶的距离为 2^{i-1} 点	每个蝶的距离为 2^{M-i} 点
同种蝶的距离 $d = 2^i$ 点	同种蝶的距离 $d = 2^{M+1-i}$ 点
旋转因子 $W_d{}^k$ （$k = 0 \sim c-1$）	旋转因子 $W_d{}^n$ （$n = 0 \sim c-1$）
蝶运算为先乘后加	蝶运算为先加后乘

不管那种算法，都有反序问题，这是应用 DFT 时必须解决的。集成电路工程师在开发 DSP 芯片时，已经在结构上作了安排，还设计了相应的指令，使得反序不会困扰数字信号处理。

5.5   反变换的快速算法

离散傅里叶变换的用途很多，如频谱分析、信息提取、快速卷积、信号压缩等，应用傅里叶变换时还要经常做离散傅里叶反变换。在设计产品时，该怎样写反变换的程序呢？直接按 IDFT 定义写，这是种蛮力做法。应该考虑计算机的计算量和存储量，尽量提高效率和降低成本。下面介绍三种反变换算法。

5.5.1   模仿正变换

因离散傅里叶变换的正变换为

$$X(k) = \sum_{n=0}^{N-1} x(n) W_N^{kn} \quad (k = 0 \sim N-1) \tag{5-30}$$

反变换为

$$x(n) = \frac{1}{N} \sum_{k=0}^{N-1} X(k) W_N^{-kn} \quad (n = 0 \sim N-1) \tag{5-31}$$

两者的计算方式除了系数 $1/N$，其他相同；而且，W_N^{kn} 和 W_N^{-kn} 的周期性和对称性相同。这说明，模仿时域抽取或频域抽取都可设计反变换的快速算法，并写出程序。不过，对于既需要正变换又需要反变换的产品，这么做就得写两套程序，需要增加一倍存储器空间。

5.5.2   旋转因子共轭

若抽去正变换和反变换公式的内容，则它们的计算形式都是序列与旋转因子的乘加。正变换的旋转因子 W_N^{kn} 只要取共轭就可变为 W_N^{-kn}；这说明，正变换的程序增加一个取共轭子程序，就可用来计算 $X(k)$ 的反变换。为了与反变换公式完全一致，还要添加乘 $1/N$，DSP 芯片内有移位器，它右移 M 位即等于乘 $1/N$。

5.5.3　频谱共轭

利用复数取两次共轭等于没取，对反变换公式取两次共轭，即

$$x(n) = \left\{ \frac{1}{N} \sum_{k=0}^{N-1} [X(k) W_N^{-kn}]^* \right\}^*$$

$$= \frac{1}{N} \left\{ \sum_{k=0}^{N-1} X^*(k) W_N^{kn} \right\}^*$$

(5-32)

花括号内的运算和正变换的形式完全相同。所以，添加两个子程序，一个子程序取 $X(k)$ 的共轭，另一个取正变换结果的共轭并乘 $1/N$，就可用正变换的程序计算反变换了。

5.6　实数序列的快速算法

前面介绍的快速傅里叶变换适用于实数或复数序列，为了程序的通用性，快速傅里叶变换大多按复数序列编写程序。

由于许多信号都是实数序列，怎样计算实数序列的快速傅里叶变换呢？简单的做法是，另外写一个快速傅里叶变换的程序。不过，这么做有点浪费。下面介绍三种方法，它们都能利用复数序列的快速傅里叶变换。

5.6.1　直接运用

把实数序列当作虚部为 0 的复数序列，然后用快速傅里叶变换程序进行计算。可是，计算机不是人，它不知道虚部 0 是不用计算的。若考虑计算机对这种虚部的运算量和存储量，这种开销很大。从设备成本的角度考虑，这种方法不好。

5.6.2　合二为一

这种方法运行一次快速傅里叶变换程序，可得两个实数序列的频谱。其原理是：先用两个等长实数序列 $x_1(n)$ 和 $x_2(n)$ 合成复数序列 $x(n)$，即

$$x(n) = x_1(n) + jx_2(n) \quad (n = 0 \sim N-1)$$

(5-33)

然后，用快速傅里叶变换程序计算其频谱 $X(k)$；最后，根据离散傅里叶变换的共轭对称性，

$$\begin{cases} X_1(k) = \dfrac{X(k) + X^*[(-k)_N]}{2} \\ X_2(k) = \dfrac{X(k) - X^*[(-k)_N]}{j2} \end{cases} \quad (k = 0 \sim N-1)$$

(5-34)

从 $X(k)$ 中分离出 $x_1(n)$ 和 $x_2(n)$ 的频谱 $X_1(k)$ 和 $X_2(k)$。

分离 $X_1(k)$ 或 $X_2(k)$，只需要复数加 N 次，除以 2 只是移位器右移 1 位，与 $X(k)$ 的复数加 NM 次相比运算量少。这种合二为一的方法可谓一举两得。

5.6.3　一分为二

这种方法先将 N 点实数 $x(n)$ 按 n 的偶奇数分为 $x_0(r)=x(2r)$ 和 $x_1(r)=x(2r+1)$，$r=0\sim N/2-1$，并组成复数 $y(r)=x_0(r)+\mathrm{j}x_1(r)$；其次，用快速傅里叶变换程序计算 $y(r)$ 的频谱 $Y(k)$，$k=0\sim N/2-1$，用 DFT 的共轭对称性获取

$$\begin{cases} X_0(k)=\dfrac{Y(k)+Y^*[(-k)_{N/2}]}{2} \\[3mm] X_1(k)=\dfrac{Y(k)-Y^*[(-k)_{N/2}]}{\mathrm{j}2} \end{cases} \quad (k=0\sim N/2-1) \tag{5-35}$$

最后，根据时域抽取分解公式，得 $x(n)$ 的频谱

$$\begin{cases} X(k)=X_0(k)+W_N^k X_1(k) \\[2mm] X(N/2+k)=X_0(k)-W_N^k X_1(k) \end{cases} \quad (k=0\sim N/2-1) \tag{5-36}$$

因 $y(n)$ 比 $x(n)$ 长度减半，若 M 远大于 1，这种算法的运算量比直接快速计算 $X(k)$ 的运算量减少近一半。

5.7　快速傅里叶变换的应用

准确地说，离散傅里叶变换是分析和综合序列的理论，快速傅里叶变换是计算离散傅里叶变换的策略。下面介绍快速傅里叶变换的应用。

5.7.1　信号分析

信号是事物运动变化的一种表现，信号的频谱是事物变化的重要特征。用计算机分析频谱时，速度很重要，它与计算量有关。

例 5.6　设导弹的最高时速 $v=2000\mathrm{km/h}$，导弹预警雷达发射的微波信号 $x(t)=\cos(2\pi f_0 t)$，$f_0=30000.2\mathrm{MHz}$，目标的反射信号 $y(t)=\cos(2\pi f_0(t-r))$，r 是 $x(t)$ 来回的时间。求反射信号 $y(t)$ 的采样频率。

若每 3s 发射一次 0.1ms 宽的微波脉冲 $x(t)$，且每隔 3ms 记录一段 2ms 长的 $y(t)$，计算机复数乘 1 次需 20ns，复数加 1 次需 10ns。求直接计算和快速计算能否实时频谱分析。

解　该信号的特点是高频、带通和脉冲。

（1）采样频率

确定采样频率前要知道 $x(t)$ 的带宽。设雷达和目标的距离为 $d(t)$，如图 5-11 所示，用泰勒级数表示为

$$d(t) = d(0) + \frac{d'(0)}{1!}t + \frac{d''(0)}{2!}t^2 + \cdots \tag{5-37}$$
$$\approx d(0) + d'(0)t$$

图 5-11 雷达和导弹

$d(0)$ 和 $d'(0)$ 为导弹 $t=0$ 时的距离和速度。信号往返的时间 $r = 2d(t)/c$，$c = 3 \times 10^8 \text{m/s}$ 为电磁波传播速度，所以，反射信号

$$y(t) \approx \cos(2\pi f_0(t - 2(d(0) + d'(0)t)/c)) \tag{5-38}$$
$$= \cos(2\pi f_0(1 - 2d'(0)/c)t - 4\pi d(0)f_0/c)$$

雷达频率因导弹运动发生偏移，根据 $v = 2000\text{km/h}$，最大频偏 $\Delta f = 2d'(0)f_0/c \approx 111.2\text{kHz}$。考虑 $f_H = f_0 + \Delta f$ 和 $f_0 = 30000.2\text{MHz}$，为满足带通采样定理 $f_H = 2n\Delta f$，取 $\Delta f = 200\text{kHz}$ 可让 n 为整数，故采样频率 $f_s = 800\text{kHz}$。

（2）频谱分析

因 2ms 的信号样本有 1600 个，根据频域采样定理，取 $N = 1600$，得按定义直接计算频谱的时间约 76.8ms，它大于 3ms 间隔，故不能实时分析反射信号。

按快速傅里叶变换计算频谱时，取 $N = 2^{11}$，其频谱计算的时间约 0.45ms，小于 3ms 间隔，故可实时分析频谱。

5.7.2 线性卷积

线性卷积是加工信号的工具，若信号 $x(n)$ 和系统 $h(n)$ 长 2^M，则它们卷积 $y(n)$ 的长为 $2^{M+1} - 1$，需实数乘加各约 2^{2M+1} 次。

循环卷积可替代线性卷积，如图 5-12 所示，将 $x(n)$ 和 $h(n)$ 的尾部补零变为 2^{M+1} 点长。若不考虑 $H(k)$ 和逆变换的 $1/N$，这种系统需复数乘 $2^{M+1}(M+2)$ 次，复数加 $2^{M+2}(M+1)$ 次。

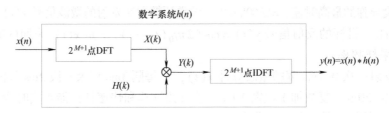

图 5-12 快速卷积

两种方法相比，循环卷积的做法远比线性卷积的运算量少。所以利用 FFT 计算卷积的算法称快速卷积（Fast Convolution）。

例 5.7　设信号 $x(n)$ 和系统 $h(n)$ 长 2^{10}，计算机乘 1 次要 10ns，加 1 次要 5ns。求计算机直接卷积和快速卷积的时间。

解　（1）直接卷积

因线性卷积的非 0 值长为 $2 \times 2^{10} - 1$，故计算卷积需乘约 2×2^{20} 次，加约 2×2^{20} 次，共耗时 31.5ms。

（2）快速卷积

为满足循环卷积代替线性卷积的条件，给 $x(n)$ 和 $h(n)$ 加长到 2^{11}。因处理信号时 $H(k)$ 不需计算，忽略 $1/N$，复数乘 1 次需 4 次乘和 2 次加，复数加 1 次需 2 次加，所以，快速卷积耗时约 1.7ms。

快速卷积比直接卷积快 18 倍。

例 5.8　设信号 $x(n)$ 长 100k，系统 $h(n)$ 长 16，DSP 芯片乘加 1 次耗时都是 1ns。请问直接卷积和快速卷积的时间。

解　因 $x(n)$ 和 $h(n)$ 的卷积可写为

$$y(n) = \sum_{i=0}^{16-1} h(i)x(n-i) \tag{5-39}$$

故 $y(n)$ 长 100015 点。对于直接卷积，需乘 1600240 次加 1500225 次，耗时约 3.1ms。

对于快速卷积，$x(n)$ 和 $h(n)$ 的长都取 $N = 2^{17} = 131072$，其卷积要复数乘 $2^{17} \times 18$ 次，复数加 $2^{17} \times 17 \times 2$ 次，耗时约 23.1ms。这说明：若两序列长度相差太大，快速卷积就没有优势。

实践中，信号的长度往往比系统的长很多；面对这种情况，快速卷积怎么办呢？办法是分解序列。分解的办法有重叠相加法和重叠保留法。

1. 重叠相加法

这种分解的原理是：将输入信号分段（Block），相邻段不重叠，如图 5-13 所示，每段分别与系统卷积，组合这些卷积即得输出。由于各段卷积比输入长，组合的卷积有重叠，故这种分段卷积称为重叠相加卷积法（Overlap-add Convolution Method），简称重叠相加法。

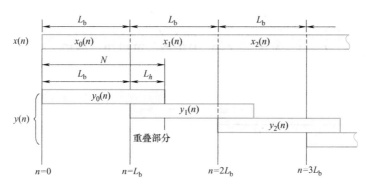

图 5-13　重叠相加法

重叠相加法的具体做法：首先，将长 L_x 的 $x(n)$ 分为 I 段，每段 $x_i(n)$ 长 L_b，$I = \lceil L_x \div L_b \rceil$，$i = 0 \sim I - 1$，若最后一段 $x_{I-1}(n)$ 长度不足 L_b，给它尾部添零到长为 L_b；L_b

⊖　$\lceil \; \rceil$ 表示向上取整数。

根据实际情况确定，一般取 L_b 与系统 $h(n)$ 的长 L_h 相当。其次，$x_i(n)$ 分别与 $h(n)$ 快速卷积，得

$$y_i(n) = x_i(n) * h(n) \qquad (5\text{-}40)$$

快速卷积的长 N 必须满足 $N = 2^M \geqslant L_b + L_h - 1$。最后，组合这些卷积 $y_i(n)$ 即得实际的输出，

$$y(n) = x(n) * h(n) = \sum_{i=0}^{I-1} x_i(n) * h(n) = \sum_{i=0}^{I-1} y_i(n) \qquad (5\text{-}41)$$

2. 重叠保留法

这种分解的原理是：将输入信号分段，各段信号的首部为前段信号的尾部，如图 5-14 所示，各段信号与系统卷积后连接起来就是输出。由于各段信号重叠，故这种分段卷积称为重叠保留卷积法（Overlap-save Convolution Method），简称重叠保留。

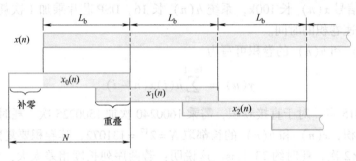

图 5-14　重叠保留法

重叠保留法的具体做法是：首先，将 $x(n)$ 分为长 N 点的段 $x_i(n)$，$N > L_h$，每段的首部有 $L_h - 1$ 点是与前段重叠的，第一段 $x_0(n)$ 首部加 $L_h - 1$ 个零。其次，$x_i(n)$ 分别与系统 $h(n)$ 快速卷积。

因各段循环卷积与线性卷积的关系为

$$y_{iC}(n) = \sum_{k=-\infty}^{\infty} y_{iL}(n - Nk) \qquad (5\text{-}42)$$

如图 5-15 所示，在 $n = 0 \sim N - 1$ 的 $y_{iC}(n) = y_{iL}(n) + y_{iL}(n + N)$，故 $n = 0 \sim L_h - 2$ 的 $y_{iC}(n)$ 有重叠，不能用，$n = L_h - 1 \sim N$ 的 $y_{iC}(n)$ 无重叠，可以用。最后，将有用的 $y_{iC}(n)$ 依次输出，即得实际的输出。

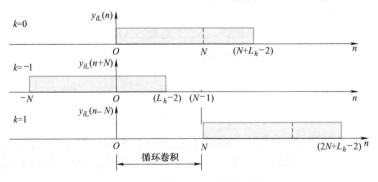

图 5-15　循环卷积和线性卷积

例 5.9　设信号 $x(n) = [1,1,1,2,2,2,1,1,1,0,0,0,-1,-1,-1,-2,-2,-2]$，系统
$h(n) = [1,1,-1,-1]$。请介绍重叠保留法的快速卷积。

解　首先，根据重叠保留法的要求 $N > L_h$，选 $N = 8$，得 $x_i(n)$ 的净长 $L_b = N - L_h + 1 = 5$，
如图 5-16 所示。第一段首部补 3 个零，最后一段 $x_3(n)$ 的尾部补 2 个零，得

$$\begin{cases} x_0(n) = [0,0,0,1,1,1,2,2] \\ x_1(n) = [1,2,2,2,1,1,1,0] \\ x_2(n) = [1,1,0,0,0,-1,-1,-1] \\ x_3(n) = [-1,-1,-1,-2,-2,-2,0,0] \\ x_4(n) = [-2,0,0,0,0,0,0,0] \end{cases} \quad (5\text{-}43)$$

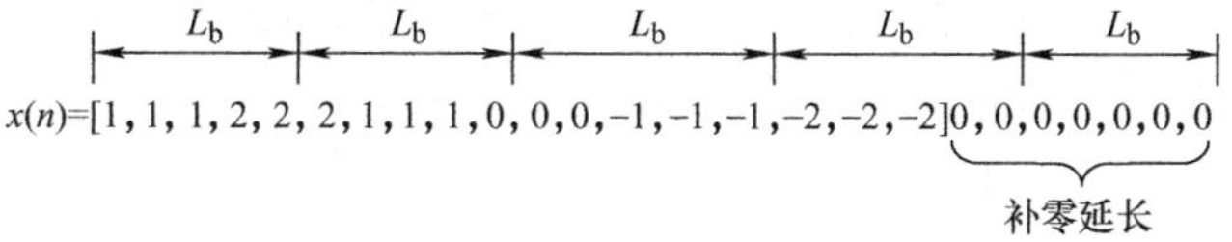

$x(n)=[1,1,1,2,2,2,1,1,1,0,0,0,-1,-1,-1,-2,-2,-2|0,0,0,0,0,0,0]$

补零延长

图 5-16　信号分解

增加 $x_4(n)$ 是因 $x_3(n)$ 的非 0 值出现在 $x_4(n)$。其次，用快速卷积得

$$\begin{cases} y_0(n) = [-1,-4,-2,1,2,1,1,2] \\ y_1(n) = [-1,2,3,1,-1,-2,-1,-1] \\ y_2(n) = [2,4,1,-2,-1,-1,-2,-1] \\ y_3(n) = [1,-2,-1,-1,-2,-1,2,4] \\ y_4(n) = [-2,-2,2,2,0,0,0,0] \end{cases} \quad (5\text{-}44)$$

舍弃 $y_i(n)$ 前 3 个数字，保留后 5 个数字。最后，将保留的数字依次连接起来，即得实际输
出 $y(n)$，

$$y(n) = [1,2,1,1,2,1,-1,-2,-1,-1,-2,-1,-1,-2,-1,-1,-2,-1,2,4,2,0,0,0,0] \quad (5\text{-}45)$$

5.7.3　线性相关

相关序列能给出两段信号的相似程度和时间。若有限长实数序列 $x(n)$ 的 $n = 0 \sim I - 1$，
$y(n)$ 的 $n = 0 \sim J - 1$，则它们的相关

$$r_{xy}(n) = \sum_{i=0}^{I-1} x(i) y(i+n) \quad (5\text{-}46)$$

该相关的非 0 值在 $n = -I + 1 \sim J - 1$，长度为 $I + J - 1$。根据 DTFT 定义，

$$R_{xy}(\omega) = X^*(\omega) Y(\omega) \quad (5\text{-}47)$$

若按采样定理选 $N \geqslant I + J - 1$，则循环相关

$$r_{xyC}(n) = \text{IDFT}[X^*(k) Y(k)] \quad (5\text{-}48)$$

式中，$n = 0 \sim N - 1$。循环相关的 $X^*(k)$、$Y(k)$ 和 IDFT 用 FFT 计算。故用 FFT 计算相关
的方法称快速相关。

值得注意的是：$r_{xyC}(n)$ 的 $n = 0 \sim N-1$，而 $r_{xy}(n)$ 的 $n = -I+1 \sim J-1$。因 DFT 是 DFS 的主值序列，故 $r_{xy}(n) = r_{xyC}[(n)_N]$，即 $r_{xy}(-I+1 \sim -1) = r_{xyC}(N-I+1 \sim N-1)$，$r_{xy}(0 \sim J-1) = r_{xyC}(0 \sim J-1)$。

例 5.10 设序列 $x(n) = [1\ 2\ 1\ 0\ 1]$，$y(n) = [1\ 0\ 1\ 2\ 1\ -1]$。求它们的直接相关和快速相关 $r_{xy}(n)$。

解 设 $x(n)$ 的 $n = 0 \sim 4$，$y(n)$ 的 $n = 0 \sim 5$。

（1）直接相关

根据定义，$x(n)$ 和 $y(n)$ 的互相关

$$r_{xy}(n) = \sum_{i=0}^{4} x(i)y(i+n) \tag{5-49}$$

非 0 值的 $n = -4 \sim 5$。当 $n = 0$ 时，$r_{xy}(0) = 1 + 1 + 1 = 3$，如图 5-17 所示。当 $n = 1$ 时，$y(i+1)$ 是 $y(i)$ 左移 1 点的结果，这时 $x(i)$ 与 $y(i+1)$ 相比得 $r_{xy}(1) = 3$。如此计算，得 $n = -4 \sim 5$ 的 $r_{xy}(n) = [1\ 0\ 2\ 4\ 3\ 3\ 6\ 3\ -1\ -1]$。

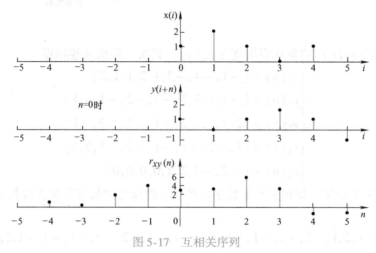

图 5-17　互相关序列

（2）快速相关

因 $I = 5$ 和 $J = 6$，相关序列非 0 值的长为 10 点；故快速相关应选 $N = 16$，用 FFT 计算 16 点 $X^*(k)$ 和 $Y(k)$，再计算 $X^*(k)Y(k)$ 的反变换，得

$$r_{xyC}(n) = [3\ 3\ 6\ 3\ -1\ -1\ 0\ 0\ 0\ 0\ 0\ 0\ 1\ 0\ 2\ 4] \quad (n = 0 \sim 15) \tag{5-50}$$

由于 $r_{xy}(n) = r_{xyC}[(n)_N]$，故 $n = -4 \sim -1$ 的 $(n)_{16} = 12 \sim 15$ 和 $r_{xy}(n) = [1\ 0\ 2\ 4]$，$n = 0 \sim 5$ 的 $r_{xy}(n) = [3\ 3\ 6\ 3\ -1\ -1]$。组合后得 $n = -4 \sim 5$ 的 $r_{xy}(n) = [1\ 0\ 2\ 4\ 3\ 3\ 6\ 3\ -1\ -1]$。

5.7.4　窄带分析

有限长信号的 DFT 是其 z 变换在单位圆上均匀采样的结果，是观察极点的工具。极点对应信号的主要成分，极点越近单位圆，其波峰越清楚，反之波峰越模糊。

若极点不在单位圆附近，怎样用 DFT 观察呢？方法是改变 z 变量的变换轨迹，使其轨迹靠近极点。一种方法是缩小 z 的半径 r，$r < 1$，即

$$z = re^{j\frac{2\pi}{N}k} \tag{5-51}$$

$k = 0 \sim N - 1$ 就是在 $\omega = 0 \sim 2\pi$ 上采样 N 点，这样的离散频谱

$$X(k) = \sum_{n=0}^{N-1} x(n) r^{-n} \mathrm{e}^{-\mathrm{j}\frac{2\pi}{N}kn} \tag{5-52}$$

它相当于序列 $x(n) r^{-n}$ 的 DFT，对它可以应用 FFT。

　　另一种方法是 z 变量按螺旋线变化，让 z 从 $A = a\mathrm{e}^{\mathrm{j}b}$ 点出发，旋转一段角度，即

$$z = A (r\mathrm{e}^{\mathrm{j}\Delta\omega})^k = ar^k \mathrm{e}^{\mathrm{j}(\Delta\omega k + b)} \tag{5-53}$$

$k = 0 \sim K - 1$。这样就可使 z 的半径 ar^k 随 k 变化，角度随 $\Delta\omega k + b$ 变化，在局部频率 $[b,\ \Delta\omega(K-1) + b]$ 内观察频谱。例如，设窄带信号 $x(n)$ 长 R 点，则其离散频谱

$$\begin{aligned}
X(k) &= \sum_{n=0}^{R-1} x(n) \left[A (r\mathrm{e}^{\mathrm{j}\Delta\omega})^k \right]^{-n} \\
&= \sum_{n=0}^{R-1} x(n) A^{-n} V^{-nk} \quad (V = r\mathrm{e}^{\mathrm{j}\Delta\omega})
\end{aligned} \tag{5-54}$$

一般 K 小于 R，故该离散频谱 $X(k)$ 不是 DFT，不能应用 FFT 算法。

　　若能把 $X(k)$ 变为卷积，就可以用快速卷积的算法。做法是利用

$$nk = \frac{1}{2} \left[n^2 + k^2 - (k - n)^2 \right] \tag{5-55}$$

将离散频谱变为

$$X(k) = V^{-k^2/2} \sum_{n=0}^{R-1} \left[x(n) A^{-n} V^{-n^2/2} \right] V^{(k-n)^2/2} \tag{5-56}$$

式中，$\sum$ 部分相当于 $x(k) A^{-k} V^{-k^2/2}$ 和 $V^{k^2/2}$ 的线性卷积，卷积的非 0 值 $k = -R + 1 \sim R + K - 2$。若用循环卷积代替该卷积，并保证 $k = 0 \sim K - 1$ 的部分无混叠失真，则循环卷积的长 $N = 2^M \geqslant R + K - 1$；这样就可用 FFT 计算循环卷积，得到的结果再乘 $V^{-k^2/2}$ 便是 $X(k)$。

　　上述算法的 $V^{k^2/2}$ 可作为系统

$$h(n) = V^{n^2/2} = r^{n^2/2} \mathrm{e}^{\mathrm{j}(\Delta\omega n/2)n} \tag{5-57}$$

其数字角频率 $\Delta\omega n/2$ 随 n 线性变化，可产生鸟叫声，故按螺旋线变化的 z 变换称为 Chirp-Z 变换（Chirp-Z Transform），简称 CZT。

　　例 5.11　设信号 $x(n)$ 长 4000 点，用 Chirp-Z 变换观察 $x(n)$ 的局部频谱 3000 点，即

$$X(k) = \sum_{n=0}^{R-1} x(n) A^{-n} V^{-nk} \quad (k = 0 \sim K - 1) \tag{5-58}$$

$x(n) A^{-n}$ 和 V^{-nk} 事先已经算好，请问按定义直接计算 $X(k)$ 需复数乘和复数加多少次，用 FFT 计算 $X(k)$ 需复数乘和复数加多少次？

　　解　（1）直接计算

　　按定义直接计算 $X(k)$ 时，计算 $k = 0$ 的 $X(k)$ 需复数乘 R 次，复数加 $R - 1$ 次，故计算全部 $X(k)$ 的工作量是：复数乘 $RK = 12\mathrm{M}$ 次，复数加 $(R-1)K \approx 12\mathrm{M}$ 次。

　　（2）间接计算

　　用 FFT 计算 $X(k)$ 时，根据

$$X(k) = V^{-k^2/2} \sum_{n=0}^{R-1} \left[x(n) A^{-n} V^{-n^2/2} \right] V^{(k-n)^2/2} \tag{5-59}$$

令 $y(k) = x(k)A^{-k}V^{-k^2/2}$ 和 $h(k) = V^{k^2/2}$，因 $x(n)$ 长 R 点和 $X(k)$ 长 K 点，故循环卷积的长取 $N = 2^M \geq R + K - 1$。这时，$y(k)$ 需复数乘 R 次，$Y(i)$ 和 $H(i)$ 需复数乘 NM 次，复数加 2NM 次，$Y(i)H(i)$ 需复数乘 N 次，$Y(i)H(i)$ 反变换需复数乘 NM/2 次，复数加 NM 次，乘 $V^{-k^2/2}$ 需复数乘 K 次。全部 $X(k)$ 的工作量是：复数乘 $R + 1.5NM + N + K \approx 175k$ 次，复数加 $3NM \approx 319k$ 次。

本章介绍了时域和频域抽取算法，它们能减少离散傅里叶变换的计算量，提高信号分析、线性卷积和线性相关的速度。

第 2 章和第 3 章介绍的是信号处理的原理，第 4 章和第 5 章介绍的是信号处理的方法，第 6～8 章介绍的是数字系统的设计。

下一章介绍数字系统的标准和结构。

5.8 习题

1. 快速傅里叶变换是不是一种傅里叶变换？

2. 设计算机复数乘 1 次需 4μs，复数加 1 次需 1μs，信号分析是逐段计算和显示频谱的，每段信号长 1024 点。请问，若按 DFT 定义直接计算频谱，这样的设备能实时处理的信号最高频率 f_M 是多少？若用 FFT 计算频谱，情况将如何呢？

3. 设序列长 4 点，请画出其时域抽取快速傅里叶变换的信号流图，并说出其实数计算量。

4. 请画出 $N = 16$ 的基 2 频域抽取法快速傅里叶变换的流图，并指出它分解的特点。

5. 请问快速傅里叶变换有几种基本方法，它们对信号长度的要求，它们的复数计算量？

6. 请指出时域抽取和频域抽取快速傅里叶变换的三个主要区别。

7. 设图像信号的采样率为 5MHz，采样后的信号分段处理，每段信号有样本 1024 个。若计算机乘 1 次需 1ns 加 1 次需 1ns，请问每段信号做 DFT 和 IDFT 后还剩多少时间？

8. 设复数序列 $x(n)$ 长 1024 点，$h(n)$ 长 L 点，$L < 1024$，计算 $x(n)$ 和 $h(n)$ 的速度以复数乘为准，若不考虑 IDFT 的 $1/N$，请问 L 为何值时，直接卷积比 FFT 卷积的速度快？

9. 设实数序列 $x_1(n)$ 和 $x_2(n)$ 组成复数序列 $x(n) = x_1(n) + jx_2(n)$，用 FFT 得 $X(k)$，那么，根据 DFT 的共轭对称性可从 $X(k)$ 直接得到 $X_1(k)$ 和 $X_2(k)$。请证明该共轭对称性。

$$\begin{cases} X_1(k) = \dfrac{X(k) + X^*[(-k)_N]}{2} \\ X_2(k) = \dfrac{X(k) - X^*[(-k)_N]}{j2} \end{cases} \quad (k = 0 \sim N-1)$$

10. 对于实数序列 $x(n)$ 的 2048 点 DFT，若直接用 FFT 算法需多少复数加？若用一分为二的 FFT 需多少复数加？

11. 台风会使桥梁振动。若用快速傅里叶变换计算振动的频谱，振动的最高频率为 400Hz，要求频率分辨率（Frequency Resolution）$\Delta f \leq 0.1$Hz，$\Delta f = f_s / N$。请选择最小采样率 f_s 和最少样本量 N。

12. 设复数序列 $x(n)$ 长 8300，$h(n)$ 长 512，请比较 $x(n)$ 和 $h(n)$ 直接卷积和 FFT 重叠相加法的复数乘，不考虑 IDFT 的 $1/N$。

13. 设复数序列 $x(n)$ 长 8192，$h(n)$ 长 512，请比较 $x(n)$ 和 $h(n)$ 直接卷积和 FFT 重叠保留法的复数加。

14. 设杭州和开罗在春分当日的天空亮度样本 $x(n) = \sin(0.26n)$ 和 $y(n) = \sin[0.26(n-6)]$，各长 26 点，波形如图 5-18 所示，采样周期为 1h。请用 FFT 计算 $x(n)$ 和 $y(n)$ 的互相关序列 $r_{xy}(n)$，并分析其特点。

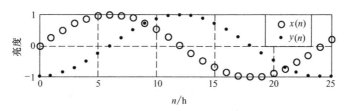

图 5-18　亮度信号

15. 设信号 $x(n)$ 含一正弦波，其 z 变换

$$X(z) = \frac{1}{1 + 0.25z^{-2}} + 0.01z^{-1} + 0.01z^{-5} \quad (|z| > 0.5)$$

请画出 $X(z)$ 在单位圆和螺旋线上的离散频谱，并指出该正弦波的频率，单位圆上采样 10 点，螺旋线从 A 到 B 点采样 5 点，$A = 0.6e^{j0.3\pi}$，$B = 0.5e^{j0.7\pi}$。

16. 准确地说，频率分辨率指能分解的相邻频率距离。以采样率 1024Hz 对模拟信号 $x(t) = 1.3\sin(2\pi f_1 t) + \sin(2\pi f_2 t)$ 采样 256 个样本，$f_1 = 300$Hz 和 $f_2 = 300 + \Delta f$。请用 MATLAB 的 fft 回答：

（1）若 $\Delta f = 2$Hz，用 512、1024 或 2048 点基 2FFT 能否分解这两个频率成分？

（2）该 FFT 能分解的最小 Δf 是多少？

（3）怎样使频率分辨率等于 3Hz？

习题参考答案

6
第6章
数字滤波的系统

信号分析让我们认识了信号的成分，抑制和提取成分是通信的一项重要任务。从持续时间很长的信号中抑制和提取成分称为滤波。

用模拟电路对信号滤波时，采用电阻、电容和电感元件构建电路，用晶体管配合可增强滤波效果。模拟滤波电路也叫模拟滤波器，最简单的滤波器如图 6-1 所示，电容存储电荷的特点使高频成分被衰减。

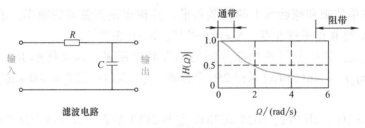

图 6-1　最简模拟滤波器

模拟滤波器的优点是简单、实时性好，其性能取决于元件的参数，而这些参数对元件的环境湿度、温度等非常敏感，故模拟滤波器精度差。增加阻带衰减和减小过渡带要更多电抗元件，提取成分的频率越低，元件的体积越大；元件太多，电路容易自激，稳定性下降；这些都是模拟滤波器的缺点。这些缺点模拟电路很难克服，数字系统却容易解决。

6.1　数字滤波的概念

数字系统是数字计算机，其信号处理是计算机按程序计算数字信号，程序代表计算方式。调整信号频谱的计算方式称数字滤波，实现这种功能的数字系统称为数字滤波器，如图 6-2 所示，核心是数字信号处理器。

对数字滤波器来说，功能就是程序，不用增加元件，不受元件误差的影响，对低频信号的处理不用增加体积，彻底摆脱了模拟滤波器被元件限制的困扰。

模拟滤波器的角频率 Ω 范围是 $0 \sim \infty$，实际设计产品时，重点考虑有用范围。典型的模拟滤波器按通过的频率成分划分，如低通、高通、带通和带阻滤波器，其理想幅频特性如图 6-3

图 6-2　数字滤波器

所示，阴影表示能顺利通过滤波器的频率成分，角频率 Ω_c 是划分能否通过的界限，称为截止频率（Cutoff Frequency）。例如：低通滤波器允许 $[0, \Omega_c]$ 的成分通过，其他成分禁止通过；带通滤波器允许 $[\Omega_L, \Omega_H]$ 的成分通过，其他成分禁止通过。成分能顺利通过的频率范围称为通带（Passband），否则称为阻带（Stopband）。

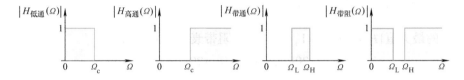

图 6-3　理想模拟滤波器的幅频特性

数字滤波器是离散时间系统，其频谱具有周期性，一般以数字角频率 $[0, 2\pi)$ 为主值区间，其他区间的特性都是主值区间特性的重复。典型的数字滤波器有低通、高通、带通和带阻滤波器，其理想幅频特性如图 6-4 所示，阴影表示通带，其他为阻带。例如：低通滤波器允许 $\omega = 0 \sim \omega_c$ 的成分通过，$\omega_c \sim \pi$ 的成分被禁止；$\pi \sim 2\pi$ 的频谱和 $\pi \sim 0$ 的频谱对称，它对应 $-\pi \sim 0$ 的频谱。利用频谱的周期和对称性可提高学习效率。

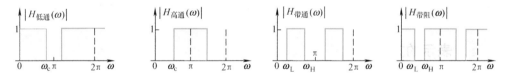

图 6-4　理想数字滤波器的幅频特性

理想滤波器的频谱简单又直观，但这种频谱的系统不是因果系统，做不出来；我们只是以它为模型，尽量地逼近，代价是系统的复杂度和成本。

怎样才算逼近理想滤波器呢？这需要指标来衡量。

6.2　数字滤波的指标

实际滤波器的通带和阻带都允许有误差，不必像理想滤波器完全是水平；还有，实际滤波器的通带和阻带之间允许有过渡，不必像理想滤波器完全是垂直。

数字滤波比模拟滤波优越，所以要求更高，指标也更多。模拟滤波器的指标有半功率点截止频率 Ω_c。数字滤波器有通带截止频率、阻带截止频率、通带最大衰减和阻带最小衰减，如图 6-5 所示，通带截止频率 ω_p 也称为通带边界频率（Passband Edge Frequency），δ_p 是通带允许的偏差，简称通带波动（Passband Ripple），阻带截止频率 ω_s 也称为阻带边界频率

（Stopband Edge Frequency），δ_s 是阻带允许的偏差，简称阻带波动（Stopband Ripple），$\omega_p \sim \omega_s$ 称过渡带（Transition Width）。

若通带和阻带波动用分贝表示，则称为通带和阻带衰减（Attenuation），用符号 A_p 和 A_s 表示，定义是

$$\begin{cases} A_p = 20\lg \dfrac{|H(\omega)|_{\max}}{|H(\omega_p)|} \text{ dB} \\ A_s = 20\lg \dfrac{|H(\omega)|_{\max}}{|H(\omega_s)|} \text{ dB} \end{cases} \tag{6-1}$$

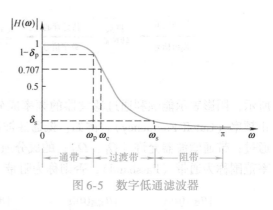

图6-5　数字低通滤波器

若幅频特性的最大值 $|H(\omega)|_{\max} = 1$，则通带和阻带衰减可简化为

$$\begin{cases} A_p = -20\lg|H(\omega_p)| = -20\lg(1 - \delta_p) \text{ dB} \\ A_s = -20\lg|H(\omega_s)| = -20\lg(\delta_s) \text{ dB} \end{cases} \tag{6-2}$$

当 $H(\omega)$ 的幅度降到最大值的 $1/\sqrt{2}$，对应的角频率 ω_c 称为 3dB 截止频率或半功率点截止频率。准确地说，通带衰减是通带最大衰减，阻带衰减是阻带最小衰减。

6.3　数字滤波的表示

数字滤波的表示方法很多，是因人们需从不同方面反映滤波原理和设计技巧。

6.3.1　表示的方法

系统函数、频率响应、差分方程、单位脉冲响应、卷积、零极点图、框图、流图等都是表示数字滤波的方法。

1. 系统函数

系统函数也叫传递函数（Transfer Function），它表示系统输出和输入的 z 变换关系，表达式为

$$\begin{aligned} H(z) = \frac{Y(z)}{X(z)} &= \frac{b_0 + b_1 z^{-1} + b_2 z^{-2} + \cdots + b_M z^{-M}}{1 + a_1 z^{-1} + a_2 z^{-2} + \cdots + a_N z^{-N}} \\ &= \frac{\displaystyle\sum_{m=0}^{M} b_m z^{-m}}{1 + \displaystyle\sum_{r=1}^{N} a_r z^{-r}} = b_0 \frac{\displaystyle\prod_{m=1}^{M} (1 - c_m z^{-1})}{\displaystyle\prod_{r=1}^{N} (1 - d_r z^{-1})} \end{aligned} \tag{6-3}$$

从计算机考虑，系统函数表示滤波的算法，如复变量 z^{-1} 表示信号延时 1 个样本。

系统函数的因式 $1 - c_m z^{-1}$ 或 $1/(1 - d_r z^{-1})$ 可看作独立单元，它们可级联或并联，组成复杂的系统。例如，系统函数

$$H(z) = \frac{1 - z^{-1}}{1 - 0.5z^{-1}} \quad (|z| > 0.5) \tag{6-4}$$

若令 $H_1(z) = 1 - z^{-1}$ 和 $H_2(z) = 1/(1 - 0.5z^{-1})$ 为单元，则 $H(z)$ 可写为

$$H(z) = H_1(z)H_2(z) \tag{6-5}$$

或者

$$H(z) = H_2(z)H_1(z) \tag{6-6}$$

这种结构称为级联（Cascade）或串联。理论上，级联的先后不影响系统的性能；实际上，计算机的数字位数有限，计算存在误差，故级联的先后对计算结果有影响。

如果令 $H_1(z) = 2$ 和 $H_2(z) = -1/(1 - 0.5z^{-1})$ 为单元，则 $H(z)$ 还可写为

$$H(z) = H_1(z) + H_2(z) \tag{6-7}$$

这种结构称为并联（Parallel）。

2. 频率响应

频率响应（Frequency Response）是单位脉冲响应的频谱，也是系统的输出输入频谱比值，

$$H(\omega) = \sum_{n=0}^{\infty} h(n) \mathrm{e}^{-\mathrm{j}\omega n} = \frac{Y(\omega)}{X(\omega)} = H(z)\mid_{z = \mathrm{e}^{\mathrm{j}\omega}} \tag{6-8}$$

它说明，信号处理的本质是频谱调整，系统的功能是挑选成分，就像筛子挑选东西，这是系统俗称滤波器的原因。$H(\omega)$ 可用来计算滤波器的频谱，它与系统函数 $H(z)$ 的关系是 $z = \mathrm{e}^{\mathrm{j}\omega}$。

3. 差分方程

差分方程（Difference Equation）的写法是

$$y(n) = \sum_{m=0}^{M} b_m x(n-m) - \sum_{r=1}^{N} a_r y(n-r) \tag{6-9}$$

它表示系统当前的输出与现在的输入有关，还与以前的输入输出有关。差分方程表示数字计算的流程，是编写程序的依据。

例如，系统的单位脉冲响应

$$h(n) = \sin(\Omega Tn)u(n) \tag{6-10}$$

它表示从 $n = 0$ 开始，输入 $\delta(n)$ 后，系统将连续输出正弦信号。怎样编写正弦波发生器的程序呢？下面介绍三种易懂的方法。

1）预先在存储器中保存正弦函数值，当计算机工作时，重复地从该存储器提取并输出这些数字。

2）当计算机工作时，先用泰勒级数计算 1/4 周期的正弦波数字，然后根据对称性获取另 1/4 数字，再根据对称性获取剩下的 1/2 数字，就可得到整个周期的数字；之后，重复输出整个周期的数字。

3）把单位脉冲响应变为差分方程，根据是

$$H(z) = \mathrm{ZT}\big[\sin(\Omega Tn)u(n)\big] = \frac{\sin(\Omega T)z^{-1}}{1 - 2\cos(\Omega T)z^{-1} + z^{-2}} \tag{6-11}$$

它也可写为

$$Y(z)\big[1 - 2\cos(\Omega T)z^{-1} + z^{-2}\big] = X(z)\sin(\Omega T)z^{-1} \tag{6-12}$$

反变换后得

$$y(n) = \sin(\Omega T)\delta(n-1) + 2\cos(\Omega T)y(n-1) - y(n-2) \qquad (6\text{-}13)$$

按照这个差分方程，设置 $y(0)=0$ 和 $y(1)=\sin(\Omega T)$，$n \geqslant 2$ 时按 $y(n)=2\cos(\Omega T)y(n-1) - y(n-2)$ 编程，每次输出只需乘 1 次加 1 次。

4. 单位脉冲响应

单位脉冲响应（Unit Impulse Response）的定义是

$$h(n) = \mathrm{T}[\delta(n)] = \mathrm{IZT}[H(z)] \qquad (6\text{-}14)$$

它反映系统在零状态下对单位脉冲信号做出的响应，这是一种编程依据。例如，系统函数

$$H(z) = \frac{5 + 2z^{-1}}{1 - 0.4z^{-1}} \quad (|z| > 0.4) \qquad (6\text{-}15)$$

其单位脉冲响应

$$h(n) = -5\delta(n) + 10 \times 0.4^n u(n) \qquad (6\text{-}16)$$

是无限长序列，如图 6-6 所示，它用于卷积的编程对计算机是不利的。可利用 $n>5$ 的 $h(n)$ 几乎为 0，将 $h(n)$ 看作有限长序列，然后用它进行卷积的编程。

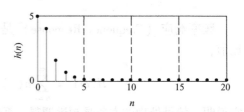

图 6-6　单位脉冲响应

既然脉冲响应代表系统的特征，就可对实物进行测量，比如音乐厅、人的声道等，然后计算机根据获取的数据模拟实物的工作。

5. 零极点图

零极点是系统函数的分子分母根，也是这些根在 z 平面上的位置，它们与矢量结合，可快速勾画系统的特征；零点对应频谱的波谷，极点对应频谱的波峰。反过来说，按照技术指标设置零极点的位置，可获得符合要求的滤波器。

6. 框图

框图（Block Diagram）用基本元件描述系统的输入输出，数字信号处理的基本元件是加法器、乘法器和延时器。例如，系统函数

$$H(z) = \frac{5 + 2z^{-1}}{1 - 0.4z^{-1}} = -5 + \frac{10}{1 - 0.4z^{-1}} \qquad (6\text{-}17)$$

两种表达式对应两种差分方程。一个是

$$y(n) = 5x(n) + 2x(n-1) + 0.4y(n-1) \qquad (6\text{-}18)$$

另一个是

$$\begin{cases} y_1(n) = -5x(n) \\ y_2(n) = 10x(n) + 0.4y_2(n-1) \\ y(n) = y_1(n) + y_2(n) \end{cases} \qquad (6\text{-}19)$$

其框图如图 6-7 所示，虽然数学上它们等价，但框图显示的计算结构不同，结构不同会影响数值计算的结果。

7. 流图

信号流图（Signal Flow Graph）简称流图，它用点和线段描述系统。流图和框图都是描述信号处理的流程，只是标记有区别：流图用点来表示加法器，用箭头表示放大器和延时器。例如，图 6-7 的框图变为流图后如图 6-8 所示。

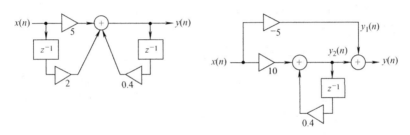

图 6-7 系统框图

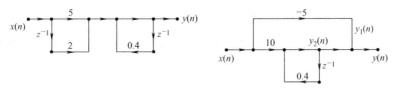

图 6-8 系统流图

计算机每次计算的数字最多是两个，根据这个特点，在流图中考虑编程、计算误差、溢出等问题是很直观的。

6.3.2 流图与系统

流图的点称节点（Node），它表示系统的状态变量，也表示流入节点的信号相加；有方向的线段称为支路（Directed Branch），支路的箭头表示信号流向和加权（Weight）。加权就是乘，加权值在箭头旁，加权值为 1 时可不写。

完整的流图有两个特殊节点：源点和终点。源点（Source Node）没有输入，是系统的输入端；终点（Sink Node）没有输出，是系统的输出端，如图 6-9 所示。对于计算机，每个节点代表一个存储单元或加法，每条支路代表一次乘法或延时。流图表示系统的运算顺序，还表示乘加延时次数和存储量，是简化系统结构的工具。

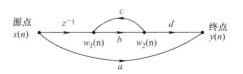

图 6-9 完整的流图

简单的流图，直接观察就能写出差分方程或系统函数。如图 6-9 所示，观察可得差分方程

$$\begin{cases} w_1(n) = x(n-1) + cw_2(n) \\ w_2(n) = bw_1(n) \\ y(n) = ax(n) + dw_2(n) \end{cases} \qquad (6\text{-}20)$$

可是，写出其系统函数并不容易。

对于复杂的流图，利用梅森公式（Mason Formula）容易写出其系统函数。梅森公式为

$$H(z) = \frac{\sum T_k \Delta_k}{\Delta} \qquad (6\text{-}21)$$

式中，T_k 是第 k 条前向通路（Feeding Forward Track）的增益，即源点到终点各支路加权值的乘积；Δ 是流图的特征式，

$$\Delta = 1 - \sum L_a + \sum L_b L_c - \sum L_d L_e L_f + \cdots \tag{6-22}$$

L_a 是第 a 个回路的增益，回路是沿箭头方向回到出发点的通路；$L_b L_c$ 是两个无接触（无共用节点和支路）回路的增益乘积，$L_d L_e L_f$ 是三个无接触回路的增益乘积；Δ_k 是第 k 条前向通路的特征式余因子，即消除与第 k 条前向通路接触的回路后剩下的特征式。

例如图 6-9，其前向通路有 2 条，$T_1 = z^{-1}bd$，$T_2 = a$，回路有 1 个，$L_1 = bc$，$\Delta = 1 - L_1$，$\Delta_1 = 1$，$\Delta_2 = 1 - L_1$，根据梅森公式，其系统函数

$$H(z) = a + \frac{bd}{1 - bc}z^{-1} \tag{6-23}$$

例 6.1 图 6-10 是正弦波发生器的流图，请直接观察和用梅森公式写出其差分方程和系统函数。

解 （1）直接观察

先添加节点变量 $w_1(n) \sim w_4(n)$，如图 6-11 所示；然后从 z 域（或时域 n）入手，写流图的方程（省略自变量 z），

$$\begin{cases} W_1 = X - r\sin\theta W_4 & ① \\ W_2 = W_1 + r\cos\theta W_3 & ② \\ W_3 = z^{-1}W_2 & ③ \\ Y = r\sin\theta W_3 + r\cos\theta W_4 & ④ \\ W_4 = z^{-1}Y & ⑤ \end{cases} \tag{6-24}$$

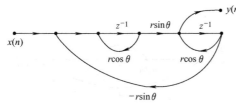

图 6-10　正弦波发生器

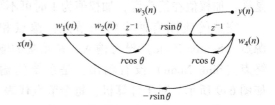

图 6-11　添加节点变量

解方程，顺序是：⑤→④得⑥，⑤→①得⑦，⑦→②得⑧，⑧→③得⑨，⑨→⑥得系统函数

$$H(z) = \frac{Y(z)}{X(z)} = \frac{r\sin\theta z^{-1}}{1 - 2r\cos\theta z^{-1} + r^2 z^{-2}} \tag{6-25}$$

求其 z 反变换，得该系统的差分方程

$$y(n) - 2r\cos\theta y(n-1) + r^2 y(n-2) = r\sin\theta x(n-1) \tag{6-26}$$

（2）梅森公式

图 6-10 的前向通路有 1 条，$T_1 = z^{-1}r\sin\theta$，闭合回路有 3 个，$L_1 = z^{-1}r\cos\theta$，$L_2 = z^{-1}r\cos\theta$，$L_3 = -r^2\sin^2\theta z^{-2}$，有两个不接触；流图的特征式

$$\begin{aligned} \Delta &= 1 - (r\cos\theta z^{-1} + r\cos\theta z^{-1} - r^2\sin^2\theta z^{-2}) + (r^2\cos^2\theta z^{-2}) \\ &= 1 - 2r\cos\theta z^{-1} + r^2 z^{-2} \end{aligned} \tag{6-27}$$

因 T_1 与三个回路接触，故特征式余因子 $\Delta_1 = 1$。根据梅森公式，流图的系统函数

$$H(z) = \frac{\sum T_k \Delta_k}{\Delta} = \frac{r\sin\theta z^{-1}}{1 - 2r\cos\theta z^{-1} + r^2 z^{-2}} \tag{6-28}$$

与直接观察的结果相同。

6.3.3 流图的转置

流图表示滤波算法。合理改变流图形状，可得等价的滤波算法。改变流图的最简方法是转置（Transposition），即流图逆转（Flow Graph Reversal），具体做法是：

1）颠倒所有支路的方向，支路的参数和符号不变。

2）调换源点和终点的位置。

数学上，流图转置前后是等价的。从梅森公式看，转置只改变支路的方向，没改变前向通路和回路的结构，所以，转置没改变原流图的系统函数。转置为系统设计提供一种选择。

例 6.2 设图 6-12 为系统流图。请对它转置，并证明转置前后的系统函数不变。

解 （1）原流图

图 6-12 的前向通路有 2 条，回路有 1 个，根据梅森公式，其系统函数

$$H_1(z) = \frac{T_1\Delta_1 + T_2\Delta_2}{\Delta} = \frac{2 - 0.3z^{-1}}{1 - 0.5z^{-1}} \tag{6-29}$$

（2）转置流图

对图 6-12 转置得图 6-13，其前向通路有 2 条，回路有 1 个，根据梅森公式，转置流图的系统函数

$$H_2(z) = \frac{T_1\Delta_1 + T_2\Delta_2}{\Delta} = \frac{2 - 0.3z^{-1}}{1 - 0.5z^{-1}} \tag{6-30}$$

流图转置前后的系统函数相同。

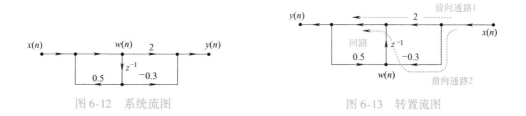

图 6-12 系统流图   图 6-13 转置流图

6.4 数字滤波器的分类

从时域看，数字滤波器分为两类：一类是无限脉冲响应滤波器（Infinite Impulse Response Filter），另一类是有限脉冲响应滤波器（Finite Impulse Response Filter）。

无限脉冲响应滤波器简称 IIR 滤波器，其系统函数

$$H(z) = \frac{b_0 + b_1 z^{-1} + b_2 z^{-2} + \cdots + b_M z^{-M}}{1 + a_1 z^{-1} + a_2 z^{-2} + \cdots + a_N z^{-N}} = \frac{\sum_{m=0}^{M} b_m z^{-m}}{1 + \sum_{r=1}^{N} a_r z^{-r}} \qquad (6\text{-}31)$$

N 为滤波器的阶（Order 或 Degree），$N \geqslant 1$，其差分方程为

$$y(n) = \sum_{m=0}^{M} b_m x(n-m) - \sum_{r=1}^{N} a_r y(n-r) \qquad (6\text{-}32)$$

$y(n-r)$ 是输出的延时分量，它影响系统现在的输出，这种特点称为反馈（Feedback）。反馈使得这种系统的单位脉冲响应经过很长时间还不能完全为 0。

有限脉冲响应滤波器简称 FIR 滤波器，其系统函数

$$H(z) = \sum_{i=0}^{N} h(i) z^{-i} \qquad (6\text{-}33)$$

N 为滤波器的阶，$N \geqslant 1$，其差分方程为

$$y(n) = \sum_{i=0}^{N} h(i) x(n-i) \qquad (6\text{-}34)$$

这种系统的单位脉冲响应的非 0 值有限，若输入为 0，则 N 点时序后输出也为 0。

例 6.3　设图 6-14 是两个滤波器的流图，请问它们属于哪种滤波器，阶为多少。

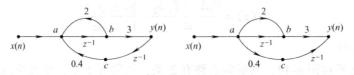

图 6-14　两个滤波器

解　（1）左流图

它的前向通路有 1 条，后向通路有两条，后向就是反馈，故左流图为无限脉冲响应滤波器。根据梅森公式，其系统函数

$$H(z) = \frac{3z^{-1}}{1 - 2z^{-1} - 1.2z^{-2}} \qquad (6\text{-}35)$$

它是二阶 IIR 滤波器。

（2）右流图

右流图的前向通路有 3 条，无反馈，故右流图为有限脉冲响应滤波器。直接观察可得其差分方程

$$\begin{aligned} y(n) &= [2x(n) + x(n-1)]3 + 0.4x(n-1) \\ &= 6x(n) + 3.4x(n-1) \end{aligned} \qquad (6\text{-}36)$$

它是一阶 FIR 滤波器。

本书的滤波器系数都是常数，实践中它们可以是变量，根据环境自行调控，这些属于自适应的范畴。如导弹、卫星的自动跟踪，音响的混响、蛙音、合唱，通信的搜索、解调电波。

例 6.4　设采样频率为 10kHz，当两个相同声音时差为 100ms 时人耳能分辩。请提出一种数字方案，将一人演唱变成二人合唱的音响效果。

解　设 $x(n)$ 为输入的演唱信号，因二人合唱的歌声在音量和速度上略有差别，故模拟合唱的输出

$$y(n) = x(n) + ax(n-D) \tag{6-37}$$

式中，$ax(n-D)$ 为复制品，a 和 D 营造音量和速度差别。以 10kHz 和 100ms 为参考，$D = 1000$。

若合唱方程的 a 和 D 固定，人耳很快会察觉假唱；a 和 D 按规律缓慢变化，人耳的适应力也会感觉单调；a 和 D 无规律缓慢变化，较像真人合唱，其变化用随机函数控制。最佳方案由实验确定。

6.5　数字滤波器的结构

数字滤波的实质是反复地计算，计算方式可用流图表示，故称为结构。无限和有限脉冲响应滤波器性质不同，计算方式也不同，我们有必要了解其基本结构，为设计做好准备。

6.5.1　无限脉冲响应滤波器的结构

无限脉冲响应滤波器有三种基本结构：直接型、级联型和并联型。下面设输入输出的延时相同，系统的输出

$$y(n) = \sum_{m=0}^{N} b_m x(n-m) - \sum_{r=1}^{N} a_r y(n-r) \tag{6-38}$$

根据这个方程研究流图结构。

1. 直接型

直接型（Direct Form）是直接按差分方程画出的流图，例如 $N = 3$ 的差分方程，

$$
\begin{aligned}
y(n) = &\, b_0 x(n) + b_1 x(n-1) + b_2 x(n-2) + b_3 x(n-3) \\
&- a_1 y(n-1) - a_2 y(n-2) - a_3 y(n-3)
\end{aligned} \tag{6-39}
$$

其方程和流图很容易直接转换，如图 6-15 所示，故这种结构称直接 1 型（Direct Form 1）。

直接 1 型可改造为直接 2 型。运用串联元件可互换位置的原理，将直接 1 型的向前流动部分和向后流动部分互换位置，如图 6-16 所示，然后合并同类项，即可得新流图，称为直接 2 型，也叫标准型（Canonical Form），其延时与阶数相等。

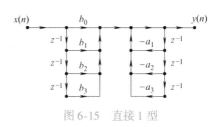

图 6-15　直接 1 型

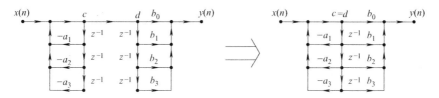

图 6-16　直接 2 型

直接 1 型比直接 2 型更直观，但后者的延时单元比前者少一半。故直接 2 型的 1 阶和 2 阶结构常作为滤波器的基本模块。

直接型容易得到，但其任何参数的调整都会影响整个系统的零极点，导致系统的性能改变。

例 6.5 请对比 2 阶无限脉冲响应滤波器的直接 1 型和直接 2 型的计算机算法。

解 该 2 阶无限脉冲响应滤波器的差分方程是

$$y(n) = b_0 x(n) + b_1 x(n-1) + b_2 x(n-2) - a_1 y(n-1) - a_2 y(n-2) \qquad (6\text{-}40)$$

（1）直接 1 型

按差分方程画直接 1 型，如图 6-17 所示，设 $v_1(n)$、$v_2(n)$、$w_1(n)$ 和 $w_2(n)$ 为状态变量，它们代表延时样本，随时序 n 到 $n+1$ 更新。该直接 1 型的计算机算法如下：

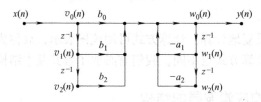

图 6-17　直接 1 型

每输入一个样本，计算机执行

$$\begin{cases} v_0(n) = x(n) \\ w_0(n) = b_0 v_0(n) + b_1 v_1(n) + b_2 v_2(n) - a_1 w_1(n) - a_2 w_2(n) \\ y(n) = w_0(n) \\ v_2(n+1) = v_1(n) \\ v_1(n+1) = v_0(n) \\ w_2(n+1) = w_1(n) \\ w_1(n+1) = w_0(n) \end{cases} \qquad (6\text{-}41)$$

在编程时 n 不用写，所以，上面的算法还可简化为

$$\begin{cases} v_0 = x \\ w_0 = b_0 v_0 + b_1 v_1 + b_2 v_2 - a_1 w_1 - a_2 w_2 \\ y = w_0 \\ v_2 = v_1 \\ v_1 = v_0 \\ w_2 = w_1 \\ w_1 = w_0 \end{cases} \qquad (6\text{-}42)$$

计算机在处理第一个样本前，即 $n=0$ 时，内部状态必须设置为 0，即 $v_1 = v_2 = 0$ 和 $w_1 = w_2 = 0$。

（2）直接 2 型

直接 2 型如图 6-18 所示，设 $w_1(n)$ 和 $w_2(n)$ 为状态变量，计算机对每个输入样本的处理如下：

$$\begin{cases} w_0(n) = x(n) - a_1 w_1(n) - a_2 w_2(n) \\ y(n) = b_0 w_0(n) + b_1 w_1(n) + b_2 w_2(n) \\ w_2(n+1) = w_1(n) \\ w_1(n+1) = w_0(n) \end{cases} \qquad (6\text{-}43)$$

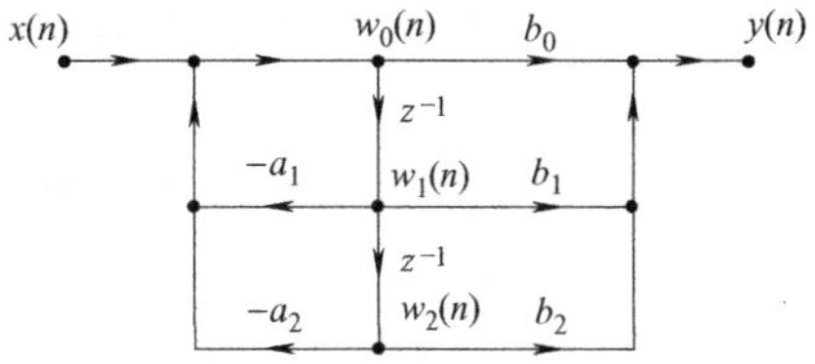

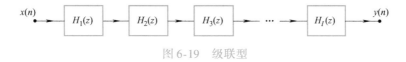

图 6-18　直接 2 型

省略 n 后，该算法写为

$$\begin{cases} w_0 = x - a_1 w_1 - a_2 w_2 \\ y = b_0 w_0 + b_1 w_1 + b_2 w_2 \\ w_2 = w_1 \\ w_1 = w_0 \end{cases} \qquad (6\text{-}44)$$

在处理第一个样本前，内部状态必须初始化，即 $w_1 = w_2 = 0$。

直接 2 型比直接 1 型的状态变量少一半，状态更新也少一半；这对计算机意味着节省一半存储单元和时间。

2. 级联型

级联型（Cascade Form）是多模块串联的结构，如图 6-19 所示，这些模块也称为子系统，指简单常用的算法，比如一阶或二阶的直接 2 型滤波器。

$$x(n) \longrightarrow \boxed{H_1(z)} \longrightarrow \boxed{H_2(z)} \longrightarrow \boxed{H_3(z)} \longrightarrow \cdots \longrightarrow \boxed{H_I(z)} \longrightarrow y(n)$$

图 6-19　级联型

从图 6-19 看，级联型的系统函数

$$H(z) = H_1(z) H_2(z) H_3(z) \cdots H_I(z) \qquad (6\text{-}45)$$

数学上，级联型的子系统互换位置是等价的，但在计算机运算中还是有差别。

级联型由系统函数因式分解得到，

$$H(z) = \prod_{i=1}^{I} H_i(z) = b_0 \prod_{i=1}^{I} \frac{1 - c_i z^{-1}}{1 - d_i z^{-1}} \qquad (6\text{-}46)$$

其分子分母因式有很多搭配方式，设计滤波器时，最好将零极点相近的因式放在一起，以防计算机溢出。

为避免复数运算，系统函数的系数要用实数表示。一阶系统也称为一阶节（First-order Section），作为级联型的子系统，其零极点必须是实数。

若零极点是复数，要用二阶系统作为子系统。用共轭零点和共轭极点，就能组成实数二阶系统。因系统函数的多项式系数都是实数，故多项式的复数根必定是共轭成对出现；反之，复数根共轭搭配的多项式系数必定是实数。例如，共轭根 $c_1 = r\mathrm{e}^{\mathrm{j}\theta}$ 和 $c_2 = r\mathrm{e}^{-\mathrm{j}\theta}$ 的因式为 $1 - c_1 z^{-1}$ 和 $1 - c_2 z^{-1}$，组成的多项式 $(1 - c_1 z^{-1})(1 - c_2 z^{-1}) = 1 - 2r\cos(\theta) z^{-1} + r^2 z^{-2}$。

二阶节（Second-order Section）作为级联型的子系统时，系统函数

$$H(z) = \prod_{i=1}^{I} H_i(z) = \prod_{i=1}^{I} \frac{b_{i0} + b_{i1} z^{-1} + b_{i2} z^{-2}}{1 + a_{i1} z^{-1} + a_{i2} z^{-2}} \qquad (6\text{-}47)$$

二阶节可用实数根组成。

级联型的二阶多项式有很多组合方式，为提高计算精度、防止溢出，二阶节的分子分母系数应尽量相同。

从图6-19看，级联型的子系统互相独立，调整零极点很方便。

例6.6 设系统函数

$$H(z) = \frac{2 - 2.3z^{-1} + 2.3z^{-2} - 0.3z^{-3}}{1 - 1.5z^{-1} + z^{-2} - 0.25z^{-3}} \tag{6-48}$$

请画出其级联型流图，要求流图结构简单。

解 因系统的零点为0.15、0.5 + j0.866 和 0.5 - j0.866，极点为0.5、0.5 + j0.5 和 0.5 - j0.5，故

$$H(z) = \frac{2(1 - 0.15z^{-1})(1 - z^{-1} + z^{-2})}{(1 - 0.5z^{-1})(1 - z^{-1} + 0.5z^{-2})} = \frac{(2 - 0.3z^{-1})(1 - z^{-1} + z^{-2})}{(1 - 0.5z^{-1})(1 - z^{-1} + 0.5z^{-2})} \tag{6-49}$$

流图结构最简单的组合是一阶因式为一个单元，二阶因式为一个单元，如图6-20所示，增益小的单元在前面，以防信号溢出。

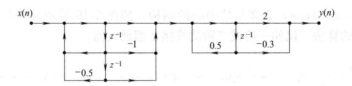

图6-20 最简级联型

3. 并联型

并联型（Parallel Form）是子系统并排连接的结构，如图6-21所示，其系统函数

$$H(z) = H_1(z) + H_2(z) + H_3(z) + \cdots + H_I(z) \tag{6-50}$$

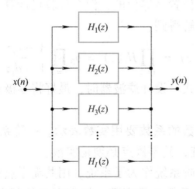

图6-21 并联型

若系统函数的分子分母多项式的阶相等，并联型的系统函数应写为

$$H(z) = \frac{b_0 + b_1 z^{-1} + b_2 z^{-2} + \cdots + b_N z^{-N}}{1 + a_1 z^{-1} + a_2 z^{-2} + \cdots + a_N z^{-N}} = \frac{b_N}{a_N} + \sum_{i=2}^{I} \frac{c_{i0} + c_{i1} z^{-1}}{1 + d_{i1} z^{-1} + d_{i2} z^{-2}} \tag{6-51}$$

这样可使并联型流图更简洁。从图6-21看，并联型的子系统可同时工作，这意味可用多处理器提高整机速度。

例 6.7 设系统函数

$$H(z) = \frac{2 - 2.3z^{-1} + 2.3z^{-2} - 0.3z^{-3}}{1 - 1.5z^{-1} + z^{-2} - 0.25z^{-3}} \tag{6-52}$$

请画出其并联型流图。

解 先长除后分解, 得系统函数

$$\begin{aligned}
H(z) &= 1.2 + \frac{0.8 - 0.5z^{-1} + 1.1z^{-2}}{1 - 1.5z^{-1} + z^{-2} - 0.25z^{-3}} \\
&= 1.2 + \frac{4.2}{1 - 0.5z^{-1}} + \frac{-3.4 + 2z^{-1}}{1 - z^{-1} + 0.5z^{-2}}
\end{aligned} \tag{6-53}$$

其并联型结构如图 6-22 所示。

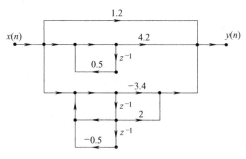

图 6-22 并联型流图

6.5.2 有限脉冲响应滤波器的结构

有限脉冲响应滤波器和无限脉冲响应滤波器的最大差别是没有反馈, 这个特点也反映在结构上。常见的有限脉冲响应滤波器结构有直接型、级联型和线性相位型。

1. 直接型

有限脉冲响应滤波器的差分方程是

$$y(n) = \sum_{m=0}^{M} b_m x(n - m) \tag{6-54}$$

按方程直接画出的流图称为直接型, 如图 6-23 所示。由于横贯上方的延时 z^{-1} 链有分支, 故该结构也叫抽头延时线 (Tapped Delay Line) 或横向滤波器 (Transversal Filter)。该结构的转置如图 6-24 所示, 其功能和图 6-23 的一样, 但误差较大, 不常用。

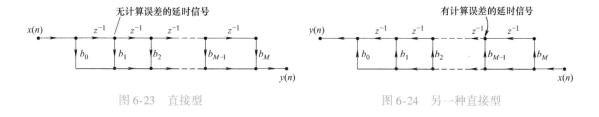

图 6-23 直接型　　　　　　　　　　　　　　图 6-24 另一种直接型

2. 级联型

有限脉冲响应滤波器的系统函数

$$H(z) = \sum_{m=0}^{M} b_m z^{-m} \tag{6-55}$$

因式分解后得

$$H(z) = \prod_{i=1}^{I} (b_{i0} + b_{i1}z^{-1} + b_{i2}z^{-2}) \tag{6-56}$$

据此画出的流图称为级联型，如图 6-25 所示。

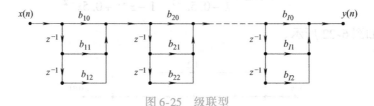

图 6-25　级联型

从图 6-25 看，级联型的二阶节互相独立，故调整零点很方便。

3. 线性相位型

有些应用要求数字滤波器的相位是线性的，如图像处理、数据传输。有限脉冲响应滤波器有两种线性相位滤波器，第一种线性相位滤波器的 $h(n)$ 满足偶对称，即

$$h(M-n) = h(n) \tag{6-57}$$

第二种线性相位滤波器的 $h(n)$ 满足奇对称，即

$$h(M-n) = -h(n) \tag{6-58}$$

这种对称滤波器结构称为线性相位型（Linear-phase Structure）。

例如 5 点长的偶对称线性相位滤波器，其输出

$$
\begin{aligned}
y(n) &= \sum_{m=0}^{4} h(m)x(n-m) \\
&= h(0)[x(n) + x(n-4)] + h(1)[x(n-1) + x(n-3)] + h(2)x(n-2)
\end{aligned}
\tag{6-59}
$$

它需乘 3 次（比直接型少一半），其对称结构如图 6-26 所示，称为线性相位型。线性相位型的先加后乘很常用，许多 DSP 芯片集成了这种功能，让芯片在一个时钟周期内完成先加后乘。

如果是 4 点长的偶对称线性相位滤波器，直接型需乘 4 次，线性相位型需乘 2 次，如图 6-27 所示。

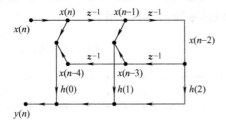

图 6-26　偶对称线性相位型

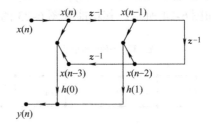

图 6-27　偶对称线性相位

偶对称线性相位型的乘法器输入是两样本之和，奇对称线性相位型是两个样本之差，这个功能也集成在 DSP 芯片里。

6.6　数字滤波器小结

从时域看，IIR 滤波器的反馈有余音缭绕的效果，FIR 滤波器无反馈，这使得它非常稳定。从频域看，IIR 滤波器的极点能缩小频谱的过渡带，FIR 滤波器的对称性使得它具有线性相位。从设计看，IIR 滤波器可用数学公式变换得到，FIR 滤波器能获得任意形状的频谱。

以上介绍的是数字滤波器的数学公式和算法结构，实际数字滤波器是多元化系统，如图 6-28 所示。数字滤波器加工模拟信号时，先要按采样周期 T 节奏把模拟信号 $x_a(t)$ 变成数字信号 $x(n)$，然后数字计算机处理，处理由乘、加、延时组成，输出的数字信号 $y(n)$ 还要按 T 节奏还原为模拟信号 $y_a(t)$。

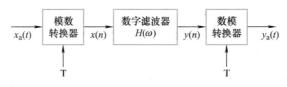

图 6-28　实际数字滤波器

本章介绍了数字滤波的指标，还有 IIR 滤波器的直接型、级联型和并联型，FIR 滤波器的直接型、级联型和线性相位型。

下章开始滤波器的设计。

6.7　习题

1. 设理想数字带通滤波器的通带幅度为 1，通带低频截止频率 $\omega_L = 0.2\pi$，高频截止频率 $\omega_H = 0.6\pi$。请画出该滤波器在 $\omega = 0 \sim 4\pi$ 的幅频特性。

2. 设语音信号的采样频率 $f_s = 8\mathrm{kHz}$，需保留 $200 \sim 3000\mathrm{Hz}$ 的频率成分，其余滤除。请问需什么类型的数字滤波器，滤波器的采样频率和截止频率是多少？

3. 设数字低通滤波器的幅度 $|H(\omega)|_{\max} = 1$，通带截止频率 $\omega_p = 1\mathrm{rad}$，通带波动 $\delta_p = 0.1$，阻带截止频率 $\omega_s = 1.5\mathrm{rad}$，阻带波动 $\delta_s = 0.1$。求滤波器的过渡带、通带衰减 A_p、阻带衰减 A_s 和 3dB 截止频率 ω_c。

4. 设周期序列发生器的单位脉冲响应 $h(n) = (n)_3 u(n)$，波形如图 6-29 所示。请写出其系统函数 $H(z)$ 和差分方程，并画出信号流图。

5. 用低通滤波器作为反馈支路能得到音响回响器，如图 6-30 所示，D 为正整数，它能产生圆润和弥漫的声音效果。请画出低通滤波器的幅频特性草图，并写出回响器的系统函数。

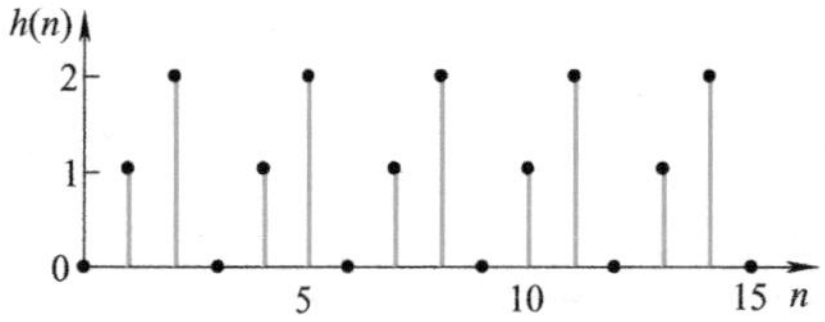

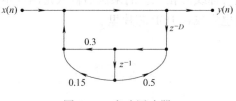

图 6-29　周期序列　　　　　　　图 6-30　音响回响器

6. 请画出系统函数 $H(z) = \dfrac{1 + 2z^{-1} - 3z^{-2}}{1 + 0.8z^{-1} + 0.15z^{-2}}$ 的直接型流图。

7. 请根据无限脉冲响应滤波器的系统函数，

$$H(z) = \frac{1 - 0.2z^{-1} - 0.03z^{-2}}{1 + 0.2z^{-1} - 0.03z^{-2}}$$

画出其直接型、级联型和并联型的流图。若零极点是实数根，则子系统用一阶节表示。

8. 设滤波器的系统函数

$$H(z) = \ln(1 + 0.6z^{-1}) \quad (|z| > 0.6)$$

请问它是无限脉冲响应滤波器还是有限脉冲响应滤波器？

9. 根据串联的原理，图 6-31 可分解为简单结构。请直接写出其系统函数，不用梅森公式。

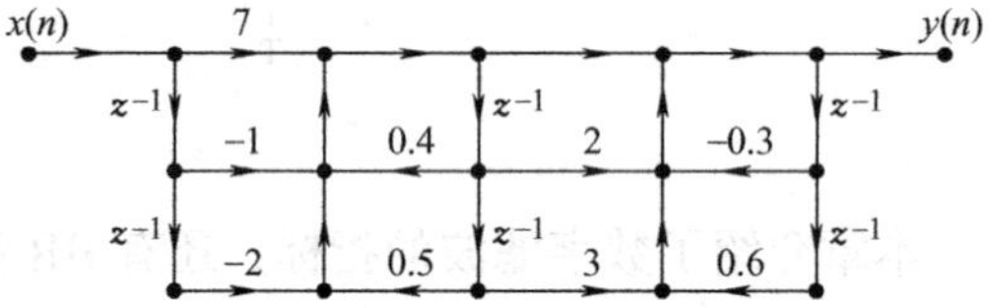

10. 设有限脉冲响应滤波器的

$$h(n) = 0.98^n R_6(n)$$

请画出其直接型，并用 1 个 FIR 子系统与 1 个 IIR 子系统级联实现该滤波器。

图 6-31　复杂流图

11. 研究系统的网络结构有什么用？

12. 系统函数 $H(z) = 1 + z + z^2 + z^3$ 是有限长序列 $h(n)$ 的 z 变换。请问，$h(n)$ 能不能作为有限脉冲响应滤波器？为什么？

13. 请设计一个算法，它能在输入一个按键脉冲 $\delta(n)$ 后，产生衰减正弦波信号

$$y(n) = R^n \sin(an) u(n) \quad (0 < R < 1)$$

14. 从网络结构来看，滤波器分为哪两种？它们各有什么特点？

15. 无限脉冲响应滤波器有哪三种网络结构，各有什么优缺点？

习题参考答案

第7章

无限脉冲响应滤波器的设计

根据数字滤波的指标，现在介绍无限脉冲响应滤波器的设计。这种滤波器有两种设计方法：间接和直接设计法。

间接设计法先设计模拟滤波器，然后用数学变换，将模拟滤波器变成数字滤波器。数学变换有时称为映射（Map）。

直接设计法在数字频域或时域中设计数字滤波器。

间接设计法基于模拟滤波器，理由是模拟滤波器有简单的设计方法。这里所说的模拟滤波器不是模拟电路，而是作为模型的函数。

7.1　模拟滤波器的设计

这里的模拟滤波器指调整模拟信号频谱的系统函数。理想模拟滤波器的幅频特性从通带到阻带是陡变的，实际模拟滤波器的幅频特性从通带到阻带是渐变的，如图7-1所示。虽然理想模拟滤波器不能实现，但它简单，是我们设计的标准。

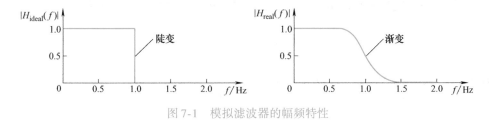

图 7-1　模拟滤波器的幅频特性

7.1.1　模拟滤波器的系统函数

模拟滤波器的单位脉冲响应是连续时间的函数，根据连续时间傅里叶变换，因果模拟滤波器 $h(t)$ 的频率响应

$$H(\Omega) = \int_{-\infty}^{\infty} h(t) e^{-j\Omega t} dt = \int_{0}^{\infty} h(t) e^{-j\Omega t} dt \tag{7-1}$$

若将其模拟角频率 Ω 变为复频率

$$s = \sigma + \mathrm{j}\Omega \quad (\sigma \text{ 是让积分收敛的实数}) \tag{7-2}$$

则模拟滤波器的频率响应写为

$$H(s) = \int_{-\infty}^{\infty} h(t)\,\mathrm{e}^{-st}\mathrm{d}t = \int_{0}^{\infty} h(t)\,\mathrm{e}^{-st}\mathrm{d}t \tag{7-3}$$

它就是 $h(t)$ 的拉普拉斯变换（Laplace Transform），称为系统函数。当 $s = \mathrm{j}\Omega$ 时，$H(s)$ 就变为 $H(\mathrm{j}\Omega)$，因 $H(\mathrm{j}\Omega)$ 的 j 不是变量，可不写。

模拟滤波器的幅频特性可用衰减函数（Attenuation Function）$A(\Omega)$ 表示，单位为分贝（dB），即

$$A(\Omega) = 10\lg \frac{|H(\Omega)|^2_{\max}}{|H(\Omega)|^2}\ \mathrm{dB} \tag{7-4}$$

若 $|H(\Omega)|_{\max} = 1$，则衰减函数变为

$$A(\Omega) = -20\lg|H(\Omega)|\ \mathrm{dB} \tag{7-5}$$

幅频特性的平方 $|H(\Omega)|^2$ 称幅度平方响应（Magnitude-squared Response）或幅度平方函数，它也是描述模拟滤波器的方法。因 $h(t)$ 是实数，故 $H^*(\Omega) = H(-\Omega)$，幅度平方响应

$$|H(\mathrm{j}\Omega)|^2 = H(\mathrm{j}\Omega)H^*(\mathrm{j}\Omega) = H(s)H(-s)\,\big|_{s=\mathrm{j}\Omega} \tag{7-6}$$

它是设计模拟滤波器的工具。

作为模型的模拟滤波器有巴特沃斯滤波器、切比雪夫滤波器和椭圆滤波器。这里只介绍前两种。

7.1.2 巴特沃斯滤波器的设计

模拟巴特沃斯滤波器（Butterworth Filter）是一种低通滤波器，其幅度平方响应

$$|H(\Omega)|^2 = \frac{1}{1 + (\Omega/\Omega_\mathrm{c})^{2N}} \tag{7-7}$$

它随频率 Ω 增大而减小，Ω_c 是半功率点截止频率。图 7-2 是 $H(\Omega)$ 阶为 1 和 5 的幅度平方响应，由公式和曲线可知，当 N 很大时滤波器容易满足指标。

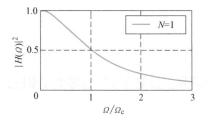
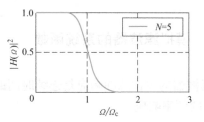

图 7-2　巴特沃斯滤波器

为得巴特沃斯滤波器的系统函数，将 $s = \mathrm{j}\Omega$ 代入幅度平方响应，

$$|H(\Omega)|^2 = H(s)H(-s)\big|_{s=\mathrm{j}\Omega} = \frac{1}{1 + \left(\dfrac{s}{\mathrm{j}\Omega_{\mathrm{c}}}\right)^{2N}}$$

$$= \frac{(\mathrm{j}\Omega_{\mathrm{c}})^{2N}}{s^{2N} + (\mathrm{j}\Omega_{\mathrm{c}})^{2N}} \tag{7-8}$$

$$= \frac{(\mathrm{j}\Omega_{\mathrm{c}})^{2N}}{(s - s_1)(s - s_2)\cdots(s - s_{2N})}$$

其 $s_1 \sim s_{2N}$ 是分母的根，即极点，求解的依据是

$$s^{2N} + (\mathrm{j}\Omega_{\mathrm{c}})^{2N} = 0 \tag{7-9}$$

因 $-1 = \mathrm{e}^{\mathrm{j}(2\pi k - \pi)}$，$k = 1 \sim 2N$，故

$$s_k = \Omega_{\mathrm{c}} \mathrm{e}^{\mathrm{j}\frac{\pi}{2}\left(1 + \frac{2k-1}{N}\right)} \tag{7-10}$$

现在确定属于 $H(s)$ 的根。正常工作的滤波器必须是稳定的，稳定系统 $h(t)$ 满足

$$\int_{-\infty}^{\infty} |h(t)|\, \mathrm{d}t \leqslant \text{某正数} \tag{7-11}$$

观察幅度平方响应的基本因式，像函数（Transform Function）

$$F(s) = \frac{1}{s - (c + \mathrm{j}d)} \quad (\sigma > c,\ c \text{ 和 } d \text{ 为实数}) \tag{7-12}$$

的原函数（Original Function）

$$f(t) = \mathrm{e}^{(c + \mathrm{j}d)t} u(t) \tag{7-13}$$

其 $c < 0$ 是 $f(t)$ 趋于 0 和稳定的条件。这说明：$H(s)$ 的极点应该在 s 平面的左平面。$s_1 \sim s_N$ 在 s 左平面，$s_{N+1} \sim s_{2N}$ 在 s 右平面，如图 7-3 所示。

综上所述，巴特沃斯滤波器的系统函数

$$H(s) = \frac{\Omega_{\mathrm{c}}^N}{(s - s_1)(s - s_2)\cdots(s - s_N)} \tag{7-14}$$

这些根对称于 s 平面的实轴 σ，是共轭的，可让分母多项式的系数为实数。

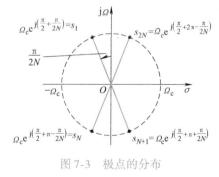

图 7-3　极点的分布

巴特沃斯滤波器的关键参数是 N 和 Ω_{c}，它们由技术指标 $\{\Omega_{\mathrm{p}}, \Omega_{\mathrm{s}}, A_{\mathrm{p}}, A_{\mathrm{s}}\}$ 决定。根据巴特沃斯滤波器的衰减函数

$$A(\Omega) = 10\lg[1 + (\Omega/\Omega_{\mathrm{c}})^{2N}] \tag{7-15}$$

代入指标后得通带和阻带衰减函数

$$\begin{cases} A_{\mathrm{p}} = 10\lg[1 + (\Omega_{\mathrm{p}}/\Omega_{\mathrm{c}})^{2N}] \\ A_{\mathrm{s}} = 10\lg[1 + (\Omega_{\mathrm{s}}/\Omega_{\mathrm{c}})^{2N}] \end{cases} \tag{7-16}$$

化简后得

$$\begin{cases} (\Omega_p/\Omega_c)^{2N} = 10^{A_p/10} - 1 \\ (\Omega_s/\Omega_c)^{2N} = 10^{A_s/10} - 1 \end{cases} \tag{7-17}$$

方程求解得

$$N = \frac{\lg\left[(10^{A_p/10} - 1)/(10^{A_s/10} - 1)\right]}{2\lg(\Omega_p/\Omega_s)} \tag{7-18}$$

阶取大于 N 的整数，滤波器就能满足指标。

若将整数 N 代入通带衰减函数，则

$$\Omega_c = \Omega_p \left(10^{A_p/10} - 1\right)^{-1/(2N)} \tag{7-19}$$

用这种 Ω_c 设计的滤波器，阻带衰减优于原指标 A_s。

若将整数 N 代入阻带衰减函数，则

$$\Omega_c = \Omega_s \left(10^{A_s/10} - 1\right)^{-1/(2N)} \tag{7-20}$$

用这种 Ω_c 设计的滤波器，通带衰减优于原指标 A_p。

例 7.1　设船舶通信的模拟低通滤波器指标为 $f_p = 5\text{kHz}$、$f_s = 12\text{kHz}$、$A_p = 2\text{dB}$ 和 $A_s = 20\text{dB}$。请设计满足指标的模拟巴特沃斯滤波器。

解　解题顺序为阶、截止频率、极点和系统函数。

先将指标代入阶公式，

$$N = \frac{\lg\left[(10^{2/10} - 1)/(10^{20/10} - 1)\right]}{2\lg(5/12)} \approx 2.93 \tag{7-21}$$

取 $N = 3$。

然后将 N 代入通带指标的截止频率公式，

$$\Omega_c = 2\pi 5000 \left(10^{2/10} - 1\right)^{-1/(2\times3)} \text{rad/s} \approx 34356\text{rad/s} \tag{7-22}$$

若将 N、Ω_s 和 Ω_c 代入衰减函数，

$$A(\Omega_s) = 10\lg\left[1 + \left(\frac{2\pi 12000}{2\pi 5468}\right)^{2\times3}\right]\text{dB} \approx 20.52\text{dB} \tag{7-23}$$

可以看到阻带衰减优于指标 $A_s = 20\text{dB}$。

将 N 和 Ω_c 代入极点公式，

$$s_k = \Omega_c e^{j\frac{\pi}{2}\left(1 + \frac{2k-1}{3}\right)} \quad (k = 1 \sim 3) \tag{7-24}$$

得极点

$$s_1 = \Omega_c e^{j\frac{2\pi}{3}}, \ s_2 = -\Omega_c, \ s_3 = \Omega_c e^{j\frac{4\pi}{3}} \tag{7-25}$$

根据极点和 Ω_c，巴特沃斯滤波器的系统函数

$$H(s) = \frac{\Omega_c^3}{(s - s_1)(s - s_2)(s - s_3)} = \frac{\Omega_c^3}{s^3 + 2\Omega_c s^2 + 2\Omega_c^2 s + \Omega_c^3}$$
$$\approx \frac{4.06 \times 10^{13}}{s^3 + 6.87 \times 10^4 s^2 + 2.36 \times 10^9 s + 4.06 \times 10^{13}} \tag{7-26}$$

近似取值会影响频率响应，必须检验。$H(s)$ 的幅频特性如图 7-4 左图所示，右图为系统函数系数取整后的幅频特性，如 4.06×10^{13} 变为 4×10^{13}；两者都能满足技术指标。本题的绘图程序为

```
N = 3；Wc = 34356；k = 1:N；
sk = Wc * exp(j * pi/2 * (1 + (2 * k - 1)/N))；
B = Wc^N；A = poly(sk)；% 极点变为多项式系数, poly 与 roots 的作用相反
f = linspace(0,15e3,200)；W = 2 * pi * f；H = freqs(B,A,W)；% 模拟滤波器频谱
plot(f/1e3,20 * log10(abs(H)))；xlabel('f/kHz')；ylabel('20lg|H(f)|/dB')；grid；
axis([0,15,-30,5])
```

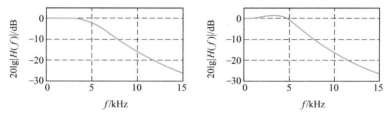

图 7-4　滤波器的幅频特性

7.1.3　切比雪夫滤波器的设计

切比雪夫滤波器（Chebyshev Filter）有两种，如图 7-5 所示：一种的幅度特性在通带等波纹变化阻带单调变化，称为切比雪夫 1 型；另一种的幅度特性在通带单调变化阻带等波纹变化，称为切比雪夫 2 型。

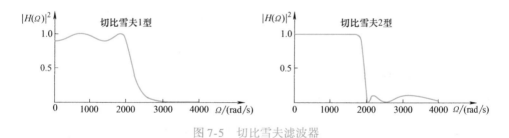

图 7-5　切比雪夫滤波器

1. 切比雪夫 1 型

切比雪夫 1 型滤波器的幅度平方函数

$$|H(\Omega)|^2 = \frac{1}{1 + [rC_N(\Omega/\Omega_p)]^2} \tag{7-27}$$

r 是通带波动（Ripple）系数，$C_N(x)$ 是 N 阶切比雪夫多项式。切比雪夫多项式定义为

$$C_N(x) = \begin{cases} \cos[N\arccos(x)] & (|x| \leqslant 1) \\ \cosh[N\mathrm{arcosh}(x)] & (|x| > 1) \end{cases} \tag{7-28}$$

$\cosh(x) = (\mathrm{e}^x + \mathrm{e}^{-x})/2$ 是双曲余弦（Hyperbolic Cosine）函数。图 7-6 为 $\cos(x)$ 和 $\cosh(x)$ 的曲线。N 越大，$\cos[N\arccos(x)]$ 波动越快，$\cosh[N\mathrm{arcosh}(x)]$ 上升也越快，图 7-7 是 4 阶和 8 阶的切比雪夫多项式曲线。

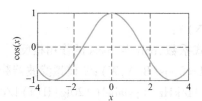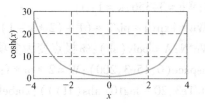

图 7-6　余弦和双曲余弦

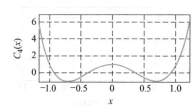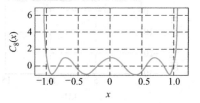

图 7-7　切比雪夫多项式

因切比雪夫多项式在 $\Omega \leqslant \Omega_p$ 时等幅度波动，在 $\Omega > \Omega_p$ 时单调增加；所以，切比雪夫 1 型的幅度平方函数在 $\Omega \leqslant \Omega_p$ 时等幅度波动，在 $\Omega > \Omega_p$ 时单调减小，如图 7-8 所示。当 N 够大时，切比雪夫滤波器可满足指标。

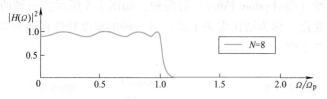

图 7-8　切比雪夫 1 型的幅度平方函数

切比雪夫多项式有递推关系（Recurrence Relation），

$$C_n(x) = 2x C_{n-1}(x) - C_{n-2}(x) \quad (n \geqslant 2) \tag{7-29}$$

其 $C_0(x) = 1$ 和 $C_1(x) = x$。所以，多项式 $C_N(x)$ 的最高阶项为 $2^{N-1} x^N$。

为得切比雪夫 1 型滤波器的系统函数，将 $s = \mathrm{j}\Omega$ 代入其幅度平方函数，得

$$|H(\Omega)|^2 = H(s)H(-s)\big|_{s=\mathrm{j}\Omega} = \frac{1}{1 + \left[rC_N\left(\dfrac{s}{\mathrm{j}\Omega_p}\right)\right]^2} \tag{7-30}$$

$$= \frac{(\mathrm{j}\Omega_p)^{2N}}{r^2 2^{2(N-1)}(s - s_1)(s - s_2)\cdots(s - s_{2N})}$$

其分母有 $2N$ 个根。求解的依据是

$$1 + r^2 C_N^2\left(\frac{s_k}{\mathrm{j}\Omega_p}\right) = 0 \quad (k = 1 \sim N) \tag{7-31}$$

它可写为

$$C_N\left(\frac{s_k}{\mathrm{j}\Omega_p}\right) = \pm \mathrm{j}\,\frac{1}{r} \tag{7-32}$$

切比雪夫多项式定义有两个公式，都可用来求解该分母的根。现在选第一个公式求解分母的根。先设

$$\arccos\left(\frac{s_k}{\mathrm{j}\Omega_{\mathrm{p}}}\right) = a + \mathrm{j}b \tag{7-33}$$

其

$$\frac{s_k}{\mathrm{j}\Omega_{\mathrm{p}}} = \cos(a + \mathrm{j}b)$$

$$= \cos(a)\cos(\mathrm{j}b) - \sin(a)\sin(\mathrm{j}b) \tag{7-34}$$

或写为

$$s_k = \Omega_{\mathrm{p}}\left[\sin(a)\sinh(b) + \mathrm{j}\cos(a)\cosh(b)\right] \tag{7-35}$$

$\sinh(x) = (\mathrm{e}^x - \mathrm{e}^{-x})/2$ 是双曲正弦（Hyperbolic Sine）函数。

然后，根据假设得

$$C_N\left(\frac{s_k}{\mathrm{j}\Omega_{\mathrm{p}}}\right) = \cos[N(a + \mathrm{j}b)]$$

$$= \cos(Na)\cosh(Nb) - \mathrm{j}\sin(Na)\sinh(Nb) \tag{7-36}$$

对比两种 $C_N(s_k/\mathrm{j}\Omega_{\mathrm{p}})$ 的实部虚部，得

$$\begin{cases} \cos(Na)\cosh(Nb) = 0 \\ \sin(Na)\sinh(Nb) = \pm\dfrac{1}{r} \end{cases} \tag{7-37}$$

因 $\cosh(x) \neq 0$ 和 $\sin(\pm\pi/2) = \pm 1$，故

$$\begin{cases} a = \dfrac{2k-1}{2N}\pi \\ b = \pm\dfrac{\operatorname{arsinh}(1/r)}{N} \end{cases} \quad (k = 1 \sim N) \tag{7-38}$$

将 a 和 b 代回 s_k 表达式，得

$$s_k = \Omega_{\mathrm{p}}\left[\pm\sin\left(\frac{2k-1}{2N}\pi\right)\sinh\left(\frac{\operatorname{arsinh}(1/r)}{N}\right) + \mathrm{j}\cos\left(\frac{2k-1}{2N}\pi\right)\cosh\left(\frac{\operatorname{arsinh}(1/r)}{N}\right)\right] \tag{7-39}$$

从稳定性考虑，系统的极点应该在 s 左平面，所以，极点

$$s_k = -\Omega_{\mathrm{p}}\sin\left(\frac{2k-1}{2N}\pi\right)\sinh\left(\frac{\operatorname{arsinh}(1/r)}{N}\right) + \mathrm{j}\Omega_{\mathrm{p}}\cos\left(\frac{2k-1}{2N}\pi\right)\cosh\left(\frac{\operatorname{arsinh}(1/r)}{N}\right) \tag{7-40}$$

$k = 1 \sim N$，切比雪夫 1 型滤波器的系统函数

$$H(s) = \frac{\Omega_{\mathrm{p}}^N}{r2^{N-1}(s - s_1)(s - s_2)\cdots(s - s_N)} \tag{7-41}$$

请注意，极点是前后共轭的，该特点使得多项式的系数为实数。

切比雪夫 1 型滤波器的关键参数是 N 和 r，它们由技术指标 $\{\Omega_{\mathrm{p}}, \Omega_{\mathrm{s}}, A_{\mathrm{p}}, A_{\mathrm{s}}\}$ 决定。切比雪夫 1 型滤波器的衰减函数

$$A(\Omega) = 10\lg\{1 + [rC_N(\Omega/\Omega_{\mathrm{p}})]^2\} \tag{7-42}$$

代入通带指标 $\{\Omega_{\mathrm{p}}, A_{\mathrm{p}}\}$ 后，得

$$r = (10^{A_r/10} - 1)^{1/2} \tag{7-43}$$

将指标 Ω_p、Ω_s、A_s 和 r 代入衰减函数，得

$$N = \frac{\text{arcosh}(\sqrt{10^{A_s/10} - 1}/r)}{\text{arcosh}(\Omega_s/\Omega_p)} \tag{7-44}$$

例 7.2　设检测水流速度的低通滤波器指标为 $f_p = 3\text{kHz}$、$f_s = 6\text{kHz}$、$A_p = 1\text{dB}$ 和 $A_s = 40\text{dB}$。请设计满足指标的模拟切比雪夫 1 型滤波器。

解　解题顺序为波动系数、阶、极点和系统函数。先求波动系数，

$$r = (10^{1/10} - 1)^{1/2} \approx 0.509 \tag{7-45}$$

然后求阶，

$$N = \frac{\text{arcosh}(\sqrt{10^{40/10} - 1}/0.509)}{\text{arcosh}(6/3)} \approx 4.536 \tag{7-46}$$

取 $N = 5$。再求极点，

$$s_k \approx -6000\pi \sin\left(\frac{2k-1}{10}\pi\right)\sinh(0.286) + \text{j}6000\pi \cos\left(\frac{2k-1}{10}\pi\right)\cosh(0.286) \tag{7-47}$$

$k = 1 \sim 5$。这 5 个极点是

$$\begin{cases} s_1 \approx -1686.0 + \text{j}18663 \\ s_2 \approx -4413.9 + \text{j}11535 \\ s_3 \approx -5455.9 \\ s_4 \approx -4413.9 - \text{j}11535 \\ s_5 \approx -1686.0 - \text{j}18663 \end{cases} \tag{7-48}$$

最后写切比雪夫 1 型滤波器的系统函数，

$$\begin{aligned} H(s) &= \frac{\Omega_p^5/(r2^4)}{(s-s_1)(s-s_2)(s-s_3)(s-s_4)(s-s_5)} \\ &\approx \frac{2.922 \times 10^{20}}{(s^2 + 3372s + 3.512 \times 10^8)(s + 5456)(s^2 + 8828s + 1.525 \times 10^8)} \\ &\approx \frac{2.922 \times 10^{20}}{s^5 + 17656s^4 + 6 \times 10^8 s^3 + 6.525 \times 10^{12}s^2 + 7.328 \times 10^{16}s^1 + 2.922 \times 10^{20}} \end{aligned} \tag{7-49}$$

三种表达式都可作为数字滤波器的模型。

将 $s = \text{j}2\pi f$ 代入 $H(s)$ 可得幅频特性，如图 7-9 所示，其通带最大衰减约 1dB，阻带最小衰减约 45.4dB，满足技术指标。本题的画图程序为

```
Op = 2 * pi * 3e3; r = 0.509; N = 5;
k = 1:N; u = (2 * k - 1)/2/N * pi; v = asinh(1/r)/N;
sk = - Op * sin(u) * sinh(v) + j * Op * cos(u) * cosh(v);
B = (6e3 * pi)^N/r/2^(N - 1); A = poly(sk);
f = 0:6000; O = 2 * pi * f;
H = freqs(B,A,O); plot(f/1e3,abs(H)); xlabel('f/kHz'); ylabel('|H(f)|'); axis
([0,6,0,1.1])
```

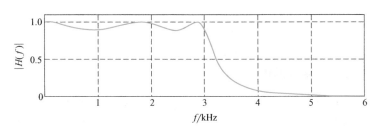

图 7-9　切比雪夫 1 型滤波器的幅频特性

2. 切比雪夫 2 型

切比雪夫 2 型滤波器也称为反切比雪夫（Inverse Chebyshev）滤波器，其幅度平方函数

$$|H(\Omega)|^2 = \frac{1}{1 + \dfrac{r^2}{C_N^2(\Omega_s/\Omega)}} \tag{7-50}$$

r 是阻带波动系数。从公式看，$\Omega < \Omega_s$ 时，其 $C_N(\Omega_s/\Omega) = \cosh[N\mathrm{arcosh}(\Omega_s/\Omega)]$，故通带的幅度单调减小；$\Omega \geqslant \Omega_s$ 时，其 $C_N(\Omega_s/\Omega) = \cos[N\mathrm{arccos}(\Omega_s/\Omega)]$，故阻带的幅度等幅波动。

为得切比雪夫 2 型滤波器的系统函数，将 $s = \mathrm{j}\Omega$ 代入幅度平方函数，

$$|H(\Omega)|^2 = H(s)H(-s)\big|_{s=\mathrm{j}\Omega} = \frac{C_N^2(\mathrm{j}\Omega_s/s)}{C_N^2(\mathrm{j}\Omega_s/s) + r^2} \tag{7-51}$$

然后用 $C_N(\mathrm{j}\Omega_s/s)$ 的第一个公式求解零点。令

$$\cos[N\mathrm{arccos}(\mathrm{j}\Omega_s/z_k)] = 0 \tag{7-52}$$

z_k 表示零点，因 $C_N(\mathrm{j}\Omega_s/s)$ 为 N 阶，故 $k = 1 \sim N$。该余弦的角度

$$N\mathrm{arccos}(\mathrm{j}\Omega_s/z_k) = k\pi - \pi/2 \tag{7-53}$$

化简后得

$$z_k = \frac{\mathrm{j}\Omega_s}{\cos[(k-0.5)\pi/N]} \tag{7-54}$$

求解极点时，令分母等于 0，得

$$C_N(\mathrm{j}\Omega_s/p_k) = \pm \mathrm{j}r \tag{7-55}$$

p_k 表示极点，因 $C_N(\mathrm{j}\Omega_s/s)$ 为 N 阶，故 $k = 1 \sim N$。根据 $C_N(\mathrm{j}\Omega_s/s)$ 的第一个公式，令

$$\mathrm{arccos}(\mathrm{j}\Omega_s p_k) = a + \mathrm{j}b \tag{7-56}$$

则极点

$$p_k = \Omega_s \frac{-\sin(a)\sinh(b) + \mathrm{j}\cos(a)\cosh(b)}{\cos^2(a)\cosh^2(b) + \sin^2(a)\sinh^2(b)} \tag{7-57}$$

还有

$$C_N(\mathrm{j}\Omega_s/p_k) = \cos(Na)\cosh(Nb) - \mathrm{j}\sin(Na)\sinh(Nb) \tag{7-58}$$

对比 $C_N(\mathrm{j}\Omega_s/p_k)$ 的表达式，得

$$\begin{cases} \cos(Na)\cosh(Nb) = 0 \\ \sin(Na)\sinh(Nb) = \pm r \end{cases} \tag{7-59}$$

其解为

$$\begin{cases} a = (k - 0.5)\pi/N \\ b = \pm \operatorname{arsinh}(r)/N \end{cases} \tag{7-60}$$

综上所述，幅度平方函数的极点

$$p_k = \Omega_s \frac{\pm \sin\left[(k-0.5)\pi/N\right]\sinh\left[\operatorname{arsinh}(r)/N\right] + \mathrm{j}\cos\left[(k-0.5)\pi/N\right]\cosh\left[\operatorname{arsinh}(r)/N\right]}{\cos^2\left[(k-0.5)\pi/N\right]\cosh^2\left[\operatorname{arsinh}(r)/N\right] + \sin^2\left[(k-0.5)\pi/N\right]\sinh^2\left[\operatorname{arsinh}(r)/N\right]} \tag{7-61}$$

考虑稳定性，系统的极点

$$p_k = \Omega_s \frac{-\sin\left[(k-0.5)\pi/N\right]\sinh\left[\operatorname{arsinh}(r)/N\right] + \mathrm{j}\cos\left[(k-0.5)\pi/N\right]\cosh\left[\operatorname{arsinh}(r)/N\right]}{\cos^2\left[(k-0.5)\pi/N\right]\cosh^2\left[\operatorname{arsinh}(r)/N\right] + \sin^2\left[(k-0.5)\pi/N\right]\sinh^2\left[\operatorname{arsinh}(r)/N\right]} \tag{7-62}$$

根据所解的零极点，切比雪夫 2 型滤波器的系统函数可写为

$$H(s) = g \frac{(s - z_1)(s - z_2)\cdots(s - z_N)}{(s - p_1)(s - p_2)\cdots(s - p_N)} \tag{7-63}$$

式中，g 有两种写法：

当 N 为偶数时，$g = 1/\sqrt{1 + r^2}$，因偶数 N 的 $C_N(\mathrm{j}\Omega_s/s)$ 最低阶项为 $\cos(\pi N/2)$；

当 N 为奇数时，$g = N\Omega_s/r$，因奇数 N 的 $C_N(\mathrm{j}\Omega_s/s)$ 最低阶项为 $N\sin(\pi N/2)\mathrm{j}\Omega_s/s$，这时分子的 s 多项式有 $N-1$ 个根，要除掉 $k = (N+1)/2$ 这个无理零点。

切比雪夫 2 型滤波器的关键参数是 N 和 r，它们由指标 $\{\Omega_p, \Omega_s, A_p, A_s\}$ 决定。切比雪夫 2 型滤波器的衰减函数

$$A(\Omega) = 10\lg\left[1 + r^2/C_N^2(\Omega_s/\Omega)\right] \tag{7-64}$$

代入阻带指标 $\{\Omega_s, A_s\}$ 后，得

$$r = (10^{A_s/10} - 1)^{1/2} \tag{7-65}$$

将指标 Ω_p、Ω_s、A_p 和 r 代入衰减函数，得

$$N = \frac{\operatorname{arcosh}(r/\sqrt{10^{A_p/10} - 1})}{\operatorname{arcosh}(\Omega_s/\Omega_p)} \tag{7-66}$$

例 7.3 设波动系数 $r = 1.732$，阻带截止频率 $f_s = 100\mathrm{Hz}$，请写出 $N = 2$、3、4、5 的切比雪夫 2 型滤波器的系统函数，并画出它们的幅频特性，指出它们的异同。

解 根据 N 和 r 计算零极点和 g，所得的系统函数系数见表 7-1。计算零极点的程序为

```
r = 1.732; fs = 100; Ws = 2 * pi * fs; N = 5, k = 1:N;
z = j * Ws. /cos((k - 0.5) * pi/N)
u = cos((k - 0.5) * pi/N). * cosh(asinh(r)/N); v = sin((k - 0.5) * pi/N). * sinh(asinh(r)/N);
p = Ws * ( - v + j * u). /(u.^2 + v.^2)
```

表 7-1　系统函数系数

阶	2	3	4	5
零点	$z_1 \approx j888.6$ $z_2 \approx -j888.6$	$z_1 \approx j725.5$ $z_2 \approx -j725.5$	$z_1 \approx j680.1$ $z_2 \approx j1642$ $z_3 \approx -j1642$ $z_4 \approx -j680.1$	$z_1 \approx j661$ $z_2 \approx j1069$ $z_3 \approx -j1069$ $z_4 \approx -j661$
极点	$p_1 \approx -314.2 + j544.2$ $p_2 \approx -314.2 + j544.2$	$p_1 \approx -149 + j625.3$ $p_2 \approx -1386$ $p_3 \approx -149 - j625.3$	$p_1 \approx -83.45 + j633.8$ $p_2 \approx -751.8 + j979.8$ $p_3 \approx -751.8 - j979.8$ $p_4 \approx -83.45 - j633.8$	$p_1 \approx -53.03 + j634$ $p_2 \approx -325.2 + j917.7$ $p_3 \approx -2358$ $p_4 \approx -325.2 - j917.7$ $p_5 \approx -53.03 - j634$
g	0.5	1088	0.5	1814

偶数 N 的零点数 $= N$，奇数 N 的零点数等于 $N-1$；零点共轭，极点也共轭，所以分子分母多项式的系数为实数，它们的系统函数为

$$H_2(s) \approx 0.5 \frac{s^2 + 789610}{s^2 + 628.3s + 3.948 \times 10^5} \tag{7-67}$$

$$H_3(s) \approx 1088 \frac{s^2 + 526350}{s^3 + 1684s^2 + 8.264 \times 10^5 s + 5.729 \times 10^8} \tag{7-68}$$

$$H_4(s) \approx 0.5 \frac{s^4 + 3.159 \times 10^6 s^2 + 1.247 \times 10^{12}}{s^4 + 1671s^3 + 2.185 \times 10^6 s^2 + 8.691 \times 10^8 s + 6.234 \times 10^{11}} \tag{7-69}$$

$$H_5(s) \approx \frac{1814(s^4 + 1.58 \times 10^6 s^2 + 4.99 \times 10^{11})}{s^5 + 3115s^4 + 3.21 \times 10^6 s^3 + 3.72 \times 10^9 s^2 + 1.24 \times 10^{12} s + 9.05 \times 10^{14}} \tag{7-70}$$

下标表示阶。将 $s = j2\pi f$ 代入系统函数可得幅频特性，如图 7-10 所示，它们在 f_s 的幅值都等于 0.5，阻带按 0.5 等幅波动，波动次数等于阶。

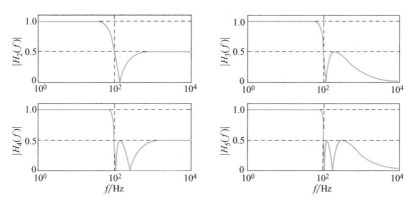

图 7-10　切比雪夫 2 型滤波器的幅频特性

前面介绍了巴特沃斯和切比雪夫滤波器，其设计特点是，设计一次即可获得符合指标的模拟滤波器。

131

7.2 间接设计数字滤波器

间接设计数字滤波器的方法是，以模拟滤波器的系统函数为模型，用变量代换将它变为数字滤波器。变换的方法有：脉冲响应不变法和双线性变换法。

7.2.1 脉冲响应不变法

脉冲响应不变法（Impulse-Invariant Method）就是对模拟滤波器的单位脉冲响应采样，做法与模数转换相同。

令数字滤波器 $h(n)$ 和模拟滤波器 $h_a(t)$ 的关系为

$$h(n) = h_a(t) \big|_{t=nT} = h_a(nT) \qquad (7\text{-}71)$$

根据离散和模拟信号的频谱关系，数字滤波器频谱 $H(\omega)$ 和模拟滤波器频谱 $H_a(\Omega)$ 的关系为

$$H(\omega) = \frac{1}{T} \sum_{k=-\infty}^{\infty} H_a(\Omega - \Omega_s k) \bigg|_{\Omega = \omega/T} \qquad (7\text{-}72)$$

只要遵循采样定理，那么，在数字角频率 $|\omega| < \pi$ 的主值区间，$H(\omega)$ 和 $H_a(\Omega)$ 等价，即

$$H(\omega) = \frac{1}{T} H_a(\Omega) \big|_{\Omega = \omega/T} \qquad (7\text{-}73)$$

这个等式说明，只要模拟系统 $H_a(s)$ 是带限的，就能用脉冲响应不变法。

为了直接从模拟系统函数 $H_a(s)$ 获得数字系统函数 $H(z)$，部分分式模拟系统函数，

$$H_a(s) = \mathrm{LT}[h_a(t)] = \sum_{k=1}^{N} \frac{A_k}{s - s_k} \qquad (7\text{-}74)$$

其拉普拉斯反变换（Inverse Laplace Transform）

$$h_a(t) = \mathrm{ILT}[H_a(s)] = \sum_{k=1}^{N} A_k e^{s_k t} u(t) \qquad (7\text{-}75)$$

模数转换 $h_a(t)$ 后，得

$$h(n) = \sum_{k=1}^{N} A_k e^{s_k t} u(t) \bigg|_{t=nT} = \sum_{k=1}^{N} A_k e^{s_k nT} u(n) \qquad (7\text{-}76)$$

然后求 $h(n)$ 的 z 变换，

$$H(z) = \sum_{n=-\infty}^{\infty} h(n) z^{-n} = \sum_{k=1}^{N} \frac{A_k}{1 - e^{s_k T} z^{-1}} \quad (|z| > |e^{s_k T}|) \qquad (7\text{-}77)$$

它就是脉冲响应不变法公式。其极点映射关系为

$$z_k = e^{s_k T} \qquad (7\text{-}78)$$

因 $H(z)$ 的频谱是 $H(\omega)$，其幅度与采样频率 $f_s = 1/T$ 成正比，当 f_s 很大时，$H(z)$ 处理的信号很可能溢出；为防此事发生，编程用的脉冲响应不变法公式为

$$H(z) = T \sum_{k=1}^{N} \frac{A_k}{1 - e^{s_k T} z^{-1}} \qquad (7\text{-}79)$$

例 7.4　设模拟低通滤波器的系统函数为

$$H_a(s) = \frac{a}{s+a} \quad (a > 0) \tag{7-80}$$

请用泰勒级数证明，当采样周期 T 远小于 $1/a$ 时，脉冲响应不变法公式

$$H(z) = \sum_{k=1}^{N} \frac{A_k}{1 - e^{s_k T} z^{-1}} \tag{7-81}$$

的直流频谱 $H(0)$ 与模拟滤波器的直流频谱 $H_a(0)$ 比值等于 $1/T$。

解　因模拟系统的极点 $s_1 = -a$，根据脉冲响应不变法公式，其数字滤波器

$$H(z) = \frac{a}{1 - e^{-aT}z^{-1}} \tag{7-82}$$

令 $s = j\Omega$，当 $\Omega = 0$ 时，模拟系统的频谱

$$H_a(0) = 1 \tag{7-83}$$

令 $z = e^{j\omega}$，当 $\omega = 0$ 时，数字系统的频谱

$$H(0) = \frac{a}{1 - e^{-aT}} = \frac{a}{1 - \left[1 + \dfrac{(-aT)}{1!} + \dfrac{(-aT)^2}{2!} + \dfrac{(-aT)^3}{3!} + \cdots\right]} \tag{7-84}$$

$$\approx \frac{1}{T} \quad (aT \ll 1)$$

为得 s 和 z 的映射关系，设周期脉冲函数采样的系统函数

$$h_s(t) = \sum_{n=-\infty}^{\infty} h(n)\delta(t - nT) \tag{7-85}$$

其拉普拉斯变换为

$$H_s(s) = \mathrm{LT}[h_s(t)] = \sum_{n=-\infty}^{\infty} h(n)e^{-snT} \tag{7-86}$$

与脉冲响应不变法公式对比，复变量 s 和 z 的映射为

$$z = e^{sT} \quad (z = re^{j\omega}, \ s = \sigma + j\Omega) \tag{7-87}$$

所以，采样系统 $H_s(s)$ 与数字系统 $H(z)$ 的关系为

$$H_s(s) = H(z)\big|_{z = e^{sT}} \tag{7-88}$$

对比映射公式的幅度和角度，得

$$\begin{cases} r = e^{\sigma T} \\ \omega = \Omega T \end{cases} \tag{7-89}$$

其复数平面关系主要有四点（见图 7-11 和图 7-12）：

1）s 左平面对应 z 单位圆内；

2）s 虚轴对应 z 单位圆；

3）s 右平面对应 z 单位圆外；

4）s 的 $\Omega = 0 \sim \Omega_s$ 条状平面对应 z 的 $\omega = 0 \sim 2\pi$ 平面。

例 7.5　检测地球物理信号需滤除高频噪声。设有用信号的频谱在 $f = 0 \sim 500\mathrm{Hz}$，请用脉冲响应不变法设计一个 4 阶巴特沃斯数字滤波器。

解　设滤波器的截止频率 $f_c = 500\mathrm{Hz}$，设计步骤是先模拟滤波器再数字滤波器。

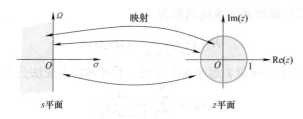

图 7-11　全平面映射

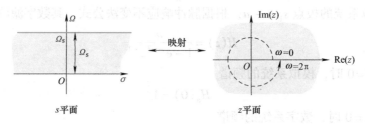

图 7-12　条状平面映射

（1）模拟滤波器

根据 Ω_c 和 N 计算系统函数 $H_a(s)$ 的极点，

$$
\begin{cases}
s_1 \approx -1202 + j2903 \\
s_2 \approx -2903 + j1202 \\
s_3 \approx -2903 - j1202 \\
s_4 \approx -1202 - j2903
\end{cases}
\tag{7-90}
$$

写出 $H_a(s)$ 的部分分式，

$$
H_a(s) \approx \frac{-1451 + j601}{s - s_1} + \frac{1451 - j3504}{s - s_2} + \frac{1451 + j3504}{s - s_3} + \frac{-1451 - j601}{s - s_4}
\tag{7-91}
$$

其幅频特性 $|H_a(f)|$ 如图 7-13 所示，$f = 500\,\text{Hz}$ 的 $|H_a(f)| \approx 0.7$。$H_a(s)$ 是设计数字滤波器的模型。

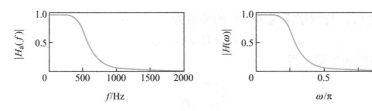

图 7-13　脉冲响应不变法的幅频特性

（2）数字滤波器

用脉冲响应不变法时，应先确定采样频率。观察图 7-13，$f = 2000\,\text{Hz}$ 的 $|H_a(f)| \approx 0$，选 $f_s = 4000\,\text{Hz}$ 不会引起太大混叠失真。根据乘 T 的脉冲响应不变法公式，得数字滤波器

$$
H(z) \approx \frac{-0.363 + j0.15}{1 - (0.554 + j0.491) z^{-1}} + \frac{0.363 - j0.876}{1 - (0.462 + j0.143) z^{-1}}
$$
$$
+ \frac{0.363 + j0.876}{1 - (0.462 - j0.143) z^{-1}} + \frac{-0.363 - j0.15}{1 - (0.554 - j0.491) z^{-1}}
\tag{7-92}
$$

134

这种公式的系数是复数，应转换为实数，

$$H(z) \approx \frac{-0.726 + 0.255z^{-1}}{1 - 1.108z^{-1} + 0.548z^{-2}} + \frac{0.726 - 0.085z^{-1}}{1 - 0.924z^{-1} + 0.234z^{-2}} \qquad (7\text{-}93)$$

或写为

$$H(z) \approx \frac{0.0364z^{-1} + 0.0865z^{-2} + 0.0131z^{-3}}{1 - 2.032z^{-1} + 1.806z^{-2} - 0.766z^{-3} + 0.128z^{-4}} \qquad (7\text{-}94)$$

其幅频特性 $|H(\omega)|$ 如图 7-13 所示，最大值为 1，这是变换公式乘 T 的结果。根据 $\omega = \Omega T$，$f = 500\text{Hz}$ 对应 $\omega = 0.25\pi$，$|H(0.25\pi)| \approx 0.7$；$\omega = \pi$ 对应 $f = 2000\text{Hz}$，看不出混叠失真。

值得注意的是：脉冲响应不变法的模拟信号和模拟滤波器的采样频率必须相同，否则将产生严重问题。

脉冲响应不变法的优点是，数字系统和模拟系统的单位脉冲响应是线性关系，它们的数字和模拟角频率也是线性关系；缺点是，对模拟滤波器的采样必须满足采样定理。这个缺点限制了高通、带阻等滤波器的设计。

7.2.2 双线性变换法

双线性变换法（Bilinear Transform）是另一种 s 和 z 的映射关系，即

$$s = \frac{1 - z^{-1}}{1 + z^{-1}} \qquad (7\text{-}95)$$

将它代入模拟系统函数 $H_a(s)$ 即得数字系统函数

$$H(z) = H_a(s)\big|_{s = \frac{1-z^{-1}}{1+z^{-1}}} \qquad (7\text{-}96)$$

原理上，双线性变换法是这么来的。利用正切函数的非线性特点，令 s 的角频率

$$\Omega = \tan(\omega/2) \qquad (7\text{-}97)$$

可使 $\Omega = -\infty \sim \infty$ 对应 $\omega = -\pi \sim \pi$，相当于频率压缩。将 Ω 进一步演化，得

$$\Omega = \frac{(e^{j\omega/2} - e^{-j\omega/2})/(j2)}{(e^{j\omega/2} + e^{-j\omega/2})/2} \qquad (7\text{-}98)$$

然后令 $s = j\Omega$ 和 $z = e^{j\omega}$，则

$$s = \frac{z^{1/2} - z^{-1/2}}{z^{1/2} + z^{-1/2}} = \frac{1 - z^{-1}}{1 + z^{-1}} \qquad (7\text{-}99)$$

虽然这个关系是从 $s = j\Omega$ 和 $z = e^{j\omega}$ 得到，但对于 $s = \sigma + j\Omega$ 仍是点对点的映射。这是因为，代入 $z = re^{j\omega}$ 和 $s = \sigma + j\Omega$ 的映射为

$$re^{j\omega} = \frac{1 + \sigma + j\Omega}{1 - \sigma - j\Omega} \qquad (7\text{-}100)$$

其平面映射如图 7-14 所示。当 $\sigma = 0$ 时，$s = j\Omega$ 对应 $|z| = 1$，$\omega = 2\arctan(\Omega)$；当 $\sigma < 0$ 时，s 左平面对应 $|z| < 1$，$\omega = \arctan[\Omega/(1+\sigma)] + \arctan[\Omega/(1-\sigma)]$；当 $\sigma > 0$ 时，s 右平面对应 $|z| > 1$，$\omega = \arctan[\Omega/(1+\sigma)] + \arctan[\Omega/(1-\sigma)]$。可见，$\omega = -\pi \sim \pi$ 与 $\Omega = -\infty \sim \infty$ 呈一对一关系，这种不重叠映射可防止混叠失真。

双线性变换法的 s 只是虚构的数学变量，其系统函数也只是数学模型。双线性变换法的设计步骤可分三步：

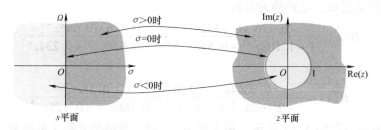

图 7-14 双线性变换的映射

1）根据数字指标 $\{\omega_p, \omega_s, A_p, A_s\}$ 和 $\Omega = \tan(\omega/2)$ 计算虚构的模拟指标 Ω_p 和 Ω_s；

2）根据 $\{\Omega_p, \Omega_s, A_p, A_s\}$ 设计模拟滤波器 $H_a(s)$；

3）对 $H_a(s)$ 应用双线性变换，即得数字滤波器 $H(z)$。

双线性变换法只适合设计片断常数（Piecewise Constant）的数字滤波器，即各频段的幅度为常数；原因是 $H(z)$ 与 $H_a(s)$ 的 $\omega = 2\arctan(\Omega)$ 是非线性映射，只能保证常数频段的幅度特点，幅度不是常数的部分将发生幅度畸变。

例 7.6 设模拟信号的有用成分在 1kHz 以下，采样频率为 8kHz，幅度失真小于 3dB。请设计提取该信号的数字低通滤波器，用双线性变换法和 1 阶巴特沃斯滤波器。

解 根据采样频率，数字滤波器的截止频率 $\omega_c = 0.25\pi$，下面开始设计。

（1）虚构的频率

根据频率映射公式 $\Omega = \tan(\omega/2)$ 得虚构的截止角频率 $\Omega_c = 0.414$。

（2）虚构的模型滤波器

根据巴特沃斯滤波器的极点公式，模拟滤波器 $H_a(s)$ 的极点 $s_1 = -\Omega_c$，系统函数为

$$H_a(s) = \frac{\Omega_c}{s + \Omega_c} \tag{7-101}$$

它的幅频特性如图 7-15 左图所示，$|H_a(\Omega)| = 0.7$ 的 $\Omega = 0.414$，当 $\Omega \to \infty$ 时 $|H_a(\Omega)| \to 0$。

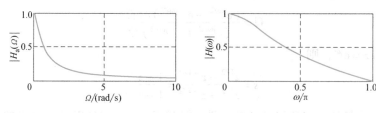

图 7-15 双线性变换法的幅频特性

（3）数字滤波器

对 $H_a(s)$ 应用双线性变换法，得数字滤波器的系统函数

$$H(z) = H_a(s) \Big|_{s = \frac{1-z^{-1}}{1+z^{-1}}} \approx \frac{0.293 + 0.293z^{-1}}{1 - 0.414z^{-1}} \tag{7-102}$$

其幅频特性如图 7-15 右图所示，$|H(\omega)| = 0.7$ 的 $\omega = 0.25\pi$，当 $\omega \to \pi$ 时 $|H(\omega)| \to 0$，无混叠失真，代价是 $H(z)$ 和 $H_a(s)$ 的过渡带形状不同。

双线性变换法的优点是，没有混叠失真，不需模拟滤波器到数字滤波器的采样频率；缺点是幅频特性的形状失真。

7.3 直接设计数字滤波器

直接设计数字滤波器是在数字频域或数字时域里设计 $H(z)$，依据是系统的零极点，或频谱误差、单位脉冲响应误差。

7.3.1 零极点设计法

系统函数的零点越靠近单位圆，零点矢量越短，频谱幅度越小；极点越靠近单位圆，极点矢量越短，频谱幅度越大。所以，零点位置影响幅频特性的波谷，极点位置影响幅频特性的波峰。

零极点设计法就是根据零极点的特点，设置符合指标的零极点，直接写出数字滤波器的系统函数。不过函数需要检验和调整零极点，才能达到要求。

例 7.7 请根据零极点的特点设计数字滤波器，实现下面模拟信号的滤波指标：

1）消除直流成分和 250Hz 成分；

2）有用信号的中心频率（Center Frequency）为 20Hz；

3）滤波器的 3dB 带宽（Bandwidth）为 10Hz。

解 根据最高频率 250Hz 选采样频率 $f_s = 500$Hz，模拟频率对应的数字角频率见表 7-2。

表 7-2 带通滤波器频率

$f/$Hz	0	15	20	25	250
ω/π rad	0	0.06	0.08	0.1	1

用零极点矢量表示的系统函数为

$$H(z) = \frac{b_0}{a_0} z^{N-M} \frac{\prod\limits_{r=1}^{M}(z-c_r)}{\prod\limits_{i=1}^{N}(z-d_i)} \tag{7-103}$$

根据本题要求，设零点为 $z_1 = 1$ 和 $z_2 = -1$，极点为 $p_1 = re^{j0.08\pi}$ 和 $p_2 = re^{-j0.08\pi}$，r 需要检验才能确定。因 $M = N = 2$，故零极点矢量的系统函数

$$H(z) = \frac{(z-z_1)(z-z_2)}{(z-p_1)(z-p_2)} \tag{7-104}$$

检验后得 $r = 0.94$，其归一化幅频特性如图 7-16 所示，$|H(\omega)|_{max} \approx 17.2$。$\omega = 0$ 和 π 的 $|H(\omega)| = 0$；$\omega = 0.08\pi$ 的幅度最大；$\omega = 0.06\pi$ 和 0.1π 的 $|H(\omega)|/|H(\omega)|_{max} \approx 0.7$。

若希望系统函数的幅度最大值为 1，则令 $b_0/a_0 = 1/17.2$，这样得到的带通滤波器系统函数

$$H(z) \approx \frac{0.0581(1-z^{-2})}{1-1.821z^{-1}+0.884z^{-2}} \tag{7-105}$$

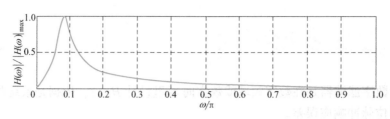

图 7-16　零极点设计法的幅频特性

从计算机看：极点太靠近单位圆，系统容易不稳定；原因是信号和系统参数的量化、数字计算都有误差。若单个零极点不能达到要求，可增加多个零极点。

例 7.8　人体生理信号非常微弱，心电图仪检测这种信号时，必须消除 50Hz 交流电干扰。设信号的采样周期 $T=2\text{ms}$，滤波器有三对零点和三对极点，有对极点的半径为0.9，零极点的位置可重合或均匀分布。请问哪种方法较好。

解　为彻底消除 50Hz 干扰，零点应在 z 单位圆 $\omega=0.2\pi$ 处。三对重合的零点为

$$\begin{cases} z_{1\sim3}=\text{e}^{\text{j}0.2\pi}\approx\text{e}^{\text{j}0.628} \\ z_{4\sim6}=\text{e}^{-\text{j}0.2\pi}\approx\text{e}^{-\text{j}0.628} \end{cases} \tag{7-106}$$

为不影响有用信号，$\omega\neq0.2\pi$ 时应 $|H(\omega)|=1$。从零极点矢量看，每个零点旁应有一个极点。

（1）极点重合

若在 $\omega=0.2\pi$ 处设置三重极点，

$$\begin{cases} p_{1\sim3}=0.9\text{e}^{\text{j}0.628} \\ p_{4\sim6}=0.9\text{e}^{-\text{j}0.628} \end{cases} \tag{7-107}$$

则滤波器的系统函数

$$H(z)=\frac{[(z-z_1)(z-z_4)]^3}{[(z-p_1)(z-p_4)]^3}\approx\left(\frac{1-1.618z^{-1}+z^{-2}}{1-1.456z^{-1}+0.81z^{-2}}\right)^3 \tag{7-108}$$

其零极点和幅频特性如图 7-17 所示，$\omega=0.2\pi$ 的幅度 $|H(\omega)|=0$，完全消除 50Hz 干扰。

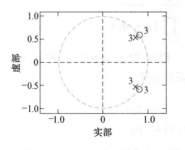
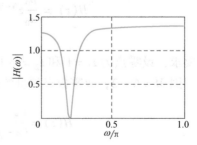

图 7-17　极点重合的滤波器

（2）极点分离

极点可在不同的位置，但必须在单位圆里。这里以零点 z_1 为圆心 0.1 为半径 $\pi/3$ 为角度设置极点 $p_{1\sim3}$，如图 7-18 所示。

由于零极点是矢量，根据矢量加法容易写出极点，

$$\begin{cases} p_1 = 0.9e^{j0.2\pi} \approx 0.9e^{j0.628} \\ p_2 = z_1 + 0.1e^{j(0.2\pi+2\pi/3)} \approx 0.954e^{j0.719} \\ p_3 = z_1 + 0.1e^{j(0.2\pi-2\pi/3)} \approx 0.954e^{j0.537} \\ p_4 \approx 0.9e^{-j0.628} \\ p_5 \approx 0.954e^{-j0.719} \\ p_6 \approx 0.954e^{-j0.537} \end{cases}$$
(7-109)

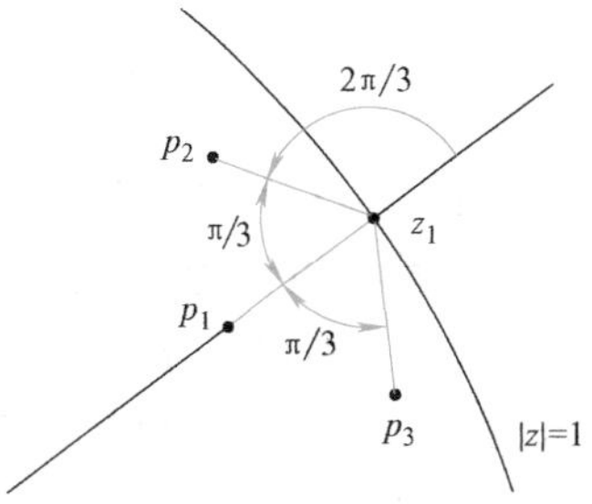

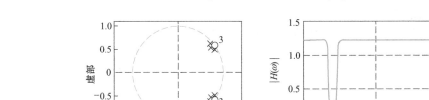

图 7-18　极点等角度分布

这么安排零极点的系统函数

$$H(z) \approx \frac{1-1.618z^{-1}+z^{-2}}{1-1.456z^{-1}+0.81z^{-2}} \frac{1-1.618z^{-1}+z^{-2}}{1-1.436z^{-1}+0.91z^{-2}} \frac{1-1.618z^{-1}+z^{-2}}{1-1.639z^{-1}+0.91z^{-2}}$$
(7-110)

其零极点和幅频特性如图 7-19 所示，其 $\omega \neq 0.2\pi$ 的 $|H(\omega)|$ 比极点重合的平坦。

图 7-19　极点分离的滤波器

7.3.2　最小误差设计法

最小误差设计法也称为最优化设计法，它运用误差求导、求极值的方法，尽量地缩小因果滤波器和希望滤波器的差别。这种方法可在时域或频域进行。

1. 时域最小误差设计法

时域最小误差设计法以希望滤波器 $h_d(n)$ 为标准，让因果系统 $h(n)$ 尽量接近 $h_d(n)$。这个"尽量"就是"误差最小"。误差最小的标准有误差平均值最小、误差最大值最小等。不同的标准产生不同的设计法。

若时域误差的标准是在 $n = 0 \sim I+J$ 的 $h(n) = h_d(n)$，则这种设计法称为帕德算法（Pade Algorithm）。其设计原理是，设 $h(n)$ 的系统函数

$$H(z) = \sum_{n=0}^{\infty} h(n)z^{-n} = \frac{\sum_{i=0}^{I} b_i z^{-i}}{1+\sum_{j=1}^{J} a_j z^{-j}}$$
(7-111)

系数 b_i 和 a_j 共有 $I+J+1$ 个。因其差分方程为

$$h(n) + \sum_{j=1}^{J} a_j h(n-j) = \sum_{i=0}^{I} b_i \delta(n-i)$$
(7-112)

故将 $n = 0 \sim I+J$ 的 $h(n) = h_d(n)$ 代入上式，得

$$h_d(n) + \sum_{j=1}^{J} a_j h_d(n-j) = \begin{cases} b_n & (n = 0 \sim I) \\ 0 & (n = I+1 \sim I+J) \end{cases} \tag{7-113}$$

它共有 $I+J+1$ 个线性方程，求解可得 b_i 和 a_j。

帕德算法设计的 $h(n)$ 在 $n = 0 \sim I+J$ 时等于 $h_d(n)$，其他 n 不保证 $h(n) = h_d(n)$。

例 7.9 设磁悬浮列车掠过桥墩的震动信号 $h_d(n) = \{5, 2, 1, 0.5\}$，$n = 0 \sim 3$。请用帕德算法设计二阶全极点和单零点单极点因果系统 $h(n)$，要求 $n = 0 \sim 2$ 时 $h(n) = h_d(n)$。

解 观察 $h(n)$ 的系统函数

$$H(z) = \frac{\sum_{i=0}^{I} b_i z^{-i}}{1 + \sum_{j=1}^{J} a_j z^{-j}} \tag{7-114}$$

（1）二阶全极点系统

二阶全极点系统有 b_0、a_1 和 a_2，其帕德算法的方程为

$$\begin{cases} b_0 = h_d(0) \\ -h_d(0) a_1 = h_d(1) \\ -h_d(1) a_1 - h_d(0) a_2 = h_d(2) \end{cases} \tag{7-115}$$

根据 $h_d(n)$ 求解，得 $b_0 = 5$、$a_1 = -0.4$ 和 $a_2 = -0.04$，对应的系统函数为

$$H_1(z) = \frac{5}{1 - 0.4z^{-1} - 0.04z^{-2}} \tag{7-116}$$

（2）单零点单极点系统

单零点单极点系统有 b_0、b_1 和 a_1，其帕德算法的方程为

$$\begin{cases} b_0 = h_d(0) \\ b_1 - h_d(0) a_1 = h_d(1) \\ -h_d(1) a_1 = h_d(2) \end{cases} \tag{7-117}$$

根据 $h_d(n)$ 求解，得 $b_0 = 5$、$b_1 = -0.5$ 和 $a_1 = -0.5$，对应的系统函数为

$$H_2(z) = \frac{5 - 0.5z^{-1}}{1 - 0.5z^{-1}} \tag{7-118}$$

验算表明，在 $n = 0 \sim 2$ 的 $h_1(n) = h_2(n) = h_d(n)$，而 $h_1(3) = 0.48$，$h_2(3) = 0.5$。

若时域误差的标准是在 $n = 0 \sim N$ 的方均误差 E 最小，

$$E = \sum_{n=0}^{N} [h_d(n) - h(n)]^2 \tag{7-119}$$

$N > I+J+1$，则该设计法称为最小方均误差设计法，也叫普罗尼算法（Prony Method）。其设计原理是，设 $h(n)$ 的差分方程

$$h(n) + \sum_{j=1}^{J} a_j h(n-j) = \sum_{i=0}^{I} b_i \delta(n-i) \tag{7-120}$$

先求解 a_j。当 $n = I+1 \sim N$ 时，上式为

$$h(n) = -\sum_{j=1}^{J} a_j h(n-j) \tag{7-121}$$

将它代入方均误差函数，得

$$E = \sum_{n=I+1}^{N} \Big[h_d(n) + \sum_{j=1}^{J} a_j h(n-j) \Big]^2 \qquad (7\text{-}122)$$

令其 $h(n) = h_d(n)$，得

$$E = \sum_{n=I+1}^{N} \Big[h_d(n) + \sum_{j=1}^{J} a_j h_d(n-j) \Big]^2 \qquad (7\text{-}123)$$

因正值 E 对于 a_j 有最小值，故求 E 对 a_k 的偏导数，$k = 1 \sim J$，并令导数为零，得

$$\sum_{n=I+1}^{N} \Big\{ \Big[h_d(n) + \sum_{j=1}^{J} a_j h_d(n-j) \Big] h_d(n-k) \Big\} = 0 \qquad (7\text{-}124)$$

它有 J 个线性方程，解方程后可得 a_j。

然后根据 a_j 求解 b_i。将 $n = 0 \sim I$ 的 $h(n) = h_d(n)$ 代入 $h(n)$ 的差分方程，得

$$b_n = h_d(n) + \sum_{j=1}^{J} h_d(n-j) a_j \qquad (7\text{-}125)$$

它有 $I+1$ 个线性方程，求解后可得 b_i。

普罗尼算法的系统 $h(n)$ 在 $n = 0 \sim I$ 等于 $h_d(n)$，在 $n = I+1 \sim N$ 最大限度逼近 $h_d(n)$，使用的系数比帕德算法的少。

例 7.10 设希望系统 $h_d(n) = \{5, 3, 2, 1, 0.5\}$，$n = 0 \sim 4$。请用普罗尼算法设计二阶全极点系统 $h(n)$。要求 $h(n)$ 在 $n = 0 \sim 4$ 尽量接近 $h_d(n)$。

解 观察 $h(n)$ 的系统函数

$$H(z) = \frac{\sum_{i=0}^{I} b_i z^{-i}}{1 + \sum_{j=1}^{J} a_j z^{-j}} \qquad (7\text{-}126)$$

二阶全极点系统的 $I=0$，$J=2$，系数有 b_0、a_1 和 a_2。先求 a_1 和 a_2。其 $n = 1 \sim 4$ 的普罗尼方程为

$$\sum_{n=1}^{4} \Big\{ \Big[h_d(n) + \sum_{j=1}^{2} a_j h_d(n-j) \Big] h_d(n-k) \Big\} = 0 \qquad (7\text{-}127)$$

或写为

$$\sum_{n=1}^{4} \Big\{ h_d(n-k) \sum_{j=1}^{2} a_j h_d(n-j) \Big\} = - \sum_{n=1}^{4} \{ h_d(n) h_d(n-k) \} \quad (k = 1 \sim 2) \qquad (7\text{-}128)$$

将 $h_d(n)$ 代入上式后，得

$$\begin{cases} 39 a_1 + 23 a_2 = -23.5 \\ 23 a_1 + 38 a_2 = -14 \end{cases} \qquad (7\text{-}129)$$

解方程得 $a_1 = -0.5992$ 和 $a_2 = -0.0058$。然后，将 a_1 和 a_2 代入 $h(n)$ 的差分方程，得 $b_0 = 5$。它们对应的系统函数为

$$H(z) = \frac{5}{1 - 0.5992 z^{-1} - 0.0058 z^{-2}} \qquad (7\text{-}130)$$

普罗尼算法的单位脉冲响应如图 7-20 所示，$n = 0$ 的 $h_d(n) = h(n)$，$n = 1 \sim 4$ 的 $h(n) \approx [2.996, 1.824, 1.11, 0.676]$。

2. 频域最小误差设计法

从时域考虑误差可以设计系统，从频域考虑误差也可设计系统。做法是在系统频谱 $H(\omega)$ 和希望频谱 $H_d(\omega)$ 的误差最小的条件下设计系统的系数。衡量误差的标准不同，设计方法也不同。

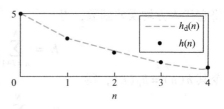

图 7-20　普罗尼算法的单位脉冲响应

若衡量误差的标准是在 $\omega = 0 \sim \pi$ 的频谱误差

$$E = \sum_{i=1}^{l} \left[\, |\, H(\omega_i)\, |\, -|\, H_d(\omega_i)\, |\, \right]^2 \tag{7-131}$$

ω_i 是对 $\omega = 0 \sim \pi$ 的采样点，采样方式由设计者决定，则这种设计法称为最小方均误差法。其设计原理是，将系统函数 $H(z)$ 写为二阶节级联，

$$H(z) = A \prod_{k=1}^{K} \frac{1 + a_k z^{-1} + b_k z^{-2}}{1 + c_k z^{-1} + d_k z^{-2}} \tag{7-132}$$

将它代入 E 后，E 就成为系数 $\{A,\ a_k,\ b_k,\ c_k,\ d_k\}$ 的函数。由于 E 是正值，用求偏导数的方法可找到一组系数，使 E 值最小。

寻找最佳 $\{A,\ a_k,\ b_k,\ c_k,\ d_k\}$ 的做法是重复计算：开始先设一组 $\{a_k,\ b_k,\ c_k,\ d_k\}$ 初值，代入求导得到的 A 方程，将算出的 A 代入求导得到的 $\{a_k,\ b_k,\ c_k,\ d_k\}$ 方程；然后再将计算出的 $\{a_k,\ b_k,\ c_k,\ d_k\}$ 代入求导得到的 A 方程，将算出的 A 代入求导得到的 $\{a_k,\ b_k,\ c_k,\ d_k\}$ 方程；如此重复，直至误差最小。

若衡量误差的标准是在 $\omega = 0 \sim \pi$ 的频谱误差

$$E = \sum_{i=1}^{l} W(\omega_i) \left[\, |\, H(\omega_i)\, |\, -|\, H_d(\omega_i)\, |\, \right]^p \tag{7-133}$$

式中，$W(\omega_i)$ 是正值加权函数，它在各频带的取值由设计者决定，这种设计法称为最小 p 误差法。

7.4　低通滤波器的变换

模拟滤波器可变为数字滤波器，低通滤波器也可变为高通、带通、带阻等滤波器，变换可在模拟或数字频域进行。

7.4.1　模拟频域变换

在模拟频域里，一种低通滤波器可用变量代换变为四种滤波器，变换公式见表 7-3，方法是将原低通滤波器的 s 用 ⟷ 的右式替换，即得所需的滤波器。表中 Ω_o 表示原（Original）低通滤波器截止频率，Ω_n 表示通过频率变换所得的新（New）滤波器截止频率；若 Ω_o 是原滤波器的通带截止频率 Ω_{op}，则 Ω_n 也是新滤波器的通带截止频率 Ω_{np}，依此类推。Ω_L 和 Ω_H 是频率变换所得的带通滤波器截止频率，若原滤波器的 Ω_o 是通带截止频率 Ω_{op}，则带通滤波器的 Ω_L 和 Ω_H 也是通带截止频率 Ω_{Lp} 和 Ω_{Hp}，如图 7-21 所示；带阻滤波器的关系也是如此。

表 7-3　模拟频域变换

滤波器	变换式
低通	$s \Leftrightarrow \dfrac{\Omega_o}{\Omega_n}s$
高通	$s \Leftrightarrow \dfrac{\Omega_o \Omega_n}{s}$
带通	$s \Leftrightarrow \Omega_o \dfrac{s^2 + \Omega_L \Omega_H}{(\Omega_H - \Omega_L)s}$
带阻	$s \Leftrightarrow \Omega_o \dfrac{(\Omega_H - \Omega_L)s}{s^2 + \Omega_L \Omega_H}$

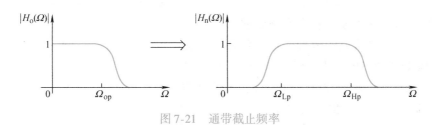

图 7-21　通带截止频率

按照表 7-3 变量代换，原滤波器的幅频特性映射到新滤波器的幅频特性具有相同指标。

例 7.11　设 1 阶巴特沃斯低通滤波器的 $\Omega_c = 1$。请用该滤波器设计 $f_c = 100\text{Hz}$ 的模拟低通滤波器。

解　因原滤波器的系统函数

$$H_o(s) = \frac{1}{s+1} \tag{7-134}$$

依 $\Omega_n = 200\pi\text{rad/s}$ 得变换式 $s/(200\pi)$，用它替换 $H_o(s)$ 的 s 即得新滤波器的系统函数

$$H_n(s) = \frac{1}{s/(200\pi) + 1} \approx \frac{628}{s + 628} \tag{7-135}$$

低通滤波器变为低通滤波器的幅频特性如图 7-22 所示。

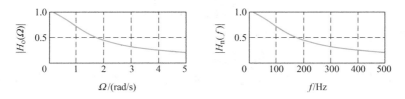

图 7-22　低通变低通的幅频特性

例 7.12　设模拟信号需高通滤波，截止频率为 4kHz，现用数字滤波实现这个功能，采样频率为 20kHz。请根据系统函数

$$H(s) = \frac{2}{s+2} \tag{7-136}$$

设计这个数字高通滤波器。

解　根据 $f_c = 4\text{kHz}$ 和 $f_s = 20\text{kHz}$ 得数字滤波器的截止频率 $\omega_c = 0.4\pi$。因数字高通滤波

器只能用双线性变换法，故 ω_c 对应模拟高通滤波器 $H_n(s)$ 的截止频率 $\Omega_n \approx 0.727$，$H_n(s)$ 是虚构的。

根据模型系统 $H(s)$ 的 $\Omega_o = 2$ 和 Ω_n 得 $H(s)$ 与 $H_n(s)$ 的变换式

$$\frac{\Omega_o \Omega_n}{s} \approx \frac{2 \times 0.727}{s} \tag{7-137}$$

用它代替 $H(s)$ 的 s，得

$$H_n(s) \approx \frac{s}{s + 0.727} \tag{7-138}$$

对 $H_n(s)$ 运用双线性变换法，得数字高通滤波器

$$H(z) \approx \frac{0.579 - 0.579z^{-1}}{1 - 0.158z^{-1}} \tag{7-139}$$

其幅频特性如图 7-23 所示，符合本题要求。

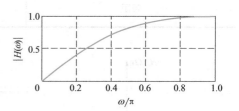

图 7-23 数字高通滤波器幅频特性

例 7.13 设鸟类研究的模拟带通滤波器通带截止频率为 5kHz 和 8kHz，阻带截止频率为 3kHz 和 12kHz，通带最大衰减为 2dB，阻带最小衰减为 20dB。请根据切比雪夫 1 型滤波器设计该带通滤波器。

解 设计步骤为：低通指标→低通滤波器→带通滤波器。

（1）低通指标

首先观察低通变带通的变换式，

$$s \Leftrightarrow \Omega_o \frac{s^2 + \Omega_L \Omega_H}{(\Omega_H - \Omega_L)s} \tag{7-140}$$

若选 Ω_o、Ω_L 和 Ω_H 为通带截止频率，写为 Ω_{op}、Ω_{Lp} 和 Ω_{Hp}，并令低通滤波器通带边界频率 $\Omega_{op} = 1$，则变换式为

$$s \Leftrightarrow \frac{s^2 + \Omega_{Lp} \Omega_{Hp}}{(\Omega_{Hp} - \Omega_{Lp})s} \tag{7-141}$$

令 $s = j\Omega$ 得频率映射式

$$\Omega \Leftrightarrow \frac{\Omega^2 - \Omega_{Lp} \Omega_{Hp}}{(\Omega_{Hp} - \Omega_{Lp})\Omega} \tag{7-142}$$

然后根据带通滤波器的中心频率

$$\Omega_0^2 = \Omega_{Lp} \Omega_{Hp} = \Omega_{Ls} \Omega_{Hs} \tag{7-143}$$

本题的 $f_{Lp} f_{Hp} = 40k^2$，$f_{Ls} f_{Hs} = 36k^2$，调整 $f_{Ls} = 40k^2/(12k) \approx 3.333k$；并用频率映射式求低通滤波器阻带边界频率，

$$\Omega_{os} = \frac{f_{Ls}^2 - f_{Lp} f_{Hp}}{(f_{Hp} - f_{Lp})f_{Ls}} \approx -2.889 \tag{7-144}$$

取其正值。低通滤波器指标 $\{\Omega_{op}, \Omega_{os}, A_p, A_s\} = \{1, 2.889, 2, 20\}$。

（2）低通滤波器

切比雪夫 1 型滤波器的波动系数

$$r = \sqrt{10^{2/10} - 1} \approx 0.765 \tag{7-145}$$

滤波器的阶

$$N = \frac{\mathrm{arcosh}(\sqrt{10^{20/10}-1}/0.765)}{\mathrm{arcosh}(2.889/1)} \approx 1.891 \tag{7-146}$$

取 $N=2$，得极点

$$p_1 = -0.402 + \mathrm{j}0.813$$
$$p_2 = -0.402 - \mathrm{j}0.813 \tag{7-147}$$

其系统函数

$$H_o(s) = \frac{1}{0.765 \times 2(s-p_1)(s-p_2)} \approx \frac{0.654}{s^2 + 0.804s + 0.823} \tag{7-148}$$

（3）带通滤波器

低通变带通的变换式为

$$\frac{s^2 + 1.579 \times 10^9}{1.885 \times 10^4 s} \tag{7-149}$$

用它替换 $H_o(s)$ 的 s，得带通滤波器的系统函数

$$H(s) \approx \frac{2.324 \times 10^8 s^2}{s^4 + 15155s^3 + 3.45 \times 10^9 s^2 + 2.393 \times 10^{13} s + 2.493 \times 10^{18}} \tag{7-150}$$

其幅频特性如图 7-24 所示。

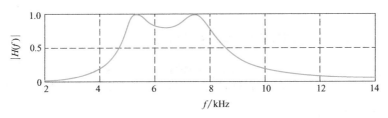

图 7-24　模拟带通滤波器幅频特性

例 7.14　设 6~7kHz 的电磁波为干扰，要用模拟带阻滤波器消除它，滤波器的通带边界频率为 5kHz 和 8kHz，阻带边界频率为 6kHz 和 7kHz，通带和阻带衰减为 2dB 和 20dB。请用切比雪夫 2 型滤波器设计该带阻滤波器。

解　设计步骤为：低通指标→低通滤波器→带阻滤波器。

（1）低通指标

设变换式的截止频率为阻带的，则低通滤波器阻带截止频率 $\Omega_{os} = \Omega_o = 1$，$\Omega_L = \Omega_{Ls}$ 和 $\Omega_H = \Omega_{Hs}$，变换式写为

$$s \Leftrightarrow \frac{(\Omega_{Hs} - \Omega_{Ls})s}{s^2 + \Omega_{Ls}\Omega_{Hs}} \tag{7-151}$$

其频率映射为

$$\Omega \Leftrightarrow \frac{(\Omega_{Hs} - \Omega_{Ls})\Omega}{\Omega_{Ls}\Omega_{Hs} - \Omega^2} \tag{7-152}$$

因 $f_{Lp}f_{Hp} = 40\mathrm{k}^2$，$f_{Ls}f_{Hs} = 42\mathrm{k}^2$，两者不等，故调整 $f_{Lp} = f_{Ls}f_{Hs}/f_{Hp} = 5.25\mathrm{kHz}$，以满足通带和阻带要求。根据该 f_{Lp}，低通滤波器通带截止频率

$$\Omega_{op} = \frac{(f_{Hs} - f_{Ls})f_{Lp}}{f_{Ls}f_{Hs} - f_{Lp}^2} \approx 0.364 \tag{7-153}$$

（2）低通滤波器

切比雪夫 2 型滤波器的波动系数

$$r = \sqrt{10^{20/10} - 1} \approx 9.95 \qquad (7\text{-}154)$$

滤波器的阶

$$N \approx \frac{\text{arcosh}(9.95/\sqrt{10^{2/10}-1})}{\text{arcosh}(1/0.364)} \approx 1.952 \qquad (7\text{-}155)$$

取 $N = 2$，得切比雪夫 2 型的零极点

$$\begin{cases} z_1 \approx j1.414 \\ z_2 \approx -j1.414 \end{cases} \text{和} \begin{cases} p_1 \approx -0.3 + j0.332 \\ p_2 \approx -0.3 - j0.332 \end{cases} \qquad (7\text{-}156)$$

其系统函数

$$H_o(s) \approx \frac{0.1s^2 + 0.2}{s^2 + 0.6s + 0.2} \qquad (7\text{-}157)$$

（3）带阻滤波器

低通变带阻的变换式为

$$\frac{6283s}{s^2 + 1.658 \times 10^9} \qquad (7\text{-}158)$$

用它替换 $H_o(s)$ 的 s，得模拟带阻滤波器的系统函数

$$H(s) \approx \frac{s^4 + 3.336 \times 10^9 s^2 + 2.749 \times 10^{18}}{s^4 + 18850s^3 + 3.514 \times 10^9 s^2 + 3.125 \times 10^{13} s + 2.749 \times 10^{18}} \qquad (7\text{-}159)$$

其幅频特性如图 7-25 所示。

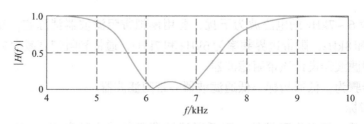

图 7-25　模拟带阻滤波器幅频特性

7.4.2　数字频域变换

数字低通滤波器可用变量代换变为四种数字滤波器，变换式见表 7-4，方法是将原低通滤波器的 z^{-1} 用 ↔ 的右式替换，即得所需滤波器。表中 ω_o 表示原低通滤波器截止频率，ω_n 表示通过频率变换所得的新滤波器截止频率。若 ω_o 是原滤波器的阻带截止频率 ω_{os}，则 ω_n 也是新滤波器的阻带截止频率 ω_{ns}，依此类推。ω_L 和 ω_H 是频率变换所得的带通滤波器截止频率，若原滤波器的 ω_o 是阻带截止频率 ω_{os}，则 ω_L 和 ω_H 也是新滤波器的阻带截止频率 ω_{Ls} 和 ω_{Hs}，如图 7-26 所示；带阻滤波器的关系也是如此。

表 7-4 数字频域变换

滤 波 器	变 换 式	系 数
低通	$z^{-1} \Leftrightarrow \dfrac{-a+z^{-1}}{1-az^{-1}}$	$a = \dfrac{\sin[(\omega_o - \omega_n)/2]}{\sin[(\omega_o + \omega_n)/2]}$
高通	$z^{-1} \Leftrightarrow \dfrac{-a-z^{-1}}{1+az^{-1}}$	$a = -\dfrac{\cos[(\omega_o + \omega_n)/2]}{\cos[(\omega_o - \omega_n)/2]}$
带通	$z^{-1} \Leftrightarrow \dfrac{\dfrac{1-b}{1+b} + \dfrac{2ab}{1+b}z^{-1} - z^{-2}}{1 - \dfrac{2ab}{b+1}z^{-1} + \dfrac{b-1}{b+1}z^{-2}}$	$a = \dfrac{\cos[(\omega_H + \omega_L)/2]}{\cos[(\omega_H - \omega_L)/2]}$ $b = \tan\left(\dfrac{\omega_o}{2}\right)\cot\left(\dfrac{\omega_H - \omega_L}{2}\right)$
带阻	$z^{-1} \Leftrightarrow \dfrac{\dfrac{1-b}{1+b} - \dfrac{2a}{1+b}z^{-1} + z^{-2}}{1 - \dfrac{2a}{1+b}z^{-1} + \dfrac{1-b}{1+b}z^{-2}}$	$a = \dfrac{\cos[(\omega_H + \omega_L)/2]}{\cos[(\omega_H - \omega_L)/2]}$ $b = \tan\left(\dfrac{\omega_o}{2}\right)\tan\left(\dfrac{\omega_H - \omega_L}{2}\right)$

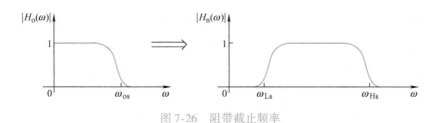

图 7-26 阻带截止频率

按照表 7-4 变量代换，原滤波器的幅频特性映射到新滤波器的幅频特性具有相同指标。

例 7.15 已知 3dB 截止频率 $\omega_c = 0.25\pi$ 的数字低通滤波器系统函数为

$$H_o(z) = \frac{0.293 + 0.293z^{-1}}{1 - 0.414z^{-1}} \tag{7-160}$$

请用它设计数字带阻滤波器，指标 $\{\omega_L, \omega_H\} = \{0.25\pi, 0.5\pi\}$。

解 先计算低通到带阻变换式的系数，

$$\begin{cases} a = \dfrac{\cos[(0.5\pi + 0.25\pi)/2]}{\cos[(0.5\pi - 0.25\pi)/2]} \approx 0.414 \\[3mm] b = \tan\left(\dfrac{0.25\pi}{2}\right)\tan\left(\dfrac{0.5\pi - 0.25\pi}{2}\right) \approx 0.172 \end{cases} \tag{7-161}$$

然后将它们代入变换式，得

$$\frac{0.706 - 0.706z^{-1} + z^{-2}}{1 - 0.706z^{-1} + 0.706z^{-2}} \tag{7-162}$$

用变换式替换模型 $H_o(z)$ 的 z^{-1}，即可得数字带阻滤波器

$$H(z) \approx \frac{0.706 - 0.585z^{-1} + 0.706z^{-2}}{1 - 0.585z^{-1} + 0.412z^{-2}} \tag{7-163}$$

数字频域变换的幅频特性如图 7-27 所示。

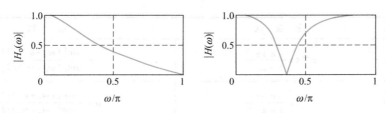

图 7-27　低通变带阻的幅频特性

7.5　滤波器的用途

从字面理解，滤波器只能用于选择频率成分；实际上，它的用途很广。

7.5.1　数字图形均衡器

调整某些声音频段可以提高听觉效果，实现这个功能的滤波器称为图形均衡器（Graphic Equalizer）。它以无限脉冲响应滤波器为模块，根据需要随时调整声音的成分。

数字图形均衡器的结构是一组并行的带通滤波器，它们各自谐振在不同的频率上，如图 7-28 所示。这些滤波器将整个声音频谱分为若干频段，各频段相互连接，每个频段的增益可用滑动电位器调整，使再生的音响效果达到听众兴奋的状态。这种音频调整是全方位的，优于简单的高低音调整。

均衡器的滤波器一般采用 2 阶无限脉冲响应滤波器，理由是其计算量小，音响效果好。若用有限脉冲响应滤波器，均衡器的计算量会增加。

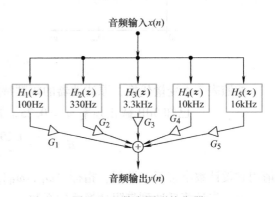

图 7-28　数字图形均衡器

7.5.2　数字控制器

提高机械设备的性能离不开自动控制。例如，机器的运行速度、汽缸的点火时间、电梯的缓冲力、刀具的位置、火炮的瞄准角度等，它们往往直接影响设备的耗能、效率、精度等指标。原先这些控制是用模拟电路完成的，随着人们对数字信号处理的认识加深，以及低廉 DSP 芯片的出现，工程师们更乐意采用 DSP 芯片来实现控制器的功能，以获得更好的精度和适应性。

模拟电路的控制系统如图 7-29 所示，参考信号为用户的要求。模拟控制器 $H_{control}(s)$ 的任务是调整受控设备的输入，使受控设备朝要求靠近。调整输入的依据是：代表设备状态的输出信号 $y(t)$ 是否与参考信号 $r(t)$ 相吻合。因环境因素会变化，使得 $y(t)$ 和 $r(t)$ 的误差无规律；但是，设备是有质量有惯性的，故状态变化有规律。例如，状态变化比噪声变化的速度慢，表现在频率上就是状态频谱分布在低频，所以，起控制作用的成分也在低频，提取这些成分就是模拟控制器 $H_{\text{control}}(s)$ 的任务，即对误差信号滤波。

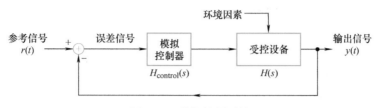

图 7-29　模拟控制系统

数字信号处理的控制系统如图 7-30 所示，它能更灵活更精确地控制设备。受控设备可以是汽车、导弹、摩托车等，其性能用模拟系统函数 $H(s)$ 表示。数字控制器 $H_{\text{control}}(z)$ 根据设备状态 $y(t)$ 和预定指标给出设备所需的输入，使 $y(t)$ 趋于 $r(t)$。ADC、DAC 和 $H_{\text{control}}(z)$ 组成的部分相当于模拟控制器 $H_{\text{control}}(s)$ 的误差检测部分。一般来说，$H_{\text{control}}(z)$ 可用无限脉冲响应滤波器，也可用有限脉冲响应滤波器。

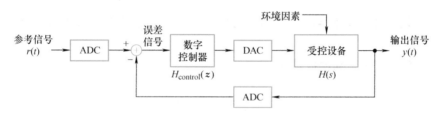

图 7-30　数字控制系统

149

7.5.3　通信时钟恢复

许多数据通信都没有传送时钟，如磁盘驱动器的磁头，接收机必须自己产生与发射机同频同相的时钟，才能对接收数据解码。时钟通常是从接收数据中推导出来的。

接收机的输入数据是发射机量化和编码的符号，这些符号以二进制形式每时钟周期发送 1 比特。接收机的问题是恢复时钟，该符号时钟也叫编码时钟。传统的做法是用模拟电路恢复时钟，如锁相环电路，但它易受时间和温度漂移的影响，而且，这种电路响应慢，在包含短脉冲串传输的应用中显得不合适。

图 7-31 为数字滤波器时钟恢复电路，它利用 DSP 精密准确的滤波特点，快速恢复符号时钟。其原理是：先由接收端产生一个近似发射端的时钟（Raw Clock），周期为 T，然后，根据这个时钟将收到的数据 A 延时 $T/2$，如图 7-32 所示，延时的数据 B 和 A 模 2 加，即异或，产生随符号改变的脉冲 C，C 送入 IIR 数字带通滤波器 $H(z)$，其脉冲响应随时间缓慢衰减，能产生随符号率变化的长阻尼振荡，即便较长时间接收机无数据输入，也能确保较稳定的振荡输出 D。

图 7-31 的延时和异或是为了将 A 的频率提高一倍，增大符号时钟的频率分量幅度，有利于 $H(z)$ 的稳定输出。选择 $H(z)$ 的采样率为符号率的整数倍，能较好抑制混叠失真。期

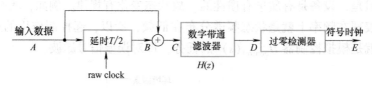

图7-31 时钟恢复

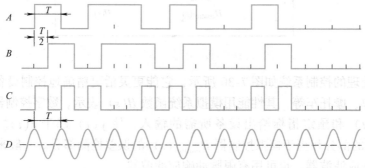

图7-32 数字通信的时钟恢复

望的符号时钟是用过零检测器从 D 中推导出来的，当 D 经过零时，过零检测器的输出 E 变化一次状态。

恢复时钟的二阶节带通滤波器为

$$H(z) = \frac{z^2}{(z - re^{j2\pi f_0 T})(z - re^{-j2\pi f_0 T})} \tag{7-164}$$

$0 < r < 1$，f_0 是期望的时钟频率。极点半径 r 与带宽 $W = 2|f_0 - f_c|$ 有关，若极点接近单位圆和带宽很窄，则 $r \approx 1 - \pi WT$。根据是：当 $\omega = \omega_0 = 2\pi f_0 T$ 时，如图 7-33 所示，$|H(\omega_0)| = |H(\omega)|_{max}$；当 $\omega = \omega_c$ 时，$|H(\omega_c)|^2 = 0.5|H(\omega)|^2_{max}$；由 $r \approx 1$ 和 $W \approx 0$，得 $b_1 \approx b_0$、$d \approx \omega_0 - \omega_c$，

$$\frac{|H(\omega_c)|^2}{|H(\omega_0)|^2} = 0.5 \approx \frac{(a_0 b_0)^2}{(a_0^2 + d^2) b_0^2} \tag{7-165}$$

$$\approx \frac{a_0^2}{a_0^2 + (\omega_0 - \omega_c)^2}$$

所以，$a_0 = |\omega_0 - \omega_c| = \pi WT$，$r \approx 1 - \pi WT$。

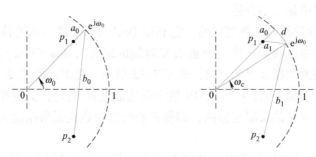

图7-33 极点和通带

r 靠近 1，如 $0.99 < r < 1$，可让单位脉冲响应的振荡缓慢衰减；W 很小为的是从数据 C 中提取时钟的 f_0 成分。

例 7.16 为恢复 4800 波特的调制解调器符号时钟，请设计一个二阶节数字带通滤波器，其带宽 $W = 100\text{Hz}$，$f_s = 32f_0$。波特（Baud）是码元速率，$1\text{baud} = 1\text{bit/s}$。

解 因码元的基波频率为 4800Hz，故带通滤波器的 $f_0 = 4.8\text{kHz}$，$f_s = 153.6\ \text{kHz}$，极点半径 $r \approx 0.998$，极点角度 $\omega_0 \approx 0.196$，二阶节的系统函数

$$H(z) \approx \frac{z^2}{(z - 0.998e^{j0.196})(z - 0.998e^{-j0.196})}$$

$$\approx \frac{1}{1 - 1.958z^{-1} + 0.996z^{-2}}$$

$$(7\text{-}166)$$

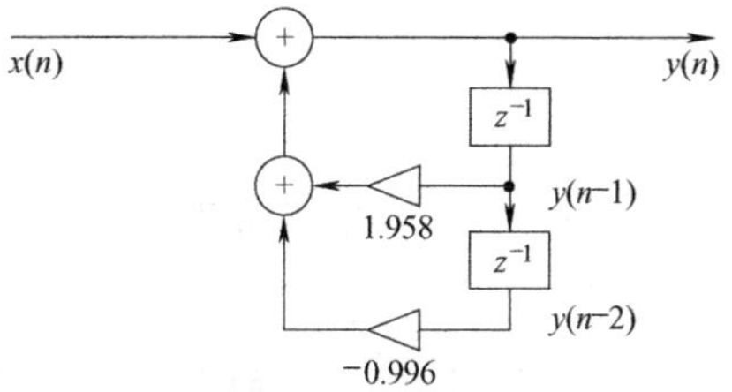

其结构如图 7-34 所示。

由于实际数据不是 1 和 0 交替出现，往往 1 或 0 持续多个周期，利用无限脉冲响应滤波器的反馈特点，多个二阶节带通滤波器有利于提高时钟恢复电路的性能。

图 7-34 二阶节的结构

7.5.4 电子乐器

电子乐器是用电来产生声音的乐器，它可模拟任何一种乐器的声音，还可创造自然界没有的声音，能成为独奏乐器，也能产生乐团合奏的效果。

无限脉冲响应滤波器的反馈能将一段数字变为很长的数字，是创造音乐的工具。下面用这种滤波器产生一段吉他信号。设基准音频率 $A = 110\text{Hz}$，采样频率 $f_s = 44.1\text{kHz}$，音阶为 p，则 p 的频率 $f = A2^{(p/12)}\text{Hz}$，数字信号周期 $N = \lceil f_s/f \rceil$，滤波器的差分方程为

$$y(n) = x(n) + 0.5y(n-N) + 0.5y(n-N-1) \qquad (7\text{-}167)$$

反馈信号 $y(n-N)$ 将前 N 点的输出作为现在输出的一部分，$y(n-N-1)$ 将前 $N+1$ 点的输出作为现在输出的一部分。

若输入 $x(n)$ 为 N 个随机数，希望有 3s 的吉他信号，则时序 $n = 1 \sim 3f_s$，产生吉他信号的程序为

```
A = 110;%吉他 A 弦的频率
fs = 44100;%采样频率
p = 0;%音阶
f = A * 2^(p/12);%p 的频率
N = round(fs/f);%p 的数字周期
t = 3;%信号的时间
x = zeros(1,t * fs);%t 秒的 0 矩阵
x(1:N) = randn(1,N);%N 个随机数
a = [1 zeros(1,N-1) -0.5 -0.5];%IIR 滤波器的分母系数
y = filter(1,a,x);%产生 p 的数字信号
sound(y,fs)%播放模拟声音
```

在计算机上运行该程序，可听到悦耳的声音。

本章介绍了巴特沃斯和切比雪夫滤波器，它们是模拟低通滤波器，可用脉冲响应不变法和双线性变换法变为 IIR 数字滤波器；还介绍了零极点设计法和最小误差设计法，以及低通滤波器变为其他滤波器。

本章介绍的是无限脉冲响应滤波器的设计，下一章介绍有限脉冲响应滤波器的设计。

7.6 习题

1. 设巴特沃斯滤波器的截止频率 $\Omega_c = 2\text{rad/s}$，请写出其 1 阶的系统函数，并画出幅频特性草图。

2. 设模拟低通滤波器的通带截止频率为 2kHz，阻带截止频率为 4kHz，通带波动 0.2，阻带波动 0.2，请用巴特沃斯滤波器设计这个滤波器。

3. 请推导巴特沃斯滤波器的幅度平方函数在半功率点的斜率与阶的关系。

4. 设切比雪夫 1 型滤波器的幅频特性为

$$\begin{cases} 1 - \delta_p \leq |H(\Omega)| \leq 1 & (|\Omega| \leq \Omega_p) \\ |H(\Omega)| \leq \delta_s & (|\Omega| \geq \Omega_s) \end{cases}$$

如图 7-35 所示，请根据参数 δ_p、δ_s、Ω_p 和 Ω_s 推导切比雪夫 1 型滤波器的阶 N。

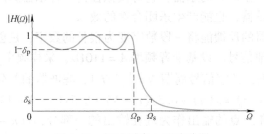

图 7-35 切比雪夫 1 型滤波器

5. 请指出巴特沃斯滤波器和切比雪夫滤波器的主要区别？

6. 请根据切比雪夫多项式的第二个方程，解切比雪夫 1 型滤波器的极点。

7. 在实时 DSP 系统中，首先要对模拟信号采样。若有用频谱在 4kHz 内，允许衰减 2dB，大于 5kHz 的频谱最少衰减 10dB，请设计一个成本最低的低通滤波器，并选择采样频率，使进入通带的相邻频谱幅度小于 0.1。

8. 设模拟信号的采样周期 $T = 0.1$，模拟滤波器的系统函数

$$H(s) = \frac{2}{s+2}$$

请用脉冲响应不变法设计数字滤波器 $H(z)$，实现 $H(s)$ 的功能，并画出 $H(s)$ 和 $H(z)$ 的幅频特性草图。

9. 设模拟信号的采样周期 $T = 0.1$，模拟滤波器的系统函数

$$H(s) = \frac{2}{s+2}$$

请用双线性变换法设计数字滤波器 $H(z)$，实现 $H(s)$ 的功能，并画出 $H(s)$ 和 $H(z)$ 的幅频特性草图。

10. 设数字信号处理系统（包括抗折叠滤波器）对语音信号低通滤波，通带和阻带边界频率为 4kHz 和 5kHz，通带衰减不大于 2.5dB，阻带的衰减大于 40dB。若抗折叠滤波器的通带和阻带衰减已有 2dB 和 10dB，剩余指标要数字滤波器完成，求该滤波器的阶。

11. 设风速信号的低通滤波器指标是 $\{6\text{Hz}, 13\text{Hz}, 1\text{dB}, 10\text{dB}\}$。若信号的采样频率是 100Hz，请用切比雪夫 2 型设计一个数字滤波器，实现上述指标。

12. 设 2 阶模拟巴特沃斯滤波器的半功率点频率 $\Omega_c = 4\pi\text{rad/s}$，采样频率 $f_s = 8\text{Hz}$。请用双线性变换法设计数字滤波器，实现该模拟滤波器的功能。

13. 胎儿心电图（ECG）数据的预处理为的是消除电源干扰。设 ECG 数据已在 0.05 ~ 100Hz 模拟滤波，并以 500Hz 速率采样，信号处理的数字用 8 位二进制表示，取值范围在 $-1 \sim (1 - 2^{-7})$。求防止 60Hz 电源干扰的 2 阶数字点阻滤波器，并画幅频特性草图。

14. 无线传输四元符号 $\{-3, -1, 1, 3\}$ 需脉冲成形滤波器 $h_d(n)$。设 $h_d(n) = \{0.1, 0.4, 0.9, 0.9, 0.4, 0.1, 0\}$，$n = 0 \sim 6$。请用帕德算法设计 2 阶 2 零点的数字滤波器。

15. 设期望滤波器的 $h_d(n) = \{0.1, 0.4, 0.9, 0.9, 0.4, 0.1, 0\}$，请用普罗尼算法设计 2 阶 2 零点的数字滤波器 $h(n)$，使 $h(n)$ 在 $n = 0 \sim 6$ 内尽量接近 $h_d(n)$。

16. 从玻璃窗的振动可探测讲话信号。设探测仪的模拟带通滤波器边界频率为 $\{3, 5, 8, 12\}$ kHz，衰减为 $\{2, 20\}$dB，请以阻带边界为基准，设计切比雪夫 1 型模拟带通滤波器。

17. 请为心电图数据设计数字巴特沃斯高通滤波器，其通带阻带边界频率为 10Hz 和 5Hz，衰减为 2dB 和 10dB，采样频率为 200Hz。

习题参考答案

第8章

有限脉冲响应滤波器的设计

对于有限长输入来说,有限脉冲响应(FIR)滤波器的输出也有限长。FIR 滤波器的特点使它某些方面优于 IIR 滤波器。这些特点是:

(1)系统总是稳定的。因为它没有反馈,输出等于输入之和,这意味着舍入误差没有积累,每次计算的误差基本一样,输出不会超过预定值。

(2)容易得到因果系统。对于非因果无限长序列,截取其主要部分并移位到正时序区域,即可得所需的系统。

(3)容易得到线性相位系统。设置系统的单位脉冲响应对称,即可得线性相位系统。这种系统常用于相位敏感的地方,如数据通信、地震、音频分频器和母带处理(Mastering)。

8.1 线性相位的特点

通信或自动化控制时,我们总是希望有用的信息不失真,线性相位系统能保证这个要求。

8.1.1 信号不失真

系统处理信号是需要时间的。从时域看,信号不失真指系统输入输出的波形相同,即输出

$$y(n) = kx(n - \tau) \tag{8-1}$$

常数 k 表示系统对信号的缩放,正整数 τ 表示系统处理信号所需的时序,俗称延时。

从频域看,$y(n)$ 的频谱

$$Y(\omega) = ke^{-j\omega\tau}X(\omega) \tag{8-2}$$

这说明,不失真系统的频谱

$$H(\omega) = ke^{-j\omega\tau} \tag{8-3}$$

其幅度为常数,相位与数字角频率呈线性关系。这种不失真标准只是实际滤波器的参考,对于选频滤波器,通带满足这个标准就可以了。

8.1.2　时域系统对称

有限脉冲响应滤波器有两种线性相位。为了方便研究线性相位，这里引入另一种频谱表示法，即

$$H(\omega) = A(\omega)\,\mathrm{e}^{\mathrm{j}\theta(\omega)} \tag{8-4}$$

$A(\omega)$ 为实数，称为幅度函数（Amplitude Response），相应的 $\theta(\omega)$ 称为相位函数。对称的脉冲响应可作为线性相位滤波器。

1. 偶对称脉冲响应

若单位脉冲响应满足偶对称条件，

$$h(n) = h(N - 1 - n) \tag{8-5}$$

N 为脉冲响应的长度，对称点在 $(N-1)/2$，则系统的相位为

$$\theta(\omega) = -a\omega \tag{8-6}$$

$a = (N-1)/2$ 称为群延时，这种相位称为第一类线性相位。下面证明其真实性。利用 $h(n)$ 的偶对称条件，将

$$H(\omega) = \sum_{n=0}^{N-1} h(n)\,\mathrm{e}^{-\mathrm{j}\omega n} \tag{8-7}$$

写为

$$\begin{aligned}
H(\omega) &= \sum_{n=0}^{N-1} h(N - 1 - n)\,\mathrm{e}^{-\mathrm{j}\omega n} \\
&= \sum_{m=0}^{N-1} h(m)\,\mathrm{e}^{-\mathrm{j}\omega(N-1-m)}
\end{aligned} \tag{8-8}$$

两种 $H(\omega)$ 相加，得

$$\begin{aligned}
2H(\omega) &= \sum_{n=0}^{N-1} h(n)\left[\mathrm{e}^{-\mathrm{j}\omega n} + \mathrm{e}^{-\mathrm{j}\omega(2a-n)}\right] \\
&= 2\sum_{n=0}^{N-1} h(n)\,\mathrm{e}^{-\mathrm{j}a\omega}\cos\left[\omega(n-a)\right]
\end{aligned} \tag{8-9}$$

简写为

$$H(\omega) = \sum_{n=0}^{N-1} h(n)\cos\left[\omega(n-a)\right]\mathrm{e}^{-\mathrm{j}a\omega} = A(\omega)\,\mathrm{e}^{\mathrm{j}\theta(\omega)} \tag{8-10}$$

它说明：只要 $h(n)$ 为实数，那么，幅度函数

$$A(\omega) = \sum_{n=0}^{N-1} h(n)\cos\left[\omega(n-a)\right] \tag{8-11}$$

也是实数，其相位函数

$$\theta(\omega) = -a\omega \tag{8-12}$$

2. 奇对称脉冲响应

若单位脉冲响应满足奇对称条件，

$$h(n) = -h(N-1-n) \tag{8-13}$$

那么，该系统的相位函数

$$\theta(\omega) = -a\omega - \pi/2 \tag{8-14}$$

这种线性相位称第二类线性相位。下面证明其真实性。

利用奇对称条件，将系统的频谱

$$H(\omega) = \sum_{n=0}^{N-1} h(n) e^{-j\omega n} \tag{8-15}$$

写为

$$H(\omega) = -\sum_{n=0}^{N-1} h(n) e^{-j\omega(N-1-n)} \tag{8-16}$$

合并两种写法，得

$$H(\omega) = \sum_{n=0}^{N-1} h(n) \sin[\omega(n-a)] e^{j(-a\omega-\pi/2)} \tag{8-17}$$

该结果说明：只要 $h(n)$ 是实数，那么其幅度函数

$$A(\omega) = \sum_{n=0}^{N-1} h(n) \sin[\omega(n-a)] \tag{8-18}$$

也是实数，其相位函数

$$\theta(\omega) = -a\omega - \pi/2 \tag{8-19}$$

8.1.3 频域系统对称

提高效率是一种智慧，线性相位滤波器的幅度函数具有对称性，它能让设计少走弯路。例如，在 $\omega=0$ 奇对称的幅度函数不能做低通滤波器，在 $\omega=\pi$ 奇对称的幅度函数不能做高通滤波器。线性相位滤波器的幅度函数对称性见表8-1。由于序列的频谱具有周期性，所以 $\omega=0$ 的对称性同样适用于 $\omega=2\pi$。下面证明 $A(\omega)$ 在 $\omega=\pi$ 的对称性。

表8-1 幅度函数的对称性

线性相位	长度 N	$A(\omega)$	$A(\omega)$ 的零点	适用滤波器
第一类	奇数	$\omega=0$ 和 π 偶对称	无	四种
第一类	偶数	$\omega=0$ 偶对称 $\omega=\pi$ 奇对称	$A(\pi)=0$	低通和带通
第二类	奇数	$\omega=0$ 和 π 奇对称	$A(0)=A(\pi)=0$	带通
第二类	偶数	$\omega=0$ 奇对称 $\omega=\pi$ 偶对称	$A(0)=0$	高通和带通

对于 N 为奇数的第一类线性相位系统，其幅度函数

$$A(\omega) = \sum_{n=0}^{N-1} h(n) \cos[\omega(n-a)] \tag{8-20}$$

因 N 为奇数，故 a 为整数，

$$
\begin{aligned}
A(2\pi - \omega) &= \sum_{n=0}^{N-1} h(n)\cos[(2\pi - \omega)(n - a)] \\
&= \sum_{n=0}^{N-1} h(n)\cos[\omega(n - a)] \\
&= A(\omega)
\end{aligned}
\tag{8-21}
$$

这说明 $A(\omega)$ 在 $\omega = \pi$ 偶对称。

对于 N 为偶数的第二类线性相位系统，其幅度函数

$$
A(\omega) = \sum_{n=0}^{N-1} h(n)\sin[\omega(n - a)]
\tag{8-22}
$$

因 N 为偶数，故 a 为整数 -0.5，

$$
\begin{aligned}
A(2\pi - \omega) &= \sum_{n=0}^{N-1} h(n)\sin[(2\pi - \omega)(n - a)] \\
&= \sum_{n=0}^{N-1} h(n)\sin[\omega(n - a)] \\
&= A(\omega)
\end{aligned}
\tag{8-23}
$$

这说明 $A(\omega)$ 在 $\omega = \pi$ 偶对称。其余幅度对称性依此法证明。

8.2　时域设计滤波器

在时域设计有限脉冲响应滤波器称为窗（Window）设计法，其原理是：先求出希望（Desire）滤波器频谱 $H_d(\omega)$ 的单位脉冲响应 $h_d(n)$，然后截取 $h_d(n)$ 数值较大的部分作为所需滤波器 $h(n)$。它们的数学关系为

$$
h(n) = h_d(n)w(n)
\tag{8-24}
$$

$w(n)$ 为窗序列，它代表截取 $h_d(n)$ 的方法。最简单的窗序列是矩形序列。

例 8.1　设探测仪的数字低通滤波器截止频率 $\omega_c = 0.2\pi$，长度 $N = 21$。请用矩形窗设计这个滤波器，要求它是线性相位的。

解　根据幅度函数的对称性，奇数 N 的低通滤波器只能用第一类线性相位的。按理想滤波器相位是否为零，解题方法有两种。

（1）相位不为零

理想滤波器在 $\omega = -\pi \sim \pi$ 的频谱

$$
H_d(\omega) = \begin{cases}
e^{-ja\omega} & (-\omega_c \leqslant \omega \leqslant \omega_c) \\
0 & (其他\ \omega)
\end{cases}
\tag{8-25}
$$

$a = 10$。其波形如图 8-1 所示，阻带的相位函数 $\theta_d(\omega)$ 是否线性不重要。

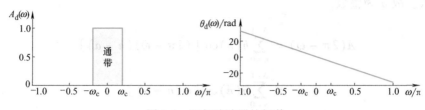

图 8-1 理想滤波器的频谱

理想频谱的单位脉冲响应为

$$h_d(n) = \frac{1}{2\pi} \int_{-\omega_c}^{\omega_c} e^{-ja\omega} e^{j\omega n} d\omega = \frac{\sin[\omega_c(n-a)]}{\pi(n-a)} \tag{8-26}$$

当 $n = 10$ 时，$h_d(n) = \omega_c/\pi$。$h_d(n)$ 是无限长非因果序列，对称中心在 $n = 10$，如图 8-2 所示。根据 $N = 21$，截取 $h_d(n)$ 数值较大的 $n = 0 \sim 20$ 部分作为滤波器，数学写为

$$h(n) = h_d(n) R_{21}(n) = \frac{\sin[\omega_c(n-10)]}{\pi(n-10)} R_{21}(n) \tag{8-27}$$

用有限代替无限就是失真，如图 8-3 所示，$h(n)$ 的 $A(\omega)$ 在 ω_c 周围振荡，这种截断效应称为 Gibbs 现象。

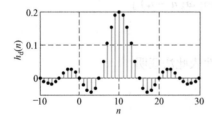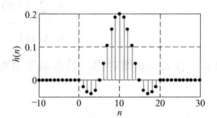

图 8-2 理想滤波器的截取

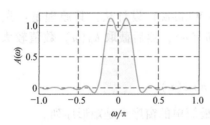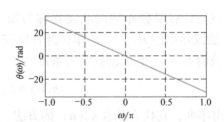

图 8-3 低通滤波器的频谱

（2）相位为零

理想滤波器在 $\omega = -\pi \sim \pi$ 的频谱

$$H_d(\omega) = \begin{cases} 1 & (-\omega_c \leqslant \omega \leqslant \omega_c) \\ 0 & (其他 \ \omega) \end{cases} \tag{8-28}$$

其单位脉冲响应

$$h_d(n) = \frac{1}{2\pi} \int_{-\omega_c}^{\omega_c} e^{j\omega n} d\omega = \frac{\sin(\omega_c n)}{\pi n} \tag{8-29}$$

$n = 0$ 时 $h_d(n) = \omega_c/\pi$。$h_d(n)$ 是非因果序列，对称中心在 $n = 0$，如图 8-4 所示。按 $N = 21$

截取 $h_d(n)$ 数值大的部分，并将它右移 10 点即得因果序列 $h(n)$，数学写为

$$h(n) = \frac{\sin[0.2\pi(n-10)]}{\pi(n-10)}R_{21}(n) \tag{8-30}$$

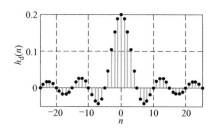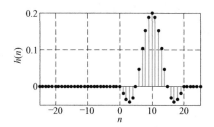

图 8-4　滤波器的截取和移位

窗设计法就是用一段有限长对称序列乘理想滤波器序列。常用窗有矩形窗、汉宁窗、汉明窗和布莱克曼窗，其波形如图 8-5 所示。

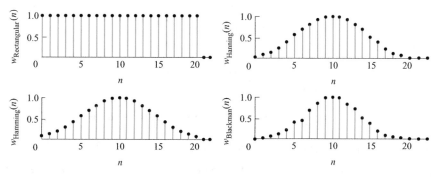

图 8-5　四种窗序列

矩形窗（Rectangular Window）就是矩形序列。汉宁窗（Hanning Window）是一段余弦序列，N 点汉宁窗写为

$$w(n) = 0.5\left[1 - \cos\left(\frac{2\pi}{N-1}n\right)\right]R_N(n) \tag{8-31}$$

其头尾为 0。有种汉宁窗是去掉头尾的 0。

汉明窗（Hamming Window）也是一段余弦序列，N 点汉明窗写为

$$w(n) = \left[0.54 - 0.46\cos\left(\frac{2\pi}{N-1}n\right)\right]R_N(n) \tag{8-32}$$

布莱克曼窗（Blackman Window）含两个余弦波，N 点布莱克曼窗写为

$$w_{\text{Blackman}}(n) = \left[0.42 - 0.5\cos\left(\frac{2\pi}{N-1}n\right) + 0.08\cos\left(\frac{4\pi}{N-1}n\right)\right]R_N(n) \tag{8-33}$$

从时域看，加窗对所设计滤波器的长度和形状都有影响；从频域看，根据频域卷积定理，滤波器的频谱

$$H(\omega) = \frac{1}{2\pi}\int_{-\pi}^{\pi} H_d(\theta)W(\omega - \theta)\,d\theta \tag{8-34}$$

加窗是频谱求和。

例 8.2 设 $\omega_c = 0.2\pi$ 的理想低通滤波器为

$$h_d(n) = \frac{\sin[\omega_c(n-a)]}{\pi(n-a)} \tag{8-35}$$

若用矩形窗和汉明窗分别对 $h_d(n)$ 加窗，窗长 $N = 21$，请分析这两种窗对频谱的影响。

解 根据 $h_d(n)$ 的频谱

$$H_d(\omega) = \begin{cases} \mathrm{e}^{-ja\omega} & (-0.2\pi \leqslant \omega \leqslant 0.2\pi) \\ 0 & (其他 \omega) \end{cases} \tag{8-36}$$

进行分析。

（1）矩形窗

因矩形窗 $w(n)$ 的频谱

$$\begin{aligned} W(\omega) &= \sum_{n=-\infty}^{\infty} w(n)\mathrm{e}^{-j\omega n} \\ &= \frac{\sin(\omega N/2)}{\sin(\omega/2)}\mathrm{e}^{-ja\omega} = A_{\mathrm{win}}(\omega)\mathrm{e}^{-ja\omega} \end{aligned} \tag{8-37}$$

故加窗滤波器的频谱

$$\begin{aligned} H(\omega) &= \frac{1}{2\pi}\int_{-\pi}^{\pi} H_d(\theta)W(\omega-\theta)\mathrm{d}\theta \\ &= \frac{1}{2\pi}\mathrm{e}^{-ja\omega}\int_{-0.2\pi}^{0.2\pi} A_{\mathrm{win}}(\omega-\theta)\mathrm{d}\theta = A(\omega)\mathrm{e}^{-ja\omega} \end{aligned} \tag{8-38}$$

其幅度函数 $A(\omega)$ 正比于 $A_{\mathrm{win}}(\omega-\theta)$ 在 $\theta = -0.2\pi \sim 0.2\pi$ 的面积，如图 8-6 所示。$A(\omega)$ 在 $\omega = 0$ 的波谷由 $A_{\mathrm{win}}(\omega-\theta)$ 的最大旁瓣（Side Lobe）造成，在 $\omega = \omega_c - 2\pi/N$ 的波峰因 $A_{\mathrm{win}}(\omega-\theta)$ 的最大旁瓣离开积分区间而产生。$A(\omega)$ 的过渡带正比于 $A_{\mathrm{win}}(\omega-\theta)$ 的主瓣（Main Lobe）宽，即主瓣离开积分区间的过程。

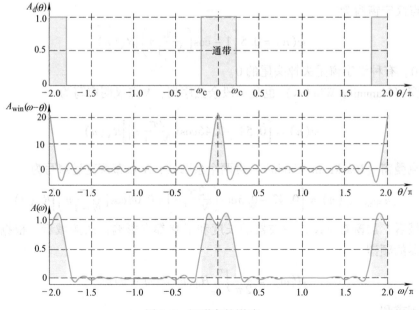

图 8-6 矩形窗的影响

160

（2）汉明窗

用幅度函数分析。因 $h_d(n)$ 的幅度函数

$$A_d(\omega) = \begin{cases} 1 & (-0.2\pi \leqslant \omega \leqslant 0.2\pi) \\ 0 & (其他\ \omega) \end{cases} \tag{8-39}$$

汉明窗 $w(n)$ 的幅度函数

$$A_{win}(\omega) = \sum_{n=0}^{N-1} w(n)\cos[\omega(n-a)] \tag{8-40}$$

故加窗滤波器的幅度函数

$$A(\omega) = \frac{1}{2\pi}\int_{-\pi}^{\pi} A_d(\theta)A_{win}(\omega-\theta)d\theta = \frac{1}{2\pi}\int_{-0.2\pi}^{0.2\pi} A_{win}(\omega-\theta)d\theta \tag{8-41}$$

加汉明窗的影响如图 8-7 所示。$A_{win}(\omega-\theta)$ 的旁瓣使 $A(\omega)$ 的波动小，但 $A_{win}(\omega-\theta)$ 的主瓣使 $A(\omega)$ 的过渡带宽。

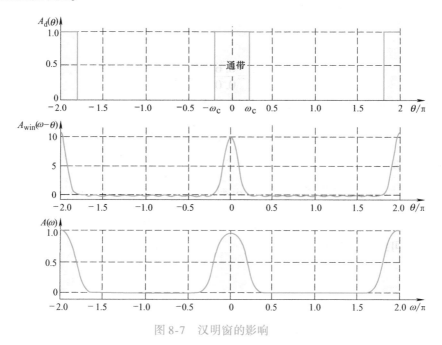

图 8-7　汉明窗的影响

没有十全十美的窗，截取理想滤波器序列时，应视具体情况选择窗。表 8-2 给出四种窗参数，它们按 $N=30$ 和 $\omega_c = 0.5\pi$ 得到，主瓣宽是指主瓣为 0 的频率距离，如图 8-8 所示，过渡带是指加窗后的低通滤波器过渡带，最大旁瓣峰/主瓣峰是指最大旁瓣峰与主瓣峰的比值，阻带最小衰减是指加窗后的低通滤波器阻带最小衰减。虽然该表参数是低通滤波器的，但也适用其他选频滤波器。

表 8-2　四种窗参数

窗	主瓣宽/(π/N)	过渡带/(π/N)	最大旁瓣峰/主瓣峰/(dB)	阻带最小衰减/(dB)
矩形	4	1.99	-13.23	19.97
汉宁	8.28	6.62	-31.47	43.95
汉明	8.69	7.06	-41.64	52.56
布莱克曼	12.41	12.47	-58.14	75.37

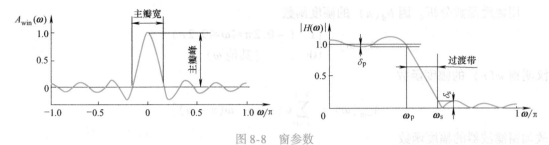

图 8-8   窗参数

例 8.3   设数字低通滤波器的指标

$$\begin{cases} 0.99 \leqslant |H(\omega)| \leqslant 1.01 & (|\omega| \leqslant 0.19\pi) \\ |H(\omega)| \leqslant 0.01 & (0.21\pi \leqslant |\omega|) \end{cases} \tag{8-42}$$

请设计符合指标的线性相位滤波器。

解   因滤波器的阻带最小衰减为 40dB，过渡带为 0.02π，故汉宁窗既够短又够衰减。其

$$N = \frac{6.62\pi}{0.02\pi} = 331 \tag{8-43}$$

为提高效率，舍弃汉宁窗头尾的 0，这种汉宁窗

$$w(n) = 0.5\left\{1 - \cos\left[\frac{2\pi}{N+1}(n+1)\right]\right\}R_N(n) \tag{8-44}$$

用它设计的滤波器为

$$h(n) = \frac{\sin[\omega_c(n-a)]}{\pi(n-a)}0.5\left\{1 - \cos\left[\frac{2\pi}{N+1}(n+1)\right]\right\}R_N(n) \tag{8-45}$$

$\omega_c = 0.2\pi$，$a = 165$。这种设计需要检验，该 $h(n)$ 的幅频特性如图 8-9 所示，满足要求。实际上，其长度可缩短到 302 点。

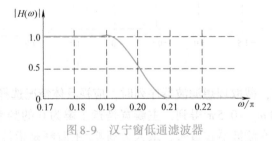

图 8-9   汉宁窗低通滤波器

例 8.4   设心脏起搏器的数字带通滤波器指标为

$$\begin{cases} |H(\omega)| \leqslant 0.1 & (|\omega| \leqslant 0.2\pi) \\ 0.9 \leqslant |H(\omega)| \leqslant 1.12 & (0.3\pi \leqslant |\omega| \leqslant 0.7\pi) \\ |H(\omega)| \leqslant 0.15 & (0.8\pi \leqslant |\omega|) \end{cases} \tag{8-46}$$

请按指标设计最低阶线性相位滤波器。

解   因通带和阻带波动不同，故按最小值 0.1 设计，阻带最小衰减为 20dB，最低阶的矩形窗基本达到要求。根据 $\Delta\omega = 0.1\pi$ 得

$$N = \frac{1.99\pi}{\Delta\omega} = 19.9 \tag{8-47}$$

取 $N = 20$。获取理想带通滤波器 $h_{\mathrm{d}}(n)$ 的方法有两种。

（1）傅里叶反变换

因通带边界 $\omega_1 = 0.25\pi$ 和 $\omega_2 = 0.75\pi$，故零相位 $H_{\mathrm{d}}(\omega)$ 的傅里叶反变换

$$
\begin{aligned}
h_{\mathrm{d}}(n) &= \frac{1}{2\pi}\int_{-\pi}^{\pi} H_{\mathrm{d}}(\omega)\,\mathrm{e}^{\mathrm{j}\omega n}\mathrm{d}\omega \\
&= \frac{1}{2\pi}\left(\int_{-\omega_2}^{-\omega_1}\mathrm{e}^{\mathrm{j}\omega n}\mathrm{d}\omega + \int_{\omega_1}^{\omega_2}\mathrm{e}^{\mathrm{j}\omega n}\mathrm{d}\omega\right) \\
&= \frac{1}{\pi n}\left[\sin(\omega_2 n) - \sin(\omega_1 n)\right]
\end{aligned}
\tag{8-48}
$$

当 $n = 0$ 时 $h_{\mathrm{d}}(n) = 0.5$。

（2）低通滤波器

理想带通滤波器可视为两个零相位理想低通滤波器之差，如图 8-10 所示，根据零相位理想低通滤波器的脉冲响应，带通滤波器

$$h_{\mathrm{d}}(n) = \frac{\sin(\omega_2 n)}{\pi n} - \frac{\sin(\omega_1 n)}{\pi n} \tag{8-49}$$

当 $n = 0$ 时，$h_{\mathrm{d}}(n) = 0.5$。

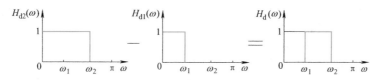

图 8-10　低通到带通滤波器

将 $h_{\mathrm{d}}(n)$ 延时 $a = (N-1)/2 = 9.5$，并乘矩形窗，得

$$h(n) = \frac{\sin[0.75\pi(n-9.5)] - \sin[0.25\pi(n-9.5)]}{\pi(n-9.5)}R_{20}(n) \tag{8-50}$$

其幅频特性如图 8-11 左图所示，不符合要求。右图为 $N = 21$ 的 $h(n)$，符合要求。

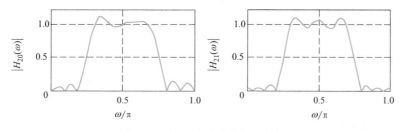

图 8-11　带通滤波器的幅频特性

窗设计法在时域设计滤波器，适合频谱形状简单的选频滤波器；频谱形状复杂的滤波器适合在频域设计。

8.3 频域设计滤波器

设计滤波器时，一般要给出频率指标。频率采样法（Frequency Sampling Method）直接在频域设计滤波器，结果可以是单位脉冲响应，也可以是系统函数。

8.3.1 设计单位脉冲响应

首先在主值区间 $[0, 2\pi)$ 采样期望频谱 $H_d(\omega)$，

$$H(k) = H_d(\omega) \mid_{\omega = \frac{2\pi}{N}k} \quad (k = 0 \sim N-1) \tag{8-51}$$

然后求 $H(k)$ 的傅里叶反变换，

$$h(n) = \frac{1}{N} \sum_{k=0}^{N-1} H(k) e^{j\frac{2\pi}{N}kn} \quad (n = 0 \sim N-1) \tag{8-52}$$

这就是所需滤波器，其频谱 $H(\omega)$ 接近 $H_d(\omega)$。"接近"的原因是 $H_d(\omega)$ 的 $h_d(n)$ 很长，频域采样不能满足采样定理。

合理选择采样量 N 是降低计算成本的关键。判断 N 的方法如图 8-12 所示，把过渡带 $\Delta\omega$ 的幅频特性看作直线，根据频率采样间隔 $2\pi/N$ 得

$$N = \frac{2\pi}{\Delta\omega} \Delta k \tag{8-53}$$

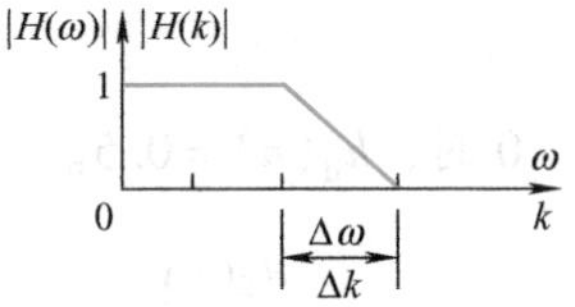

图 8-12 采样量的判断

Δk 为过渡带的采样量，由设计者酌情选择。

例 8.5 请用频率采样法设计线性相位数字高通滤波器的单位脉冲响应，其过渡带 $\Delta\omega = 0.06\pi$ 和过渡点 $\Delta k = 1$。理想滤波器在 $[0, 2\pi)$ 的频谱为

$$H_d(\omega) = \begin{cases} e^{-ja\omega} & (0.5\pi \leqslant \omega < 1.5\pi) \\ 0 & （其他 \omega） \end{cases} \tag{8-54}$$

解 先确定滤波器的长，

$$N = \frac{2\pi}{0.06\pi} \times 1 \approx 33.33 \tag{8-55}$$

因理想频谱是第一类线性相位，根据幅度函数对称性，这类高通滤波器的 N 为奇数，故取 $N = 35$。

然后在 $[0, 2\pi)$ 采样 $H_d(\omega)$，采样点 $\omega_k = 2\pi k/35$，$k = 0 \sim 34$，

$$H(k) = \begin{cases} 0 & (k = 0 \sim 8 \quad 或 \quad 27 \sim 34) \\ e^{-ja\frac{2\pi}{35}k} & (k = 9 \sim 26) \end{cases} \tag{8-56}$$

$a = 17$，对 $H(k)$ 傅里叶反变换，得

$$h(n) = \frac{1}{35} \sum_{k=0}^{34} H(k) e^{j\frac{2\pi}{35}kn} \quad (n = 0 \sim 34) \tag{8-57}$$

这就是高通滤波器。$h(n)$ 的幅频特性 $|H(\omega)|$ 如图 8-13 所示，在 $\omega_k = 2\pi k/35$ 的 $H(\omega)$ 与 $H_d(\omega)$ 吻合。其绘图程序为

```
N = 35 ; k = 0 : N - 1 ; a = ( N - 1 ) / 2 ;
H = exp( - j * a * 2 * pi / N * k ) . * [ k > = 9 & k < = 26 ] ;
plot( 2 / N * k , abs( H ) , '.' ) , hold
h = ifft( H ) ; [ H , w ] = freqz( h , 1 , 'whole' ) ; plot( w / pi , abs( H ) ) ; axis( [ 0 , 2 , 0 , 1.2 ] ) ;
xlabel( '\omega /\pi' ) ; ylabel( '|H( \omega )|' ) ; legend( '|H( k )|' , '|H( \omega )|' )
```

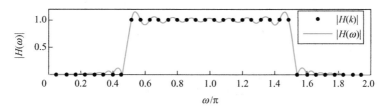

图 8-13　频率采样法 $\Delta k = 1$

若频谱的形状复杂，$H(k)$ 的反变换很难用数学推导得到简单表达式。解决的办法是用计算机，按离散傅里叶反变换计算即可。

$H(\omega)$ 在 $H_d(\omega)$ 的采样点间有波动，与 $H_d(\omega)$ 相差大，解决的办法是增加采样量或减缓过渡带。在 N 不变的情况下，减缓过渡带的办法是增加过渡带 $\Delta\omega$ 的宽度和 Δk 的数量。

例 8.6　设数字高通滤波器在 $[0, 2\pi)$ 的频谱为

$$H_d(\omega) = \begin{cases} e^{-ja\omega} & (0.5\pi \leqslant \omega < 1.5\pi) \\ 0 & (其他 \ \omega) \end{cases} \tag{8-58}$$

请以它为模型，用频率采样法设计单位脉冲响应，采样量 $N = 35$，过渡点 $\Delta k = 2$ 和 3。

解　设置过渡点要遵循频谱对称性，该滤波器的幅度函数 $A(k) = A(N-k)$。

（1）过渡点 $\Delta k = 2$

先根据 $k = 0 \sim 34$，$2\pi/35 \approx 0.057\pi$，$\omega_k = 2\pi k/35$，$\omega_9 \approx 0.514\pi$ 最近 0.5π，取 $k = 9$ 为过渡点，对称点为 $k = 26$，得 $A(9) = A(26) = 0.5$，其他按 $H_d(\omega)$ 计算，离散频谱

$$H(k) = \begin{cases} 0 & (k = 0 \sim 8 \ 或 \ 27 \sim 34) \\ 0.5e^{-ja\frac{2\pi}{35}k} & (k = 9 \ 或 \ 26) \\ e^{-ja\frac{2\pi}{35}k} & (k = 10 \sim 25) \end{cases} \tag{8-59}$$

然后计算 $H(k)$ 的反变换，

$$h(n) = \frac{1}{35} \sum_{k=0}^{N-1} H(k) e^{j\frac{2\pi}{35}kn} \quad (n = 0 \sim 34) \tag{8-60}$$

它就是 $\Delta k = 2$ 的高通滤波器，其幅频特性如图 8-14 所示，波动比 $\Delta k = 1$ 的小，但过渡带变宽了。

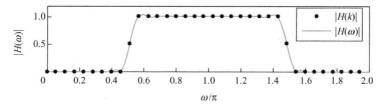

图 8-14　频率采样法 $\Delta k = 2$

（2）过渡点 $\Delta k = 3$

先根据 $\omega_8 \approx 0.457\pi$ 第 2 近 0.5π，取 $k = 8$ 为第 3 过渡点，得 $A(8) = A(27) = 0.3$，$A(9) = A(26) = 0.8$，其他按 $H_d(\omega)$ 计算，离散频谱

$$H(k) = \begin{cases} 0 & (k = 0 \sim 7 \quad \text{或} \quad 28 \sim 34) \\ 0.3e^{-j\frac{2\pi}{35}k} & (k = 8 \quad \text{或} \quad 27) \\ 0.8e^{-j\frac{2\pi}{35}k} & (k = 9 \quad \text{或} \quad 26) \\ e^{-j\frac{2\pi}{35}k} & (k = 10 \sim 25) \end{cases} \tag{8-61}$$

然后计算 $H(k)$ 的反变换，

$$h(n) = \frac{1}{35} \sum_{k=0}^{N-1} H(k) e^{j\frac{2\pi}{35}kn} \quad (n = 0 \sim 34) \tag{8-62}$$

它就是 $\Delta k = 3$ 的高通滤波器，其幅频特性如图 8-15 所示，波动比 $\Delta k = 2$ 的小，但过渡带更宽了。

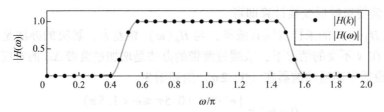

图 8-15 频率采样法 $\Delta k = 3$

8.3.2 设计系统函数

根据离散频谱 $H(k)$ 的反变换

$$h(n) = \frac{1}{N} \sum_{k=0}^{N-1} H(k) e^{j\frac{2\pi}{N}kn} \quad (n = 0 \sim N-1) \tag{8-63}$$

得系统函数

$$H(z) = \sum_{n=0}^{N-1} \left[\frac{1}{N} \sum_{k=0}^{N-1} H(k) e^{j\frac{2\pi}{N}kn} z^{-n} \right] = \frac{1}{N} \sum_{k=0}^{N-1} \left[H(k) \sum_{n=0}^{N-1} (e^{j\frac{2\pi}{N}k} z^{-1})^n \right]$$

$$= \frac{1 - z^{-N}}{N} \sum_{k=0}^{N-1} \frac{H(k)}{1 - e^{j\frac{2\pi}{N}k} z^{-1}} \tag{8-64}$$

它就是对 $H_d(\omega)$ 采样得到的系统函数，可看作两个子系统级联，一个是 N 阶 FIR 滤波器，另一个是 N 个并联一阶 IIR 滤波器。

这种 $H(z)$ 具有实用性：若要调整滤波器的频率响应，修改 $H(z)$ 的 $H(k)$ 即可。例如数字助听器，它要先测患者听觉的频谱，然后按实测值设置 $H(k)$，即得所需频谱的滤波器。

由于 $H(z)$ 的并联 IIR 滤波器极点都在单位圆上，容易造成实际系统不稳；实际应用时，常将单位圆的零极点半径都缩短，这样得到的系统函数

$$H(z) = \frac{1 - r^N z^{-N}}{N} \sum_{k=0}^{N-1} \frac{H(k)}{1 - re^{j\frac{2\pi}{N}k} z^{-1}} \qquad (8\text{-}65)$$

$r < 1$。一般 $H(k)$ 和 $e^{j2\pi k/N}$ 都是复数，若用它们作实际滤波器的系数，会增加信号处理的计算量，应把它们变为实数。

例 8.7　请用频率采样法设计数字带通滤波器的系统函数，要求是第二类线性相位，$N = 32$，通带在 $[0.45\pi, \; 0.5\pi]$，零极点半径 $r = 0.999$。

解　根据偶数 N 第二类线性相位滤波器的幅度函数 $A(\omega) = A(2\pi - \omega)$，还有 $2\pi/32 = 0.0625\pi$，$\omega_6 = 0.375\pi$，$\omega_7 = 0.4375\pi$，$\omega_8 = 0.5\pi$，取通带在 $[0, \; \pi]$ 的 $k = 7$ 和 8，对称的 $k = 25$ 和 24。这样对理想带通滤波器采样，得

$$H(k) = \begin{cases} e^{j\left(-a\frac{2\pi}{32}k - \frac{\pi}{2}\right)} & (k = 7, 8, 24, 25) \\ 0 & (\text{其他 } k) \end{cases} \qquad (8\text{-}66)$$

$a = 15.5$，$k = 0 \sim 31$。

利用频谱的对称性 $H(k) = H^*(N-k)$ 和 $e^{j\frac{2\pi}{32}k} = e^{-j\frac{2\pi}{32}(32-k)}$，先写并联滤波器的系统函数

$$
\begin{aligned}
\sum_{k=0}^{31} \frac{H(k)}{1 - re^{j\frac{2\pi}{32}k} z^{-1}} &= \frac{H(7)}{1 - re^{j\frac{2\pi}{32}7} z^{-1}} + \frac{H(8)}{1 - re^{j\frac{2\pi}{32}8} z^{-1}} + \frac{H(24)}{1 - re^{j\frac{2\pi}{32}24} z^{-1}} + \frac{H(25)}{1 - re^{j\frac{2\pi}{32}25} z^{-1}} \\
&= \frac{H(7)}{1 - re^{j\frac{2\pi}{32}7} z^{-1}} + \frac{H(8)}{1 - re^{j\frac{2\pi}{32}8} z^{-1}} + \frac{H^*(8)}{1 - re^{-j\frac{2\pi}{32}8} z^{-1}} + \frac{H^*(7)}{1 - re^{-j\frac{2\pi}{32}7} z^{-1}} \\
&\approx \frac{-1.2688 - 1.2675z^{-1}}{1 - 0.3898z^{-1} + 0.998z^{-2}} + \frac{1.4142 + 1.4128z^{-1}}{1 + 0.998z^{-2}}
\end{aligned} \qquad (8\text{-}67)
$$

然后写带通滤波器的系统函数，

$$H(z) \approx \frac{1 - 0.9685z^{-32}}{32} \left(\frac{-1.2688 - 1.2675z^{-1}}{1 - 0.3898z^{-1} + 0.998z^{-2}} + \frac{1.4142 + 1.4128z^{-1}}{1 + 0.998z^{-2}} \right) \qquad (8\text{-}68)$$

其频谱 $H(\omega)$ 如图 8-16 所示，通带阻带都偏离理想带通滤波器，但相位是线性的。相频特性按展开相位（Unwrap）的形式绘制，直线的转折点是由单位圆旁的零点引起。

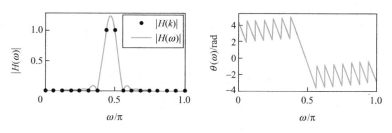

图 8-16　带通滤波器的频谱

8.4　最优化设计

频率采样法通过调整过渡带减小了通带波动和阻带波动。反过来，调整通带和阻带波动是否能减小过渡带呢？

设计上常用的优化准则有两种：一种是最小方均误差准则（Least Mean-square Error Criterion），另一种是最小化最大误差准则（Minimax Criterion）。

最小方均误差准则要求希望频谱 $H_d(\omega)$ 和设计频谱 $H(\omega)$ 之间的误差方均值最小，它应用在窗设计法，用窗序列截取一段希望滤波器序列 $h_d(n)$ 作为实际滤波器序列 $h(n)$。两者在时域的方均误差

$$P_e = \sum_{n=-\infty}^{\infty} |h_d(n) - h(n)|^2 \qquad (8\text{-}69)$$

根据帕斯维尔定理，方均误差可写为

$$P_e = \frac{1}{2\pi} \int_{-\pi}^{\pi} |H_d(\omega) - H(\omega)|^2 d\omega \qquad (8\text{-}70)$$

两种 P_e 写法说明，频谱误差最小的滤波器是矩形窗滤波器。不过这种最小误差标准跟滤波效果、成本等联系不紧密，实际滤波器更注重过渡带陡峭和阶低。

矩形窗在最小方均误差方面表现不错，但它的频谱波动大，这对保护通带成分、消除阻带成分不利。其他窗虽能减小波动，但却牺牲了过渡带。

最小化最大误差准则要求 $H_d(\omega)$ 和 $H(\omega)$ 之间的误差最大值最小，它利用各频段允许频谱偏差，将最大波动均匀分散到各处。

8.4.1 最小化最大误差的原理

这种设计法需要反复计算、观察、调整，才能将希望的幅度函数 $A_d(\omega)$ 和设计的幅度函数 $A(\omega)$ 之间的误差调整到最小，故它也称最优化法或迭代优化技术（Iterative Optimization Technique）。

最小化最大误差法所用的逼近方法（Approximation Measure）叫最小化最大准则（Minimax Criterion），也叫最佳一致逼近准则或切比雪夫逼近法（Chebyshev Criterion），能将误差的最大值均匀地分散到各处，故也叫等波纹逼近（Equiripple Approximation）。这么做的好处是：缩短滤波器的长度。

最小化最大误差法以分段常数滤波器 $H_d(\omega)$ 为模型，用加权误差函数（Weighted Error Function）设计滤波器。加权误差函数为

$$E(\omega) = W(\omega)[H_d(\omega) - H(\omega)] \qquad (8\text{-}71)$$

$W(\omega)$ 是加权函数（Weighting Function），是自定义的正值分段常数，作用是明确各频段误差的重要性。最小化最大误差法调整 $|E(\omega)|$ 的峰值为最小，使滤波器的波动变为等波纹。

由于线性相位滤波器的频谱可写为

$$H(\omega) = A(\omega)e^{j\theta(\omega)} \qquad (8\text{-}72)$$

故设计滤波器可变为 $A(\omega)$ 逼近 $A_d(\omega)$，把加权误差函数写为

$$E(\omega) = W(\omega)[A_d(\omega) - A(\omega)] \qquad (8\text{-}73)$$

下面以奇数长度的第一类线性相位滤波器为例。令 $N = 2M+1$，利用其 $h(n) = h(N-1-n)$ 和 $\cos[\omega(n-M)] = \cos[\omega(N-1-n-M)]$，把 $h(n)$ 的幅度函数写为

$$A(\omega) = h(M) + \sum_{n=0}^{M-1} 2h(n)\cos[\omega(n-M)]$$

$$= \sum_{m=0}^{M} a(m)\cos(m\omega) \tag{8-74}$$

式中，

$$a(m) = \begin{cases} h(M) & (m=0) \\ 2h(M-m) & (m=1\sim M) \end{cases} \tag{8-75}$$

由于 $\cos(m\omega)$ 可写为

$$\cos(m\omega) = C_m[\cos(\omega)] \tag{8-76}$$

$C_m(x)$ 是 x 的 m 阶多项式；所以，$\cos(m\omega)$ 是 $\cos(\omega)$ 的 m 阶多项式，$A(\omega)$ 是 $\cos(\omega)$ 的 M 阶多项式，在 ω 的闭区间 $[0, \pi]$ 最多有 $M+1$ 个极值，它们直接影响 $E(\omega)$ 的极值。考虑到通带边界 ω_p 和阻带边界 ω_s 的误差极值：低通滤波器的 $E(\omega)$ 最多有 $M+3$ 个极值，带通滤波器的 $E(\omega)$ 最多有 $M+5$ 个极值。

将幅度函数代入加权误差函数，得

$$E(\omega) = W(\omega)\Big[A_d(\omega) - \sum_{m=0}^{M} a(m)\cos(m\omega)\Big] \tag{8-77}$$

如此一来，设计滤波器变为在 $[0, \pi]$ 的通带和阻带上寻找 $M+1$ 个系数 $a(m)$，让 $|E(\omega)|$ 的极值一样，使 $|E(\omega)|$ 的峰值最小，最小值为 $|e|$，然后用这种 $a(m)$ 写出 $h(n)$。

确定 $a(m)$ 的原理是求 $E(\omega)$ 在 $[0, \pi]$ 通带和阻带的 $M+2$ 个极值频率，即 $\omega_1 < \omega_2 < \cdots < \omega_{M+2}$，它们的绝对极值相等，令

$$|e| = |E(\omega_k)| \quad (k=1\sim M+2) \tag{8-78}$$

毗邻的极值 $E(\omega_k) = -E(\omega_{k+1})$，$k=1\sim M+1$；该 $M+2$ 个极值方程可解 $a(m)$ 和 e。这种原理称交错定理（Alternation Theorem），它得到的幅度函数 $A(\omega)$ 是等波纹变化的。对于同样的指标，等波纹滤波器的长度最短。

利用交错定理得到的方程是

$$W(\omega_k)\Big[A_d(\omega_k) - \sum_{m=0}^{M} a(m)\cos(m\omega_k)\Big] = (-1)^k e \quad (k=1\sim M+2) \tag{8-79}$$

简化后得

$$\sum_{m=0}^{M} a(m)\cos(m\omega_k) + (-1)^k e/W(\omega_k) = A_d(\omega_k) \tag{8-80}$$

或写为矩阵形式，

$$\begin{pmatrix} 1 & \cos(\omega_1) & \cdots & \cos(M\omega_1) & -1/W(\omega_1) \\ 1 & \cos(\omega_2) & \cdots & \cos(M\omega_2) & 1/W(\omega_2) \\ \vdots & \vdots & & \vdots & \vdots \\ 1 & \cos(\omega_{M+1}) & \cdots & \cos(M\omega_{M+1}) & (-1)^{M+1}/W(\omega_{M+1}) \\ 1 & \cos(\omega_{M+2}) & \cdots & \cos(M\omega_{M+2}) & (-1)^{M+2}/W(\omega_{M+2}) \end{pmatrix} \begin{pmatrix} a(0) \\ a(1) \\ \vdots \\ a(M) \\ e \end{pmatrix} = \begin{pmatrix} A_d(\omega_1) \\ A_d(\omega_2) \\ \vdots \\ A_d(\omega_{M+1}) \\ A_d(\omega_{M+2}) \end{pmatrix}$$

$$\tag{8-81}$$

这是线性方程组，知道 ω_k、$W(\omega_k)$ 和 $A_d(\omega_k)$，就可解 $a(m)$ 和 e，然后写出 $h(n)$。

交错定理方程的矩阵形式为

$$Cx = D \tag{8-82}$$

C 为方程系数方阵，x 为未知数列向量，D 为已知数列向量，用 MATLAB 求解 x 时的指令为

$$x = C \backslash D \tag{8-83}$$

8.4.2 最小化最大误差的设计

滤波器的指标有截止频率 ω_p、ω_s 和波动 δ_p、δ_s，没有 M 和 ω_k。求解 $a(m)$ 和 e 的基本方法是：首先确定 M 和 $W(\omega)$，然后根据交错定理方程反复试探 ω_k，直到获得符合交错定理条件的 $a(m)$ 和 e。

M 与 N 有关，有一种估算 N 的方法：

$$N = \frac{-4\pi \lg(10\delta_p\delta_s)}{3(\omega_s - \omega_p)} \tag{8-84}$$

$W(\omega)$ 的作用是将不同大小的 δ_p 和 δ_s 在 $E(\omega)$ 中变为相等值。例如通带的 $W(\omega) = 1$，则阻带的 $W(\omega) = \delta_p/\delta_s$。

试探 ω_k 的过程分为四个步骤：

1) 在 $[0, \pi]$ 的通带和阻带上等间隔选 $M+2$ 个 ω_k，包括截止频率 ω_p 和 ω_s；

2) 将 ω_k 代入交错定理方程，解 $a(m)$ 和 e；

3) 将 $a(m)$ 代入 $E(\omega)$，画其在 $[0, \pi]$ 的 $20M$ 个离散点曲线；

4) $E(\omega)$ 的波动幅度相等吗？若否，则从 3) 的曲线中找新的 ω_k，极值点多于 $M+2$ 个的情况，选绝对极值较大的极值点频率，然后返回步骤 2)。若是，则找到正确的 $a(m)$ 和 e，根据 $a(m)$ 写出 $h(n)$。

例 8.8   激光唱机需一线性相位低通滤波器，其指标 $\{\omega_p, \omega_s, \delta_p, \delta_s\} = \{0.4\pi, 0.5\pi, 0.1, 0.05\}$。请用最小化最大误差法设计这个数字滤波器。

解   首先确定 N 和 $W(\omega)$。

$$N = \frac{-4\pi \lg(10 \times 0.1 \times 0.05)}{3(0.5\pi - 0.4\pi)} \approx 17.3 \tag{8-85}$$

考虑到前面介绍的最小化最大误差法的 N 为奇数，取 $N = 19$，故 $M = 9$。以 $\omega_c = (\omega_p + \omega_s)/2 = 0.45\pi$ 为准，设 $W(\omega)$ 通带为 1 阻带为 2，$A_d(\omega)$ 通带为 1 阻带为 0。

然后，找等波纹的 $a(m)$ 和 e。

（1）在 $[0, \pi]$ 的通带 $[0, 0.4\pi]$ 和阻带 $[0.5\pi, \pi]$ 中选 11 个 ω_k，

$$\omega_k = [0, 0.1, 0.2, 0.3, 0.4, 0.5, 0.6, 0.7, 0.8, 0.9, 1]^T\pi \quad (k = 1 \sim 11) \tag{8-86}$$

（2）将 ω_k 代入交错定理方程，用 MATLAB 求解的指令为

```
M = 9;wc = 0.45 * pi;w = (0:0.1:1) * pi;
c = cos(w' * (0:M));
for i = 1:M+2;if w(i) < wc;W(i) = 1;Ad(i) = 1;else W(i) = 2;Ad(i) = 0;end;c(i,M+2) =
(-1)^i/W(i);end
a = c\Ad'
```

计算机解得

$$\begin{cases} a(m) \approx [0.4483, 0.6308, 0.1034, -0.1945, -0.1034, 0.0966, \\ \qquad 0.1034, -0.0442, -0.1034, -0.0059] \quad (m = 0 \sim 9) \\ e \approx -0.069 \end{cases} \quad (8\text{-}87)$$

（3）将 $a(m)$ 代入 $E(\omega)$，用 MATLAB 画其在 $[0, \pi]$ 的 180 个离散点曲线，主要指令为

```
N = 20 * M;w = (0:N) * pi/N;
for i = 1:N + 1,if w(i) < wc,W(i) = 1;Ad(i) = 1;else W(i) = 2;Ad(i) = 0;end,end
E = W. * [Ad - a(1:M + 1)' * cos((0:M)' * w)];
```

程序运行结果如图 8-17 所示。

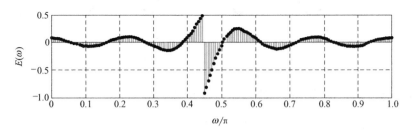

图 8-17　初次试探 $E(\omega)$

（4）$E(\omega)$ 的波动幅度不同，从图 8-17 找通带和阻带的极点频率，

$$\omega_k = [0, 0.11, 0.23, 0.34, 0.4, 0.5, 0.55, 0.66, 0.77, 0.89, 1]\pi \quad (k = 1 \sim 11) \quad (8\text{-}88)$$

返回步骤（2）。

（5）将 ω_k 代入交错定理方程，解得

$$\begin{cases} a(m) \approx [0.447, 0.6247, 0.104, -0.178, -0.0924, 0.0766, \\ \qquad 0.0772, -0.0341, -0.1183, -0.0168] \quad (m = 0 \sim 9) \\ e \approx -0.11 \end{cases} \quad (8\text{-}89)$$

（6）将 $a(m)$ 代入 $E(\omega)$，画其在 $[0, \pi]$ 的 180 个离散点曲线，如图 8-18 所示。

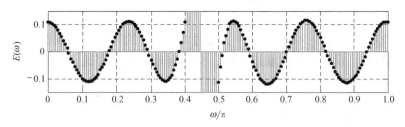

图 8-18　再次试探 $E(\omega)$

（7）$E(\omega)$ 的波动幅度相同，在通带和阻带 $\max|E(\omega)| \approx 0.12$，与 $|e| \approx 0.11$ 还有些差距。不过，通带和阻带 $\max|E(\omega)|$ 都大于 $\delta_p = 0.1$，继续找 ω_k 也没有满足指标的余地。

解决的办法是提高多项式 $A(\omega)$ 的阶。令 $M = 10$，继续试探 ω_k。先选

$$\omega_k = [0.08, 0.16, 0.24, 0.32, 0.4, 0.5, \\ 0.56, 0.64, 0.72, 0.8, 0.88, 0.96]\pi \quad (k = 1 \sim 12) \quad (8\text{-}90)$$

然后重复前面的检验步骤，三次试探后得到的 $E(\omega)$ 曲线如图8-19所示，波动幅度相等，通带和阻带的 $\max|E(\omega)| = 0.0865 = |e|$，小于0.1，说明已经找到正确的 $a(m)$。消除加权函数，$A(\omega)$ 在通带的波动幅度 $= 0.0865/1 = 0.0865$，在阻带的波动幅度 $= 0.0865/2 = 0.04325$，优于 $\delta_p = 0.1$ 和 $\delta_s = 0.05$。这时

$$\begin{cases} a(m) \approx [0.4461, 0.6244, 0.1025, -0.1807, -0.0958, 0.0717, \\ \qquad\quad 0.0676, -0.0476, -0.0895, -0.0327, 0.0474] \quad (m = 0 \sim 10) \\ e \approx -0.0865 \end{cases} \quad (8\text{-}91)$$

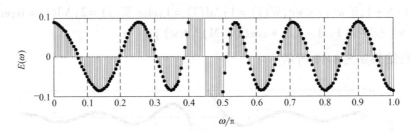

图8-19　提高阶后的 $E(\omega)$

将 $a(m)$ 代入 $A(\omega)$ 的公式，绘制的曲线如图8-20所示。

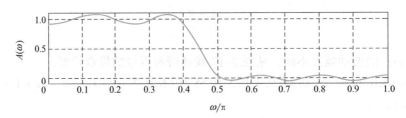

图8-20　滤波器的幅度函数

根据 $a(m)$ 与 $h(n)$ 的关系，

$$h(n) = \begin{cases} a(10-n)/2 & (n = 0 \sim 9) \\ a(0) & (n = 10) \end{cases} \quad (8\text{-}92)$$

得本题的 $h(n) = [0.0237, -0.0164, -0.0448, -0.0238, 0.0338, 0.0359, -0.0479, -0.0904, 0.0513, 0.3122, 0.4461]$，$n = 0 \sim 10$。剩下的 $h(20-n) = h(n)$。

等波纹滤波器的极值最少有 $M+2$ 个，超过 $M+2$ 个的等波纹滤波器称为超波纹滤波器（Extra-ripple Filter）。设计等波纹滤波器时，交错定理方程只要选 $M+2$ 个极值点。遇到超波纹的情况，从 $\omega = 0$ 和 π 中挑选一个 $|E(\omega)|$ 较大的作为极值点，能较快找到真正极值点。

8.4.3　基本设计法的演绎

上述的等波纹设计法是针对奇数 N 的第一类线性相位滤波器，其他类型的滤波器设计也是这样，先将 $h(n)$ 的幅度函数 $A(\omega)$ 写为 $\cos(\omega)$ 的 M 阶多项式，然后按交错定理进行设计。四种线性相位的幅度函数多项式见表8-3，它给出多项式系数与 $h(n)$ 的前半部分的关系，后半部分可用对称性写出。下面介绍两种 $h(n)$ 和 $a(m)$ 的转换及其滤波器的设计。

表 8-3　幅度函数多项式

单位脉冲响应	长度 N	幅度函数 $A(\omega)$	$h(n)$ 和 $a(m)$
第一类线性相位：$h(n) = h(N-1-n)$	$2M+1$	$\displaystyle\sum_{m=0}^{M} a(m)\cos(m\omega)$	$h(n) = \dfrac{a(M-n)}{2}$　$(n = 0 \sim M-1)$ $h(M) = a(0)$
	$2M$	$\cos\left(\dfrac{\omega}{2}\right)\displaystyle\sum_{m=0}^{M-1} a(m)\cos(m\omega)$	$h(0) = \dfrac{a(M-1)}{4}$ $h(n) = \dfrac{a(M-1-n)}{4} + \dfrac{a(M-n)}{4}$ $(n = 1 \sim M-2)$ $h(M-1) = \dfrac{a(0)}{2} + \dfrac{a(1)}{4}$
第二类线性相位：$h(n) = -h(N-1-n)$	$2M+1$	$\sin(\omega)\displaystyle\sum_{m=0}^{M-1} a(m)\cos(m\omega)$	$h(n) = -\dfrac{a(M-1-n)}{4}$　$(n = 0 \sim 1)$ $h(n) = \dfrac{a(M+1-n)}{4} - \dfrac{a(M-1-n)}{4}$ $(n = 2 \sim M-2)$ $h(M-1) = \dfrac{a(2)}{4} - \dfrac{a(0)}{2}$
	$2M$	$\sin\left(\dfrac{\omega}{2}\right)\displaystyle\sum_{m=0}^{M-1} a(m)\cos(m\omega)$	$h(0) = -\dfrac{a(M-1)}{4}$ $h(n) = \dfrac{a(M-n)}{4} - \dfrac{a(M-1-n)}{4}$ $(n = 1 \sim M-2)$ $h(M-1) = \dfrac{a(1)}{4} - \dfrac{a(0)}{2}$

1. 偶数 N 第一类线性相位

根据第一类线性相位滤波器的幅度函数和 $N = 2M$，

$$A(\omega) = \sum_{n=0}^{2M-1} h(n)\cos\big[(n - M + 0.5)\omega\big] \tag{8-93}$$

利用 $h(n)$ 的偶对称，

$$
\begin{aligned}
A(\omega) =\ & 2h(M-1)\cos(0.5\omega) + 2h(M-2)\cos(1.5\omega) + \cdots \\
& + 2h(1)\cos\big[(M-1.5)\omega\big] + 2h(0)\cos\big[(M-0.5)\omega\big] \\
=\ & \left[a(0) + \frac{a(1)}{2}\right]\cos(0.5\omega) + \left[\frac{a(1)}{2} + \frac{a(2)}{2}\right]\cos(1.5\omega) + \cdots \\
& + \left[\frac{a(M-2)}{2} + \frac{a(M-1)}{2}\right]\cos\big[(M-1.5)\omega\big] + \frac{a(M-1)}{2}\cos\big[(M-0.5)\omega\big]
\end{aligned}
\tag{8-94}
$$

$$
\begin{aligned}
=\ & a(0)\cos(0.5\omega) + \frac{a(1)}{2}\big[\cos(0.5\omega) + \cos(1.5\omega)\big] + \cdots \\
& + \frac{a(M-2)}{2}\big\{\cos\big[(M-2.5)\omega\big] + \cos\big[(M-1.5)\omega\big]\big\} \\
& + \frac{a(M-1)}{2}\big\{\cos\big[(M-1.5)\omega\big] + \cos\big[(M-0.5)\omega\big]\big\}
\end{aligned}
$$

173

根据三角函数公式 $\cos(x) + \cos(y) = 2\cos\left(\dfrac{x-y}{2}\right)\cos\left(\dfrac{x+y}{2}\right)$，得

$$
\begin{aligned}
A(\omega) &= a(0)\cos(0.5\omega) + a(1)\cos(0.5\omega)\cos(\omega) + \cdots \\
&\quad + a(M-2)\cos(0.5\omega)\cos[(M-2)\omega] + a(M-1)\cos(0.5\omega)\cos[(M-1)\omega] \\
&= \cos(0.5\omega)\sum_{m=0}^{M-1} a(m)\cos(m\omega)
\end{aligned} \tag{8-95}
$$

其 $a(m)$ 和 $h(n)$ 的关系，对比 $A(\omega)$ 的 $h(n)$ 写法和 $a(m)$ 写法得

$$
\begin{cases}
h(0) = a(M-1)/4 \\
h(n) = [a(M-1-n) + a(M-n)]/4 \quad (n=1\sim M-2) \\
h(M-1) = a(0)/2 + a(1)/4
\end{cases} \tag{8-96}
$$

将得到的 $\cos(m\omega)$ 形式 $A(\omega)$ 代入加权误差函数，则偶数 N 第一类线性相位滤波器的加权误差函数

$$
E(\omega) = W(\omega)\cos(0.5\omega)\left[\frac{A_d(\omega)}{\cos(0.5\omega)} - \sum_{m=0}^{M-1} a(m)\cos(m\omega)\right] \tag{8-97}
$$

待定系数是 $a(m)$。设计这种滤波器时，先要对加权函数和希望的幅度函数做些修改，然后就可用交错定理求 $a(m)$。

2. 奇数 N 第二类线性相位

根据第二类线性相位滤波器的幅度函数和 $N = 2M+1$，

$$
A(\omega) = \sum_{n=0}^{2M} h(n)\sin[(n-M)\omega] \tag{8-98}
$$

利用 $h(n)$ 的奇对称，

$$
\begin{aligned}
A(\omega) &= -2h(M-1)\sin(\omega) - 2h(M-2)\sin(2\omega) - \cdots \\
&\quad - 2h(1)\sin[(M-1)\omega] - 2h(0)\sin(M\omega) \\
&= \left[a(0) - \frac{a(2)}{2}\right]\sin(\omega) + \left[\frac{a(1)}{2} - \frac{a(3)}{2}\right]\sin(2\omega) + \left[\frac{a(2)}{2} - \frac{a(4)}{2}\right]\sin(3\omega) \\
&\quad + \cdots + \left[\frac{a(M-3)}{2} - \frac{a(M-1)}{2}\right]\sin[(M-2)\omega] + \frac{a(M-2)}{2}\sin[(M-1)\omega] \\
&\quad + \frac{a(M-1)}{2}\sin(M\omega)
\end{aligned} \tag{8-99}
$$

$$
\begin{aligned}
&= a(0)\sin(\omega) + \frac{a(1)}{2}\sin(2\omega) + \frac{a(2)}{2}[\sin(3\omega) - \sin(\omega)] + \cdots \\
&\quad + \frac{a(M-2)}{2}\{\sin[(M-1)\omega] - \sin[(M-3)\omega]\} \\
&\quad + \frac{a(M-1)}{2}\{\sin(M\omega) - \sin[(M-2)\omega]\}
\end{aligned}
$$

根据三角函数公式 $\sin(x) - \sin(y) = 2\cos\left(\dfrac{x+y}{2}\right)\sin\left(\dfrac{x-y}{2}\right)$，得

$$
\begin{aligned}
A(\omega) &= a(0)\sin(\omega) + a(1)\cos(\omega)\sin(\omega) + a(2)\cos(2\omega)\sin(\omega) + \cdots \\
&\quad + a(M-2)\cos[(M-2)\omega]\sin(\omega) + a(M-1)\cos[(M-1)\omega]\sin(\omega) \\
&= \sin(\omega)\sum_{m=0}^{M-1} a(m)\cos(m\omega)
\end{aligned} \tag{8-100}
$$

其 $a(m)$ 和 $h(n)$ 的关系，对比 $A(\omega)$ 的 $h(n)$ 写法和 $a(m)$ 写法得

$$h(n) = \begin{cases} -a(M-1-n)/4 & (n = 0 \sim 1) \\ [a(M+1-n) - a(M-1-n)]/4 & (n = 2 \sim M-2) \\ a(2)/4 - a(0)/2 & (n = M-1) \end{cases} \quad (8\text{-}101)$$

例 8.9　测量云层的信号需要带通滤波，其指标 $\{\omega_{s1}, \omega_{p1}, \omega_{p2}, \omega_{s2}, \delta_s, \delta_p\}$ = $\{0.25\pi, 0.3\pi, 0.6\pi, 0.65\pi, 0.1, 0.2\}$。请用最小化最大误差法设计第一类线性相位偶数 N 滤波器。

解　首先确定 N 和 $W(\omega)$。

$$N = \frac{-4\pi \lg(10 \times 0.2 \times 0.1)}{3(0.65\pi - 0.6\pi)} \approx 18.6 \quad (8\text{-}102)$$

按要求取 $N = 20$，故 $M = 10$。以 $\omega_{c1} = 0.275\pi$ 和 $\omega_{c2} = 0.625\pi$ 为边界，设 $W(\omega)$ 阻带为 1 通带为 0.5，$A_d(\omega)$ 阻带为 0 通带为 1。因偶数 N 第一类线性相位滤波器的加权误差函数

$$E(\omega) = W(\omega)\cos(0.5\omega)\left[\frac{A_d(\omega)}{\cos(0.5\omega)} - \sum_{m=0}^{M-1} a(m)\cos(m\omega)\right] \quad (8\text{-}103)$$

故加权函数变为 $W(\omega)\cos(0.5\omega)$，理想幅度函数变为 $A_d(\omega)/\cos(0.5\omega)$。

然后，找等波纹的 $a(m)$ 和 e。因该滤波器的 $a(m)$ 共有 10 个，加上 e，故需极值频率 11 个。偶数 N 第一类线性相位的幅度函数 $A(\pi) = 0$，$\omega = \pi$ 的极值点不必考虑。

（1）在 $[0, \pi)$ 的通带和阻带上等间隔 $\pi/11$ 选 11 个 ω_k，

$$\omega_k = [0, 0.09, 0.18, 0.27, 0.36, 0.45, 0.55, 0.64, 0.73, 0.82, 0.91]\pi \quad (8\text{-}104)$$
$$(k = 1 \sim 11)$$

这 11 个 ω_k 距离通带和阻带的边界频率 $\{\omega_{s1}, \omega_{p1}, \omega_{p2}, \omega_{s2}\}$ 都太远，可能选择 12 个等间隔 ω_k 会好些。按照此想法选

$$\omega_k = [0, 0.08, 0.17, 0.25, 0.33, 0.42, 0.5, 0.58, 0.67, 0.75, 0.83, 0.92]\pi \quad (8\text{-}105)$$
$$(k = 1 \sim 12)$$

（2）将 ω_k 代入交错定理方程，用 MATLAB 解出 $a(m)$ 和 e，其指令为

```
M = 11;w = [0,0.08,0.17,0.25,0.33,0.42,0.5,0.58,0.67,0.75,0.83,0.92] * pi;
W = ones(1,M + 1). * cos(w/2);
for i = 1:M + 1;if w(i) > = 0.275 * pi&w(i) < 0.625 * pi;W(i) = 0.5 * W(i);end;end;
for i = 1:M + 1;for j = 1:M + 1;if j < = M,c(i,j) = cos((j - 1) * w(i));else c(i,j) = 
( - 1)^i/W(i);end;end;end;
for i = 1:M + 1;if w(i) < 0.275 * pi|w(i) > = 0.625 * pi;Ad(i) = 0;else Ad(i) = 1/cos 
(w(i)/2);end;end;
a = c\Ad';
```

（3）将 $a(m)$ 代入 $E(\omega)$ 绘制曲线，其 MATLAB 主要指令为

```
w = 0:pi/(20 * M):pi;L = length(w);
W = ones(1,L). * cos(w/2);
for i = 1:L;if w(i) > = 0.275 * pi&w(i) < 0.625 * pi;W(i) = 0.5 * W(i);end;end;
for i = 1:L;if w(i) < 0.275 * pi|w(i) > = 0.625 * pi;Ad(i) = 0;else Ad(i) = 1/cos(w 
(i)/2);end;end;
```

```
m = 0:M - 1; A = a(m + 1)' * cos(m' * w);
E = W. * (Ad - A);
```

程序运行结果如图 8-21 所示。

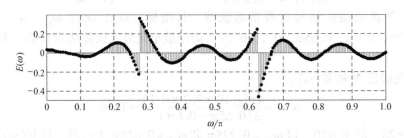

图 8-21 初次试探带通滤波器

（4） $E(\omega)$ 的波动幅度不同，从图 8-21 的阻带和通带找极值较大的 12 个频率，

$$\omega_k = [0, 0.118, 0.214, 0.3, 0.375, 0.468, 0.55, 0.6, 0.7, 0.781,$$
$$0.868, 0.955]\pi \quad (k = 1 \sim 12) \tag{8-106}$$

返回步骤（2）。

第二次寻找 $a(m)$，得到图 8-22 的 $E(\omega)$ 曲线，它不是等波纹的，从图 8-22 的阻带和通带找极值较大的 12 个频率，

$$\omega_k = [0.044, 0.165, 0.25, 0.3, 0.352, 0.45, 0.55, 0.6, 0.65, 0.747,$$
$$0.85, 0.95]\pi \quad (k = 1 \sim 12) \tag{8-107}$$

返回步骤（2）。

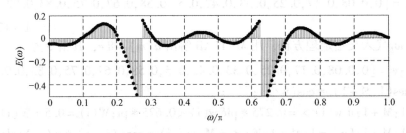

图 8-22 二次试探带通滤波器

第三次寻找 $a(m)$，得到图 8-23 的 $E(\omega)$ 曲线，有的极值满足 $\delta_s = 0.1$，有的不满足，说明 M 还要增大。从最大极值 0.25 判断，选 $M + 1 = 15$。它在 $[0, \pi)$ 区间的等间隔 $\pi/15$ 初始频率

$$\omega_k = [0, 0.07, 0.13, 0.2, 0.27, 0.33, 0.4, 0.47, 0.53, 0.6,$$
$$0.67, 0.73, 0.8, 0.87, 0.93]\pi \quad (k = 1 \sim 15) \tag{8-108}$$

将其代入交错定理方程，用解出的 $a(m)$ 画增大 M 后的 $E(\omega)$ 曲线，如图 8-24 所示。它不是等波纹，从图 8-24 中选极值较大的 15 个频率，

$$\omega_k = [0, 0.075, 0.15, 0.232, 0.25, 0.3, 0.375, 0.463, 0.55, 0.6,$$
$$0.65, 0.708, 0.786, 0.867, 0.954]\pi \quad (k = 1 \sim 15) \tag{8-109}$$

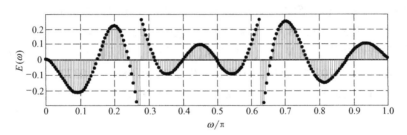

图 8-23   三次试探带通滤波器

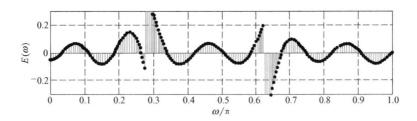

图 8-24   增大 M 后的初次试探

用其求解 $a(m)$，之后用 $a(m)$ 画增大 M 后的第二次试探 $E(\omega)$ 曲线，如图 8-25 所示。它不是等波纹，从图 8-25 中选极值较大的 15 个频率，

$$\omega_k = [\,0,0.074,0.145,0.215,0.25,0.3,0.35,0.46,0.55,0.6, \\ 0.65,0.68,0.76,0.844,0.94\,]\pi \quad (k=1\sim15)$$

(8-110)

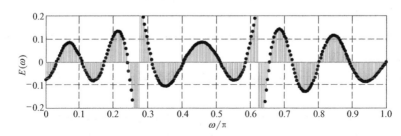

图 8-25   增大 M 后的二次试探

用其求解 $a(m)$，并用 $a(m)$ 画第三次试探的 $E(\omega)$ 曲线，如图 8-26 所示，$E(\omega)$ 的极值基本相等。第三次试探的 $e=0.093$，去加权函数后，阻带最大误差 $\max|A_\mathrm{d}(\omega)-A(\omega)| = e/W(\omega)=0.093$，通带最大误差 $\max|A_\mathrm{d}(\omega)-A(\omega)| = e/W(\omega)=0.186$，均满足指标。

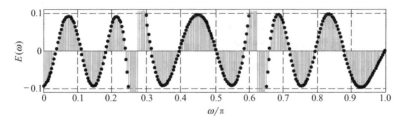

图 8-26   增大 M 后的三次试探

177

满足指标的 $a(m) = [0.5542, -0.0697, -0.5737, -0.3318, 0.4805, -0.136, 0.1266, 0.075, 0.0245, -0.3057, 0.0548, 0.1569, -0.0729, 0.1102]$, $m = 0 \sim 13$。

利用第一类线性相位偶数 N 的 $a(m)$ 与 $h(n)$ 关系，得 $h(n) = [0.0276, 0.0093, 0.021, 0.0529, -0.0627, -0.0703, 0.0249, 0.0504, -0.0024, 0.0861, 0.0372, -0.2264, -0.1608, 0.2597]$, $n = 0 \sim 13$。剩下的 $h(27 - n) = h(n)$。$h(n)$ 的频谱如图 8-27 所示。

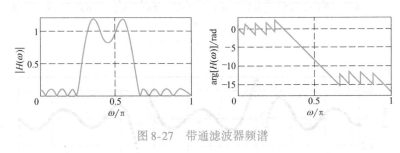

图 8-27　带通滤波器频谱

8.5　滤波器设计小结

这两章介绍了 IIR 和 FIR 滤波器的设计，它们各有所长。

IIR 滤波器能用较低阶获取陡峭的频率选择性，低阶意味着信号处理的运算量少、硬件存储单元少和产品成本低。该系统可做信号发生器，不合适做自动系统。

FIR 滤波器不能用较低阶获取陡峭选择性，但其频谱能做成线性相位，其系统永远稳定，适合做自动系统。

IIR 滤波器有闭式设计公式（Closed-form Design Formulas），结果不需验证就能满足要求，适合分段常数的滤波器。

FIR 滤波器没有闭式设计公式，结果需验证，参数需反复调整，适合各种幅度形状的滤波器。

前面介绍了时域和频域的信号处理方法、信号变换技巧、信号快速算法，以及数字滤波器的设计，对于数字信号处理系统来说，还要考虑采样频率和系统结构。

下章介绍数字信号处理系统的实现。

8.6　习题

1. 设热成像定位系统的单位脉冲响应 $h(n) = [0.22, -0.3, 0, 0.3, -0.22]$。请画出其幅度函数 $A(\omega)$、相位函数 $\theta(\omega)$ 和相频特性 $\arg[H(\omega)]$ 曲线，并指出它们的特点。

2. 若偶数 N 的 $h(n)$ 对于 $n = (N-1)/2$ 偶对称，则其幅度函数 $A(\omega)$ 对于 $\omega = \pi$ 奇对称。请证明它的正确性。

3. 请推导理想低通滤波器

$$H_d(\omega) = \begin{cases} 1 & (-2 \leqslant \omega \leqslant 2) \\ 0 & (其他 \ \omega) \end{cases}$$

的单位脉冲响应。并以此用矩形窗设计一个 15 点的数字低通滤波器。

4. 请说出四种常用的窗序列，并指出它们在时域和频域方面的区别。

5. 鱼群探测仪需线性相位高通滤波器，其 $\{\omega_p, \omega_s, A_p, A_s\} = \{0.3\pi, 0.25\pi, 1\mathrm{dB}, 20\mathrm{dB}\}$。请用窗设计法设计该滤波器。

6. 设导弹跟踪系统的数字带通滤波器为第一类线性相位的，其 $\{\omega_L, \omega_H, \delta_p, \delta_s\} = \{0.2\pi, 0.6\pi, 0.05, 0.05\}$，过渡带为 0.1π。请在时域设计这个滤波器。

7. 请设计一个 FIR 数字带阻滤波器，其低端截止频率 $\omega_L = 1$，高端截止频率 $\omega_H = 2$，过渡带 $\Delta\omega = 0.4$，通带和阻带波动小于 0.01。

8. 设计 FIR 滤波器时，若采用窗设计法，会对频谱造成什么影响？

9. 心律异常监测仪需如下频谱滤波器，它在主值区间 $[-\pi, \pi)$ 为

$$H_d(\omega) = \begin{cases} \dfrac{2}{\pi}|\omega|e^{-j15\omega} & \left(|\omega| \leq \dfrac{\pi}{2}\right) \\[2mm] \left(2 - \dfrac{2}{\pi}|\omega|\right)e^{-j15\omega} & (\text{其他 } \omega) \end{cases}$$

请用频率采样法设计这种频谱的单位脉冲响应 $h(n)$，并比较它们的幅频特性。

10. 设用单色光对食品成分定量分析时，需滤除 $6 \sim 10\mathrm{kHz}$ 的信号成分，要求通带和阻带的波动均小于 10%，过渡带 $1\mathrm{kHz}$，采样频率为 $40\mathrm{kHz}$。请设计最优线性相位滤波器。

11. 交错定理设计最优系统，一般都将幅度函数 $A(\omega)$ 变为 $\cos(\omega)$ 的多项式。当 N 为偶数时，第二类线性相位滤波器的幅度函数可变为 $\cos(\omega)$ 的多项式，即

$$A(\omega) = \sin(0.5\omega)\sum_{m=0}^{M-1} a(m)\cos(m\omega)$$

请证明其正确性。

12. 设鸟鸣信号需第二类线性相位数字高通滤波器，其 $\{\omega_p, \omega_s, \delta_p, \delta_s\} = \{0.6\pi, 0.5\pi, 0.1, 0.06\}$。请用最小化最大准则设计该滤波器。

13. 原始胎儿心电图（ECG）数据预处理为的是在基线偏移、电源干扰、子宫收缩、胎儿和母亲运动等情况下测出胎儿心跳，基线指心跳频谱。设 ECG 数据已提取模拟 $0.05 \sim 100\mathrm{Hz}$，速率是 200 样值/s，现在要消除其 $50\mathrm{Hz}$ 成分，要求滤波器过渡带为 $1\mathrm{Hz}$，通带和阻带波动 0.2，请用简易方法设计一个 IIR 和 FIR 数字滤波器，并比较两者的优缺点。

14. 请指出 IIR 滤波器和 FIR 滤波器性能上和设计上的区别。

15. 用 MATLAB 的 FDATool 设计低通滤波器，其采样频率 $8\mathrm{kHz}$，截止频率 $\{1, 1.2\}\mathrm{kHz}$，衰减 $\{1, 50\}\mathrm{dB}$，方法是 Butterworth、Chebyshev、Elliptic、Equiripple，对比它们的区别。

习题参考答案

采样率（Sample Rate）由信号特点来定，系统之间经常交换信号，处理的样本都必须在下个样本到来前处理完，多种采样率和高速计算是实现数字信号处理的基本要求。

9.1 实现的基本方法

多种采样率指数字系统存在各种采样频率，简称多速率（Multirate），它是降低数字信号处理成本的策略。系统不同阶段采用不同速率，流行的做法有下采样和上采样。

9.1.1 下采样

对序列 $x(n)$ 采样，这种做法称为抽取（Decimation），也叫下采样（Down-sample）。设采样 $x(n)$ 的间隔为 D，则下采样写为

$$y(m) = x(Dm) \tag{9-1}$$

若 $x(n)$ 和 $y(m)$ 的采样率为 f_x 和 f_y，则 $f_y = f_x/D$。例如 $x(n) = \sin(0.08\pi n)$，抽取间隔 $D = 2$，则下采样得 $y(m) = \sin(0.16\pi m)$，如图 9-1 所示；若 $x(n)$ 的 $f_x = 50\text{Hz}$，则 $y(m)$ 的采样率 $f_y = 25\text{Hz}$。

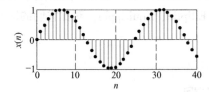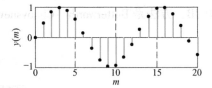

图 9-1 间隔 2 的下采样

下采样的对象是数字信号，也要遵循采样定理。请看其理由。先写出 $y(m)$ 的 z 变换，

$$Y(z) = \sum_{m=-\infty}^{\infty} y(m)z^{-m} = \sum_{m=-\infty}^{\infty} x(Dm)z^{-m} \tag{9-2}$$

令

$$w(n) = \begin{cases} x(n) & (n = 0, \pm D, \pm 2D, \cdots) \\ 0 & (其他\ n) \end{cases} \tag{9-3}$$

并将 $w(Dm) = x(Dm)$ 代入 $Y(z)$，得

$$Y(z) = \sum_{m=-\infty}^{\infty} w(Dm)z^{-m} = \sum_{n=-\infty}^{\infty} w(n)(z^{1/D})^{-n} \tag{9-4}$$
$$= W(z^{1/D})$$

再令周期脉冲序列

$$s(n) = \sum_{i=-\infty}^{\infty} \delta(n - Di) \tag{9-5}$$

将它写为离散傅里叶级数形式，

$$s(n) = \frac{1}{D} \sum_{k=0}^{D-1} e^{j\frac{2\pi}{D}kn} \tag{9-6}$$

然后求 $w(n) = x(n)s(n)$ 的 z 变换，

$$W(z) = \sum_{n=-\infty}^{\infty} \left[x(n) \frac{1}{D} \sum_{k=0}^{D-1} e^{j\frac{2\pi}{D}kn} z^{-n} \right] = \frac{1}{D} \sum_{k=0}^{D-1} \left[\sum_{n=-\infty}^{\infty} x(n) e^{j\frac{2\pi}{D}kn} z^{-n} \right] \tag{9-7}$$
$$= \frac{1}{D} \sum_{k=0}^{D-1} X(z e^{-j\frac{2\pi}{D}k})$$

并将 $W(z)$ 代回 $Y(z)$，得

$$Y(z) = \frac{1}{D} \sum_{k=0}^{D-1} X(z^{1/D} e^{-j\frac{2\pi}{D}k}) \tag{9-8}$$

现在令 $z = e^{j\omega}$，即得下采样信号的频谱

$$Y(\omega) = \frac{1}{D} \sum_{k=0}^{D-1} X\left(\frac{\omega - 2\pi k}{D} \right) \tag{9-9}$$

这是 D 个不同位置 $X(\omega/D)$ 的叠加。

非周期序列的频谱都是周期函数，周期为 2π，抽取信号的频谱 $Y(\omega)$ 也是如此，其采样率 $f_y = f_x/D$。

例 9.1　电话通信时，保留 $0 \sim 2\text{kHz}$ 的信号成分就能让接收者听懂对方意思。设 $x(t)$ 是简易抗折叠滤波器处理的模拟信号，其成分如图 9-2 所示。若以 $f_s = 8\text{kHz}$ 对 $x(t)$ 采样，再以 $D = 2$ 对 $x(n)$ 下采样，问下采样信号 $y(m)$ 能代表 $x(t)$ 的 $f = 0 \sim 2\text{kHz}$ 成分吗？

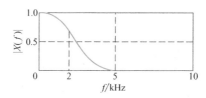

图 9-2　模拟信号频谱

解　因下采样信号 $y(m)$ 的频谱

$$Y(\omega) = \frac{1}{2}\left[X\left(\frac{\omega}{2}\right) + X\left(\frac{\omega-2\pi}{2}\right)\right] \tag{9-10}$$

其 $X(\omega/2)$ 如图 9-3 所示，若 $X(\omega/2)$ 与 $X[(\omega-2\pi)/2]$ 直接相加将混叠。

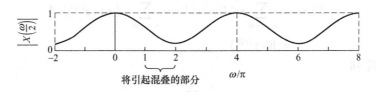

图 9-3　扩展 2 倍的频谱

如果先滤除 $X(\omega)$ 的 $\omega = 0.5\pi \sim \pi$ 部分，得到的频谱 $X_1(\omega)$ 如图 9-4 所示，然后再 2 倍抽取 $x_1(n)$，这时的 $X_1(\omega/2)$ 和 $X_1[(\omega-2\pi)/2]$ 相加就没有混叠。此方式的 $y(m)$ 能代表 $x(t)$ 的 $0 \sim 2\text{kHz}$ 成分，$y(m)$ 的采样率 $f_y = 4\text{kHz}$。

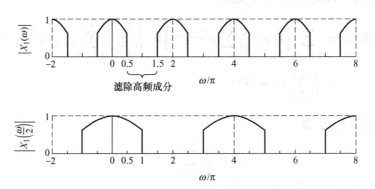

图 9-4　先滤波后抽取的频谱

对模拟信号采样前，不管信号频带是否有限，都要抗混叠滤波。同理，对离散信号抽取前，不管信号频带有多宽，也要抗混叠滤波。完整的抽取器（Decimator）由数字低通滤波器和抽取器组成，如图 9-5 所示，其低通滤波器也叫抽取滤波器。

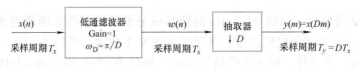

图 9-5　下采样系统

抽取滤波器的理想频谱为

$$H_{\text{D}}(\omega) = \begin{cases} 1 & (|\omega| < \omega_{\text{D}}) \\ 0 & (\text{其他 } \omega) \end{cases} \tag{9-11}$$

$\omega_{\text{D}} = \pi/D$。其根据是：$D$ 倍抽取的 $Y(\omega)$ 是 D 个 $X(\omega/D)$ 错位 2π 的组合，而 $X(\omega/D)$ 是 $X(\omega)$ 的 D 倍扩展，扩展使 $X(\omega)$ 的 $\omega = \pi/D \sim \pi$ 成分进入 $\omega = \pi \sim D\pi$，它们会引起混叠，必须抽取前滤除。

　　抽取滤波器的通带幅度取 1，理由从数模转换看。当采样率为 f_x 时，其数模转换如图 9-6 所示。若以 $D=2$ 抽取 $x(n)$，得到 $y(m)$，其数模转换如图 9-7 所示，$x(t)$ 和 $y(t)$ 曲线的面积、轮廓和能量基本相等。

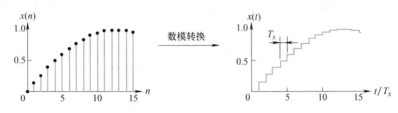

图 9-6　采样率为 f_x 的数模转换

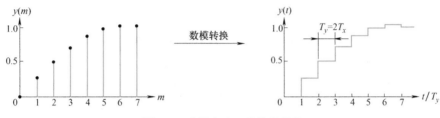

图 9-7　采样率为 f_y 的数模转换

　　为保证抽取滤波的信号不失真，抽取滤波器应采用线性相位滤波器。图 9-5 的抽取滤波器输出

$$w(n) = \sum_{i=0}^{N-1} h(i) x(n-i) \tag{9-12}$$

$w(n)$ 只有 $1/D$ 被利用，其余丢弃；这说明，抽取滤波器的算法需要优化。图 9-8 是先乘后抽取的结构，对每个 $x(n)$ 样本乘法器都要乘。图 9-9 是先抽取后乘的结构，$x(n)$ 每隔 D 个样本乘一次，数学写为

$$y(m) = w(Dm) = \sum_{i=0}^{N-1} h(i) x(Dm-i) \tag{9-13}$$

这种算法将抽取和滤波融为一体。

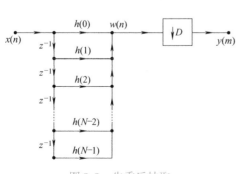

图 9-8　先乘后抽取

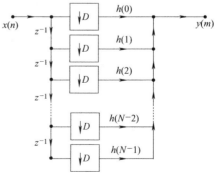

图 9-9　先抽取后乘

抽取可用于减轻数字产品对模拟前置滤波器的苛刻要求。因为按采样定理采样模拟信号时，要求模拟滤波器的过渡带陡峭。

若先以高速率 $f_x = Df_s$ 采样模拟信号 $x_a(t)$，称为过采样（Oversampling），如图9-10所示，则可降低模拟滤波器 $H(f)$ 的要求。如果采样 $x_a(t)$ 所得的 $x(n)$ 有折叠失真，只要 $f_x > f_{stop} + f_a$，折叠部分不会影响有用成分。折叠失真的 $f = f_a \sim f_{stop}$ 成分可用抽取滤波器滤除。然后 D 倍抽取 $x(n)$，即得速率 f_s 的数字信号 $y(m)$。过采样技术广泛用于现代电子产品，如数字录音机、计算机声卡、手机、数码相机、地震仪等。

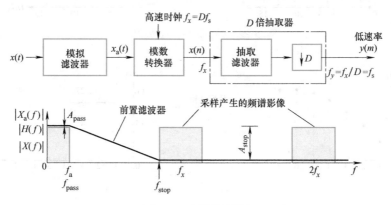

图9-10 过采样原理

例9.2 设模拟前置滤波器为巴特沃斯滤波器，若巴特沃斯滤波器与抽取器结合，请证明滤波器的阶 N 与抽取倍数 D 的关系

$$N = \frac{\lg\left[\left(10^{A_{stop}/10} - 1\right) / \left(10^{A_{pass}/10} - 1\right)\right]}{2\lg(2D - 1)} \tag{9-14}$$

若 $[A_{pass}, A_{stop}] = [0.1, 60]$ 和 $D = 16$，请确定滤波器的阶和过渡带。

解 （1）N 和 D 的关系

根据巴特沃斯滤波器的衰减函数

$$A(f) = 10\lg\left[1 + (f/f_c)^{2N}\right] \tag{9-15}$$

得方程

$$\begin{cases} 2N\lg(f_{pass}/f_c) = \lg(10^{A_{pass}/10} - 1) \\ 2N\lg(f_{stop}/f_c) = \lg(10^{A_{stop}/10} - 1) \end{cases} \tag{9-16}$$

利用 $f_{pass} = f_a$ 和 $f_{stop} = Df_s - f_a$ 解方程，$f_s = 2f_a$，得

$$N = \frac{\lg\left[\left(10^{A_{stop}/10} - 1\right) / \left(10^{A_{pass}/10} - 1\right)\right]}{2\lg(2D - 1)} \tag{9-17}$$

（2）阶和过渡带

根据 $[A_{pass}, A_{stop}] = [0.1, 60]$ 和 $D = 16$，得

$$N = \frac{\lg\left[\left(10^{60/10} - 1\right) / \left(10^{0.1/10} - 1\right)\right]}{2\lg(2 \times 16 - 1)} \approx 2.56 \tag{9-18}$$

取 $N = 3$。$N = 3$ 的电路需2个电感1个电容，或1个电感2个电容。

根据 $f_{\text{pass}} = f_{\text{a}}$、$f_{\text{stop}} = Df_{\text{s}} - f_{\text{a}}$ 和 $D = 16$，过渡带

$$\Delta f = f_{\text{stop}} - f_{\text{pass}} = 30 f_{\text{a}} \tag{9-19}$$

9.1.2　上采样

在序列 $x(n)$ 的样本间插入额外样本，这种做法称为内插（Interpolation），也叫上采样（Up-sample）。内插值是 FIR 滤波器计算得到的，也可用 IIR 滤波器计算，但实践中较少用。内插可提高采样率，如图 9-11 所示，它用 2 倍内插使采样率变为 $2f_x$。内插滤波器计算合理的内插值，它工作在 $2f_x$ 速率，故内插滤波器也叫过采样数字滤波器（Oversampling Digital filter）。

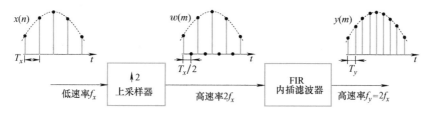

图 9-11　内插和采样率

等间隔 I 倍内插时，先在 $x(n)$ 的样本间等间隔插入 $I-1$ 个 0 值样本，使序列 $w(m)$ 的采样率为 If_x；然后对 $w(m)$ 低通滤波，使其波形光滑。其缘由如下。

首先，$w(m)$ 的频谱由 $x(n)$ 得来。$x(n)$ 的 z 变换

$$X(z) = \sum_{n=-\infty}^{\infty} x(n) z^{-n} \tag{9-20}$$

按 I 倍对 $x(n)$ 内插 0 值，则上采样器的输出

$$w(m) = \begin{cases} x(m/I) & (m = 0, \pm I, \pm 2I, \cdots) \\ 0 & (\text{其他 } m) \end{cases} \tag{9-21}$$

其 z 变换

$$\begin{aligned} W(z) &= \sum_{n=-\infty}^{\infty} w(nI) z^{-nI} = \sum_{n=-\infty}^{\infty} x(n) z^{-nI} \\ &= X(z^I) \end{aligned} \tag{9-22}$$

将 $W(z)$ 的 $z = e^{j\omega}$ 后得频谱

$$W(\omega) = X(I\omega) \tag{9-23}$$

它是 $X(\omega)$ 的 I 倍压缩。

然后，因 $W(\omega)$ 和 $X(\omega)$ 的周期相同，若滤除 $W(\omega)$ 的多余频谱，则 $W(\omega)$ 和 $X(\omega)$ 相同。

例 9.3　设序列 $x(n)$ 的频谱如图 9-12 所示，请画出内插倍数 $I=2$ 的内插 0 值序列 $w(m)$ 的频谱 $W(\omega)$，并分析 $X(\omega)$ 和 $W(\omega)$ 的区别。

185

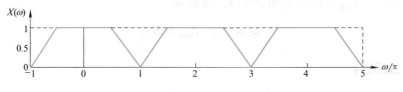

图 9-12 序列 $x(n)$ 的频谱

解 根据 $W(\omega) = X(2\omega)$ 画 $w(m)$ 的频谱 $W(\omega)$，如图 9-13 所示。因 $W(\omega)$ 的周期为 2π，故 $\omega = 0.5\pi \sim 1.5\pi$ 部分是上采样造成的频谱影像（Spectral Image）。若滤除频谱影像，则上采样频谱与 $X(\omega)$ 相同。

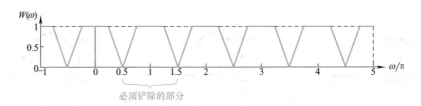

图 9-13 序列 $w(m)$ 的频谱

完整内插系统的滤波器是低通滤波器，如图 9-14 所示，滤波器用于滤除频谱影像，使内插序列和原序列保持一致。由于 $W(\omega) = X(I\omega)$，$X(\omega)$ 压缩了 I 倍，故滤波器的截止频率 $\omega_I = \pi/I$，频谱

$$H_I(\omega) = \begin{cases} I & (|\omega| < \omega_I) \\ 0 & (其他 \omega) \end{cases} \tag{9-24}$$

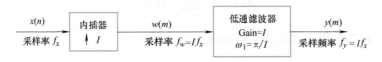

图 9-14 内插系统

通带幅度选 I 的根据是：滤波器滤除 $W(\omega)$ 中 $I-1$ 个频谱影像，剩下的频谱为原来的 $1/I$。或从时域看，以 f_x 速率数模转换 $x(n)$ 为基准，如图 9-15 所示；若 3 倍内插的 $w(m)$ 以 $3f_x$ 速率数模转换，如图 9-16 所示，相比之下 $w(t)$ 的面积是 $x(t)$ 的 $1/3$。依此类推其他内插倍数 I，故滤波器的通带幅度选 I。

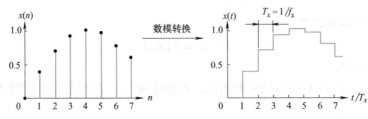

图 9-15 以 f_x 速率数模转换

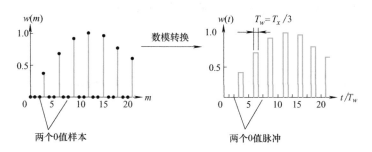

图 9-16　以 $3f_x$ 速率数模转换

内插滤波器按卷积处理 $w(m)$ 时，每 I 个 $w(m)$ 有 $I-1$ 个零值不用与 $h(m)$ 相乘。利用该特点，将 $h(m)$ 分为 I 段，每段由 $h(m)$ 按间隔 I 抽取的数据组成子系统，则每来一个 $x(n)$，$h(m)$ 的 I 个子系统轮流工作一遍，即得 I 个样本 $y(m)$。这么安排内插和滤波，可消除不必做的乘和加，提高计算机的效率。图 9-17 是 4 倍内插的算法，其子系统称多相滤波器（Polyphase Filter），交换器轮流输出子系统的信号。

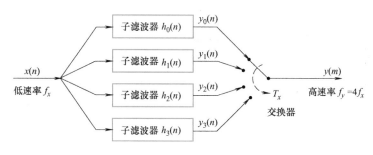

图 9-17　多相滤波器的内插

内插技术主要用于数模转换，如激光唱片（CD）、数字声音磁带（DAT）、数字播放器（MP3）、数字电视等数字信号。

低速率的数字信号数模转换时，对模拟抗镜像后置滤波器的要求十分严格。模拟电路易受元件精度、环境温度、电路环境等因素影响，制作陡峭过渡带的模拟滤波器很难，会增加数码产品成本。上采样可放宽模拟后置滤波器的苛刻要求，降低数码产品的成本和体积。

例 9.4　设激光唱片的数字信号频谱 $X(\omega)$ 为图 9-18 所示，采样率为 44kHz，若对 $x(n)$ 数模转换，请分析直接数模转换和 4 倍内插数模转换。

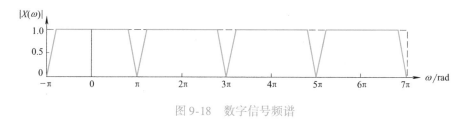

图 9-18　数字信号频谱

解　（1）直接数模转换

这种模拟重建的采样率和数字信号一样，如图 9-19 所示，保持器的各台阶时间为 $1/f_s$。

187

为易于推导，设 $x(n)$ 为采样信号 $x_s(t)$，则保持器的输出

$$y(t) = x_s(t) * h_s(t) \tag{9-25}$$

图 9-19 模拟信号重建

$h_s(t)$ 是速率 f_s 的零阶保持器，根据卷积定理，$y(t)$ 的频谱

$$Y(\Omega) = X_s(\Omega)H_s(\Omega) \tag{9-26}$$

因 $X_s(\Omega) = X(\omega)$，$\omega = \Omega T_s$，故 $X_s(\Omega)$ 的频谱为图 9-20 所示，而零阶保持器的频谱

$$H_s(\Omega) = T_s \frac{\sin(\pi\Omega/\Omega_s)}{\pi\Omega/\Omega_s} e^{-j\pi\Omega/\Omega_s} \tag{9-27}$$

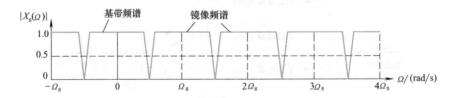

图 9-20 采样信号的频谱

其幅频特性如图 9-21 所示。因 $H_s(\Omega)$ 随 Ω 增加而衰落，故 $X_s(\Omega)H_s(\Omega)$ 时，镜像频谱衰减不净，而且 $X_s(\Omega)$ 的基带高频衰落，这些问题模拟电路很难解决。

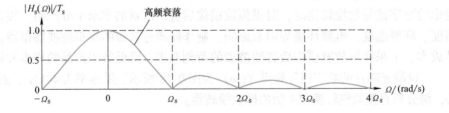

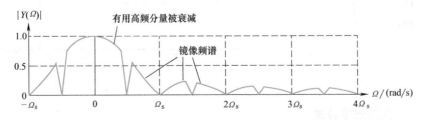

图 9-21 零阶保持器的幅频特性

（2）内插数模转换

这种模拟重建的采样率 $f_y = 4f_s$，如图 9-22 所示。4 倍内插的 $w(m)$ 频谱

$$W(\omega) = X(4\omega) \tag{9-28}$$

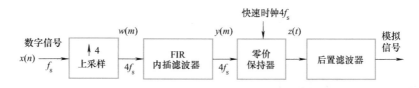

图 9-22　内插的模拟信号重建

其频谱如图 9-23 所示，周期仍是 2π。内插产生了 3 个镜像频谱，它们在数模转换前必须滤除。内插滤波器是数字滤波器，容易做成陡峭的低通滤波器，得到图 9-24 的频谱 $Y(\omega)$。为了应对高频衰落，通带幅度 $|H_{\text{interpolator}}(\omega)|$ 最好在通带高频端上翘，如图 9-25 所示。翘起的程度等于零阶保持器和后置滤波器的高频衰落总和。

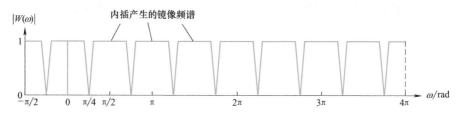

图 9-23　内插信号的频谱

图 9-24　内插滤波器的输出

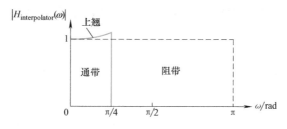

图 9-25　理想内插滤波器

数字信号 $y(m)$ 对应采样信号 $y_s(t)$，因 $Y_s(\Omega) = Y(\omega)$，$\omega = \Omega T_y$，故 $Y_s(\Omega)$ 的频谱如图 9-26 所示，$\Omega_y = 4\Omega_s$，为后面数模转换创造良好条件。

189

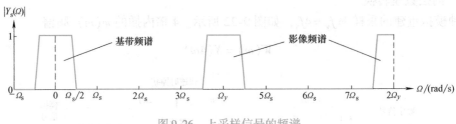

图 9-26 上采样信号的频谱

零阶保持器 $h_y(t)$ 的采样率为 f_y，其频谱

$$H_y(\Omega) = T_y \frac{\sin(\pi\Omega/\Omega_y)}{\pi\Omega/\Omega_y} e^{-j\pi\Omega/\Omega_y} \qquad (9\text{-}29)$$

其幅频特性如图 9-27 所示，第 1 零点在 $\Omega_y = 4\Omega_s$。按照卷积定理，$h_y(t)$ 的输出频谱

$$Z(\Omega) = Y_s(\Omega)H_y(\Omega) \qquad (9\text{-}30)$$

第 1 零点 Ω_y 大于 Ω_s 的好处是：降低基带的高频衰落，加大影像频谱的衰减，主值频谱远离影像频谱。

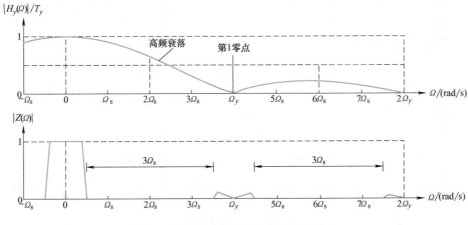

图 9-27 高速率零阶保持器的幅频特性

从时域看：直接数模转换的采样周期为 T_s，内插数模转换的采样周期为 $T_s/4$，波形如图 9-28 所示。

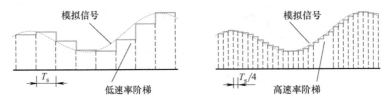

图 9-28 两种速率的阶梯信号

9.1.3　其他采样

抽取和内插是整数倍改变采样率。有些应用的采样率不是整数倍改变，如卫星数字广播的声音信号采样率 32kHz，激光唱片（CD）的声音信号采样率 44.1kHz，演播室的声音信号采样率 48kHz，这些设备使用不同信号时，会遇到采样率非整数倍变化。

非整数倍变化的采样率

$$f_y = \frac{I}{D} f_x \tag{9-31}$$

这在多速率数字系统接口（Interface）应用是常有的。如节目制作的数字声音磁带（DAT）采样率为 48kHz，用于无线数字广播时要变成广播音频速率 32kHz，这时速率变化比例 $I/D = 2/3$；同理，数字声音磁带的信号变为光盘（CD）播放机的信号时，采样率要从 48kHz 变为 44.1kHz，这时速率变化比例 $I/D = 147/160$。

非整数倍速率变化原理如图 9-29 所示，先 I 倍内插提高采样率，然后 D 倍抽取降低采样率。因内插和抽取滤波器都是低通滤波器，故可并为一个滤波器，如图 9-30 所示，其输入输出速率相同，频谱为

$$H(\omega) = \begin{cases} I & (|\omega| < \omega_c) \\ 0 & (\text{其他 } \omega) \end{cases} \quad (\omega_c = \min(\pi/I, \pi/D)) \tag{9-32}$$

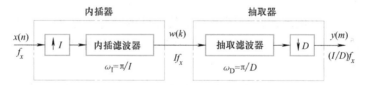

图 9-29　非整数倍速率变化

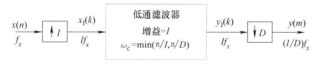

图 9-30　优化的速率变换器

非整数倍改变速率时，若先抽取后内插，抽取滤波器有可能会消除有用频谱，造成不可挽回的损失。

9.2　数字信号处理的系统

前面介绍的数字信号处理都是理论和方法，完整的数字信号处理是一个系统，付诸实践还要解决一些实际问题。

实际数字信号处理的是真实信号，常用通用计算机、专用集成电路或通用集成电路实现数字信号处理。

通用计算机实现数字信号处理时，在计算机上编程，即可处理数字信号。这种方法精度高、操作方便，但不能实时（Real Time）处理信号，适用于学习和研究阶段。

专用集成电路是按预定算法制作的集成电路，连接引脚即可处理数字信号。这种方法不用程序、处理速度快，但功能固定、应用范围有限，适用于体积、速度、稳定性和耗电苛求的地方。

通用集成电路是按数字信号处理特点制作的可编程集成电路，按指令处理信号。这种方法速度快、精度高、耗电少、应用范围广，但要编程，适用于体积、速度苛求的地方。

大部分数字信号处理都要求实时处理，要求数字的输出跟上数字的输入。数字信号处理器和通用计算机的区别在于：前者的信号源于自然界，运算方式只有乘、加和延时，要求信号及时输出。

根据这些特点制作的数字信号处理器芯片称DSP芯片或DSP，它采用哈佛（Harvard）结构，如图9-31所示，处理器按流水线方式工作，一个机器时钟周期取一条指令和两个操作数，并执行一条指令。数据存储器能单时钟周期访问（Dual-access）两次，程序存储器和数据存储器可互传数据，这是DSP厂家改进的哈佛结构。大多数DSP指令可在一个时钟周期内完成，一般的DSP速度为100MIPS（每秒百万条指令）。

图9-31　哈佛结构

除了哈佛结构，DSP的高速运行还得益于其硬件的乘法加法器（Multiply-add Computation Unit），简称乘加器，它一次计算耗时仅是电流通过门电路的时间，这意味着一个时钟周期就能完成一次乘加运算。

前八章介绍的数字信号和系统的数字默认与真实吻合，但实现数字信号处理时则不然，这时数字是二进制，长度有限。现实要求我们：要在真实和成本之间做恰当选择。

为对现实的数字进行操作，DSP芯片必须能够表示和计算实际数字。DSP芯片用二进制数表示数字，它的数字格式有两种：定点数和浮点数。

定点数（Fixed-point Number）的小数点位置固定，事先规定，不必写。小数格式常用于信号处理的计算，因为乘法结果舍去后面的比特不会误差太大。

浮点数（Floating-point Number）的小数点位置可变，它能表示很大的数，也能表示很小的数字，适合航天、测量、预警等领域，但运算不方便，成本较贵。

民用DSP的字长16bit，专业DSP的字长24bit或32bit。DSP在信号模数转化和数字计算时都有误差，若字长16bit，相对误差为 $2^{-16} \approx 0.000015$，远优于模拟信号处理。

9.3　应用实例

DSP按流水线方式工作，每时钟周期乘加一次，运算能力极强，可处理多路信号。例如100MIPS的DSP，若处理采样率48kHz的信号，则DSP在每个采样间隔可乘加2000多次。下面从系统的角度，介绍三个应用实例。

例 9.5　设声音信号的采样率 10kHz，人耳分辨两个声音的最小时差为 50ms。请设计一个简易的合唱效果数字系统，将一人歌声变为二人歌声。只介绍信号处理原理和系统硬件结构。

解　合唱相当于将输入信号延时 50ms，然后与当前输入信号相加，差分方程是

$$y(n) = x(n) + x(n-d) \tag{9-33}$$

d 为正整数。根据最小时差和采样率，$d = 500$。它说明 DSP 要用 500 个存储器单元作为延时器，以实现 50ms 延时。简易的合唱系统为

$$y(n) = x(n) + x(n-500) \tag{9-34}$$

实际合唱时，合唱人的速度音量略有差别，故仿真合唱的系统应该是

$$y(n) = x(n) + a(n)x[n-d(n)] \tag{9-35}$$

让 $a(n)$ 在 1 附近、$d(n)$ 在 500 附近慢速随机变化。

音效系统硬件结构如图 9-32 所示，AD/DA 芯片为模数/数模转换电路，DSP 芯片执行差分方程的计算，外部存储器芯片保存程序，开机时程序存入 DSP 芯片的随机存储器，它可高速运行。晶体产生 DSP 芯片时钟，电源芯片产生稳定的工作电压。

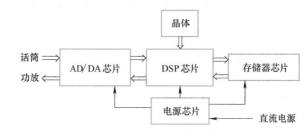

图 9-32　音效系统结构

滤波器的系数若能根据环境自动调整，这种滤波器称为自适应（Adaptive）滤波器，它在汽车制造业可用来减少车厢内噪声，为乘客营造舒适的环境，还可用来降低汽缸油耗、减缓汽车振动和防止汽车碰撞。

例 9.6　汽车车厢内的噪声主要来自发动机的振动和汽车在路面的颠簸，其频率集中在 1kHz 以内。请介绍降低车厢内噪声的原理，并给出数字降噪的系统结构。

解　两个声波在空中相遇时，若它们的振动方向相同、相位相反，则互相抵消。据此，将噪声信号延时，并设法使它产生的声音与车厢噪声的性质相反，则可降低车厢噪声。

获取汽车原始噪声的方法是在发动机表面、底盘、窗框等处安装振动传感器。数字降噪系统如图 9-33 所示，数字信号处理部分由可变系数滤波器和系数修正器组成。传感器拾取的信号 $x(n)$ 除了机械振动，还包含汽车自身和环境的电磁干扰，必须滤除。滤波器负责滤波和延时。为了保证系统稳定，滤波器应采用 FIR 滤波器，

$$y(n) = \sum_{d=0}^{D-1} b_d x(n-d) \tag{9-36}$$

b_d 是延时样本 $x(n-d)$ 的权（Weight），控制 $x(n-d)$ 对减噪信号 $y(n)$ 的贡献。若喇叭播放的 $y(n)$ 声波与车厢内噪声的性质相反，就能减小噪声。

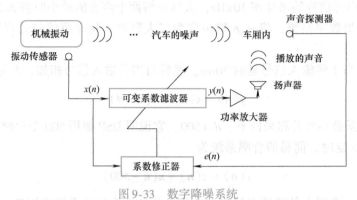

图 9-33 数字降噪系统

由于汽车运行状况随环境而变，噪声无规律，还有车厢内物品乘客不同，所以，制作固定系数的滤波器毫无疑义。滤波器的系数应随时间变化，由系数修正器调整，输出

$$y(n) = \sum_{d=0}^{D-1} b_d(n)x(n-d) \tag{9-37}$$

每输出一个 $y(n)$，系数修正器就根据 $x(n)$ 和车厢噪声 $e(n)$ 调整 $b_d(n)$，目标是使 $e(n)$ 最小。根据 $b_d(n)$ 控制 $x(n-d)$ 的减噪贡献和 $e(n)$ 反映减噪效果，下次 $y(n+1)$ 的权

$$b_d(n+1) = b_d(n) + cx(n-d)e(n) \tag{9-38}$$

c 值由实验决定。这种处理方式可减小车厢内噪声。

许多自动控制的 DSP 芯片内有 $8\sim16$ 个模数转换器，还有闪存（Flash），可保存降噪程序，用这种 DSP 构建的降噪系统如图 9-34 所示。

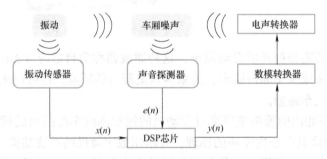

图 9-34 基于 DSP 芯片的降噪系统

例 9.7 移动通信系统也叫数字蜂窝电话系统（Digital Cellular Phone System），它由基站（Base-station）和手机（Handset）组成。基站是小型无线发射接收电台，它们按蜂窝形状分布在许多制高点。手机是用户手持无线移动电话，经常随用户运动改变位置。由于手机经常位移及其信号来自多方向基站，使得移动通信的信号十分复杂。请设计一个应对策略。

解 移动通信系统要考虑的问题可归结为两个，提高信号的传输效率和降低信号的传输错误。应对策略如图 9-35 所示，系统由发射机、空间信道和接收机组成，这里仅显示数码部分。

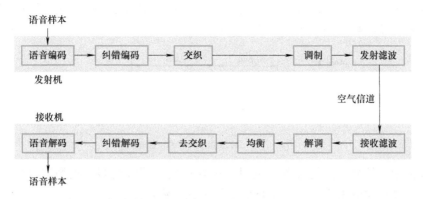

图 9-35 移动通信系统

在发射机中，语音编码的作用是用很少的数码（比特）表示信号，使信道（Channel）可容纳更多用户通话。

纠错编码的作用是安排数码的位置，并加入一些比特，让接收机能自动识别和纠正传输错误。

交织（Interleave）的作用是将顺序排列的码字分散到不同的时间位置，防止严重的信号衰落或爆发性干扰造成长串信号丢失。

调制则是将编码后的比特序列（比特流）变成适合空气信道传输的电信号。无线电信号可写为

$$s(t) = a(t)\cos[2\pi f_c t + \theta(t)] \tag{9-39}$$

载波幅度 $a(t)$、初相位 $\theta(t)$ 和频率 f_c 都可携带信息。该信号的数字形式为

$$s(n) = a(n)\cos[\omega_c n + \theta(n)] \tag{9-40}$$

它可分解为

$$\begin{aligned} s(n) &= a(n)\cos[\theta(n)]\cos(\omega_c n) - a(n)\sin[\theta(n)]\sin(\omega_c n) \\ &= I(n)\cos(\omega_c n) + Q(n)\sin(\omega_c n) \end{aligned} \tag{9-41}$$

$I(n) = a(n)\cos[\theta(n)]$ 和 $Q(n) = -a(n)\sin[\theta(n)]$ 称正交分量，包含传输的信息。数字调制时，先算正交分量 $I(n)$ 和 $Q(n)$，然后与载波相乘再相加。由于正交分量与载波的速率不同，故调制前正交分量要上采样，如图 9-36 所示。

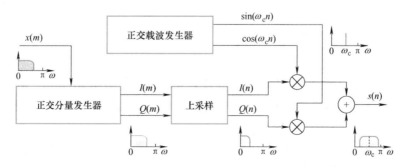

图 9-36 数字调制

数字信号 $s(n)$ 的频谱 $S(\omega)$ 是周期的，如图 9-37 所示，各周期的间距太近，不利于数模转换，发射滤波单元用上采样完成数模转换。

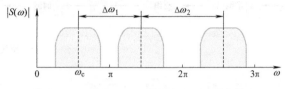

图 9-37　数字调制信号的频谱

在接收机中，信号处理的过程与发射机正好相反。接收机多了均衡器（Equalizer），其作用是补偿信号传输的失真。失真来自信道的干扰，将信道表示为 $H_{\text{channel}}(z) = Y(z)/X(z)$，为了恢复发射信号 $x(n)$，接收信号 $y(n)$ 由均衡器 $H_{\text{equalizer}}(z) = W(z)/Y(z)$ 来处理，如图 9-38 所示，只要 $H_{\text{equalizer}}(z)$ 等于 $H_{\text{channel}}(z)$ 的倒数，那么，$W(z)/X(z) = H_{\text{channel}}(z)$ $H_{\text{equalizer}}(z) = 1$，均衡器的输出 $w(n)$ 就能等于 $x(n)$。为了准确补偿时变信道的影响，均衡器应为自适应滤波器。

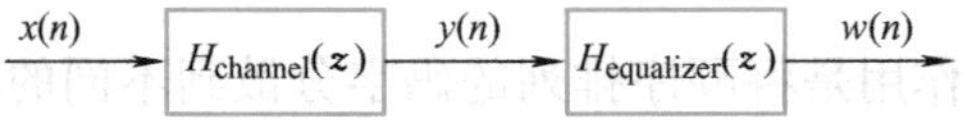

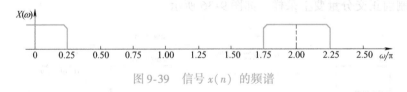

图 9-38　信道均衡

9.4　习题

1. 脑电波频谱分布在 $f = 0.5 \sim 100\text{Hz}$，设电波
$$x(t) = 1 + 2[1 + \sin(2\pi t)]\sin(4\pi t)\ \text{mV}$$
若以采样率 200Hz 对 $x(t)$ 采样，请画离散时间信号 $x(n)$ 在 $n = 0 \sim 40$ 的波形，并画对 $x(n)$ 抽取间隔为 4 的下采样信号 $y(m)$，指出 $y(m)$ 的采样率。

2. 为了提高存储器、处理器和通信设备的使用效率，应尽量降低数字信号的速率。设高速率 f_x 数字信号 $x(n)$ 的频谱为图 9-39 所示，请推算 $x(n)$ 能降低的速率是多少？并画出降低速率后的频谱 $Y(\omega)$，指出 $y(m)$ 的通信流量是 $x(n)$ 的多少倍？

图 9-39　信号 $x(n)$ 的频谱

3. 设传真机（Facsimile）的原始数字信号 $x(n)$ 频谱按图 9-40 分布，有用信号最高频率 $\omega_a = 0.2\pi$，截止频率 $\omega_c = 0.4\pi$，采样率 $f_s = 100\text{kHz}$。请以 f 为自变量，画出直接 2 倍和 3 倍抽取的频谱，并指出它们的特点。

4. 过采样模数转换器如图 9-41 所示，设模数转换器的速率 $f_x = Df_y$，$f_y = 2f_{\text{pass}}$，f_{pass} 是有用频谱最高频率。若前置滤波器是三阶巴特沃斯滤波器，其通带最大衰减为 0.1dB，阻带最小衰减为 60dB。求抽取器的抽取间隔 D。

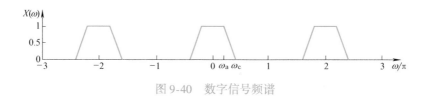

图 9-40　数字信号频谱

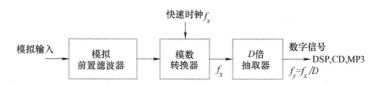

图 9-41　过采样模数转换器

5. 前面介绍的直接内插是在相邻样本间添加零值样本。试想两种简单的直接内插。

6. 内插就是在序列 $x(n)$ 的连续样本间填补额外样本，如图 9-42 所示，形成高速率序列 $y(m)$。请用卷积定理证明，当低通滤波器的通带幅度等于 I 时，I 倍内插序列 $y(In) = x(n)$。

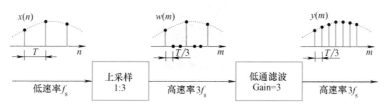

图 9-42　上采样 3 倍的内插过程

7. 如果 4 倍内插器的低通滤波器是 $N = 15$ 的 FIR 滤波器，请用矩形窗设计这个滤波器。

8. 已知内插滤波器的脉冲响应 $h(n) = [b_0, b_1, b_2, b_3, b_4, b_5, b_6, b_7, b_8, b_9, b_{10}, b_{11}, b_{12}, b_{13}, b_{14}]$，内插因子 $I = 4$。请设计实现数字内插的多相滤波器。

9. 设软件无线电的数字信号为

$$s(n) = I(n)\cos(\omega_c n) + Q(n)\sin(\omega_c n)$$

正交基带信号 $I(n) = a(n)\cos[\theta(n)]$ 和 $Q(n) = -a(n)\sin[\theta(n)]$。若 $I(m)$ 和 $Q(m)$ 的速率 $f_b = 4\text{kHz}$，正交载波 $\cos(\omega_c n)$ 和 $\sin(\omega_c n)$ 的速率 $f_s = 10\text{MHz}$，请问怎样实现数字信号调制，画出调制框图。

10. 专业数字录音机（DAT）的采样率是 48kHz，数字广播的采样率是 32kHz。若将采样率从 48kHz 减小到 32kHz，请问采样率变换器的低通滤波器截止频率取多少？

11. 设 $f_c = 100\text{kHz}$ 的超声波射向房屋的玻璃，玻璃的反射波为

$$s(t) = A[1 + v(t)]\cos(2\pi f_c t)$$

$v(t)$ 为 1kHz 内的屋内动静。请按奈奎斯特采样定理，选择信号数字解调和保存时的采样率。

12. 语音通信只需传输 100 ~ 3400Hz 的信号。设数字语音调幅波 $s(n)$ 的采样率 $f_s = 24\text{kHz}$，有用频谱 $S(\omega)$ 分布在 $0.387\pi \sim 0.953\pi$ 的范围，如图 9-43 所示。为提高调幅波频率，以 $I = 6$ 对 $s(n)$ 内插 0 值，得内插信号 $u(m)$。请画出 $u(m)$ 的频谱，并给出其采样率。

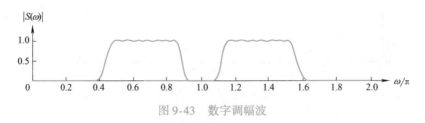

图 9-43　数字调幅波

13. 设 DSP 芯片的时钟为 100MHz，每秒执行 100M 条指令，每个信号样本进出 DSP 芯片需要 10 个时钟周期，执行图像处理的运算需 90 条指令。问该芯片能处理的图像信号最高频率是多少？

14. 设激光唱机（CD 播放机）的采样率是 44.1kHz，每样本处理需 1000 条指令。请问唱机的 DSP 芯片处理速度 MIPS 应为多少？若 DSP 每时钟周期执行一条指令，这个 DSP 的时钟速度是多少？若 DSP 每时钟周期执行两条指令，这个 DSP 的时钟速度是多少？

习题参考答案

以下实验均在通用计算机上进行，软件为 MATLAB。MATLAB 是美国 MathWorks 公司出品的数学软件，容易上手，用于数值计算、数据可视化、数据分析、算法开发等领域。为加深对理论的理解，请尽量用基本数学函数完成实验。实验报告要求：布局整齐，先原理、数学模型，后程序，数据图形要有坐标符号，实验结果要有理论分析。

10.1 测量人耳的回声阈值

1949 年美国科学家 Hans Wallach 等发现，当一个声音到达人耳，紧接着该声音从别的方向传来，时差小于某阈值，则人感觉是一个声音，位置在第一声源；这个阈值对于咔哒声为 1~5ms，对于语音和音乐为 40ms。时差大于这个阈值时，后到的声音被听为回声。他们在论文中称这种现象为优先效应（Precedence Effect）。

请设计一个实验，将一个声音信号与其延时信号相加，通过仔细收听，测量自己的优先效应阈值，并根据时序 n 和时间 t 画声波图。建议用咔哒、语音和音乐三种声音做实验，信号为单声道，长 1s，采样率为 8000Hz。

实验的参考指令：wavrecord, help, wavread, sound, $[x, zeros(1,2)]$, $[zeros(1,2), x]$, $h = [1, zeros(1,2), 1]$, conv, subplot, plot。

10.2 观察男女声的频谱

人能听到的声音频谱在 20~20000Hz，典型成年男性的语音基频在 85~180Hz，女性的在 165~255Hz。

请根据离散时间傅里叶变换

$$X(\omega) = \sum_{n=0}^{N-1} x(n) e^{-j\omega n} \tag{10-1}$$

分析三男三女的声音频谱 $X(\omega)$，要求根据数字角频率 ω 和频率 f 画幅频特性。建议信号为单声道，长 1s，采样率为 8000Hz。

因计算机不能计算连续函数，故在主值区间 $[0, 2\pi)$ 对 $X(\omega)$ 采样，令 $\omega = \Delta\omega k$，$\Delta\omega = 2\pi/K$，$k = 0 \sim K-1$，K 要满足频率采样定理。

实验的参考指令：length，w = 2 * pi/K * k，x * exp(− j * n' * w)，f = fs/K * k，abs。

10.3 声音失真的测试

人耳分辨失真的能力与频率和响度有关：对于频率较低的声音，小于 10% 的失真一般听不出来；对于中等响度的声音，小于 5% 的失真一般听不出来。

请用频谱置 0 的方法压缩声音信号，将 80% 小幅度的频谱用 0 表示，倾听压缩前后的声音，并计算信号压缩后的波形失真。建议用 MATLAB 自带的声音信号做实验，信号样本取 4000 个，用相关系数比较波形失真。要求根据 t 和 f 画出信号波形和幅频特性。

实验参考步骤：

下载信号→计算频谱→计算频谱置 0 的数量→频谱绝对值从小到大排列→算出幅度阈值→小于阈值的频谱置 0→合成信号→播放声音→计算相关系数。

理论上，实数信号的傅里叶变换恢复的还是实数信号。实际上，计算机的计算有误差，合成信号难免为复数，故播放合成信号时要用信号实部。

实验的参考指令和声音文件：load，mtlb，gong，train，chirp，floor，a = sort(abs(X))，b = a(floor(0.8 * N) + 1)，[abs(X) > = b].* X，1/N * Y * exp(j * w' * n)，real。

10.4 双音多频通信

双音多频（Dual-Tone Multi Frequency）简称 DTMF，是一种 4 × 4 按钮键盘编码方法，原理是用一个音频低频和高频正弦波组成一个按钮信号，如图 10-1 所示。

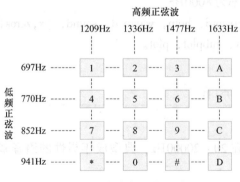

图 10-1 双音多频的按钮编码

双音多频广泛用于固定电话和移动服务，还用于监控信令。其信号产生和解调可以用模拟电路实现，也可以用数字信号处理实现。本书介绍的理论可模拟 DTMF 的产生、传送和解码，下面是编程的参考方法。

信号产生：设置号码→设置频率→输入号码→判断号码长度→识别号码→产生号码正弦波→播放声音。

信号传送：接收 = 发送，或接收 = 发送 + 噪声。

信号解码：设置样本量→设置正弦波的最佳频序→设置频谱阈值→计算频谱→判断频谱的号码位置→输出号码。

实现 DTMF 的程序和实验要求：

（1）发射机程序（在 MATLAB 的 Command Window 中输入号码，可连续输入多个）

```
DTMF = [ '123A';'456B';'789C';' * 0#D'];
fL = [697,770,852,941];fH = [1209,1336,1477,1633];
n = 0:1000;
fs = 8000;
b = input('请输入按键号码:','s');
L = length(b);
for m = 1:L,
    for p = 1:4,
        for q = 1:4,
            if DTMF(p,q) = = b(m),break,end;
        end
        if DTMF(p,q) = = b(m),break,end;
    end
    x(m,:) = sin(2 * pi * fL(p) * n/fs) + sin(2 * pi * fH(q) * n/fs);
    sound(x(m,:),fs);pause(0.2);
end
```

请解释各指令的作用，并根据时序和频序画单号码的发送信号 x 波形和幅频特性。参考指令为 $N = length(x)$，$x * exp(-j * 2 * pi/N * n' * k)$。

（2）信道程序（连续输入符号时用"或"前面的指令，画图时用"或"后面的指令）

```
y = x;% 或 N = length(x);y = x + randn(1,N);
```

请根据时序和频序画单号码的接收信号 y 波形和幅频特性，并与 x 波形和幅频特性比较。参考指令为 $y * exp(-j * 2 * pi/N * n' * k)$。

（3）接收机程序（解码所需样本最少为 205 个，只用算 8 个频序的频谱）

```
N = 205;
k = [18,20,22,24,31,34,38,42];
r = 80;
d = [];
for m = 1:L;
    Y(m,:) = abs(y(m,1:N) * exp( -j * 2 * pi/N * (0:N-1)' * k));
    for s = 1:4;
        if Y(m,s) > r,break,end
```

```
      end
      for t = 5:8;
          if Y(m,t) > r,break,end
      end
      d = [d,DTMF(s,t-4)]
    end;
    disp(['接收号码是:',d]);
```

请解释各指令的作用，并根据时序和频序画单符号样本 y 的波形和幅频特性，并分析 $k = 0 \sim N-1$ 与 $k = [18,20,22,24,31,34,38,42]$ 的频谱区别。参考指令为 n = 0: N-1, y = y(n+1), k = n, k = [18,20,22,24,31,34,38,42], Y = y * exp(-j * 2 * pi/N * n' * k), stem(k,abs(Y),'.')。

10.5   心电图信号的滤波

心脏健康状况可用心电图（Electrocardiogram）信号观察，但信号必须无环境污染，才能让医生诊断。常见的污染源是交流电源，它辐射的电磁场会经电容耦合和电磁感应进入心电图信号。设 $h(n)$ 为一个周期的心电图信号，$h(n) = [78, -39.5, -70.7, -17, -17, -16.5, -16.5, -15, -15, -14.5, -10, -3.5, 1, -3.5, -12, -16, -17, -18, -18, -18, -18, -18, -18, -18, -18, -16.5, -4, 9, 19, 6.5, -11, -17, -17, -18, -23, -18.3, 49]$，其采样率为 50Hz；现将 $h(n)$ 变为 3 个周期的信号，并将采样率提升到 200Hz，加入 50Hz 的交流干扰，其程序为

```
    fs = 50;T = 1/fs;
    h = [78, -39.5, -70.7, -17, -17, -16.5, -16.5, -15, -15, -14.5, -10, -3.5,
1, -3.5, -12, -16, -17, -18, -18, -18,...
      -18, -18, -18, -18, -18, -16.5, -4,9,19,6.5, -11, -17, -17, -18, -23, -
18.3,49];
    m = 3;L = m * length(h);% 扩展长度
    hm = reshape(h' * ones(1,m),1,L);% 三个周期样本
    hm = hm/max(hm);% 归一化
    t = (1:L) * T;
    subplot(411);plot(t,hm,'k');axis([0,2, -1.5,1.5]);ylabel('h_{50}(t)');% 采
样率 50Hz 的曲线
    ti = [T:1/200:T * L];% 采样率 200Hz 的时间
    hi = interp1(t,hm,ti,'spline');% 信号 hm 内插
    subplot(412);plot(ti,hi,'k');axis([0,2, -1.5,1.5]);ylabel('h_{200}(t)');% 采
样率 200Hz 的曲线
    s = hi + 0.3 * sin(2 * pi * 50 * ti);% 有污染的信号
    subplot(413);plot(ti,s,'k');axis([0,2, -1.5,1.5]);xlabel('t/s');ylabel('s(t)');%
有污染的曲线
```

程序运行结果如图 10-2 所示，$h_{50}(t)$ 是采样率 50Hz 的心跳信号波形，$h_{200}(t)$ 是采样率 200Hz 的心跳信号波形，$s(t)$ 是有污染的心跳信号波形。

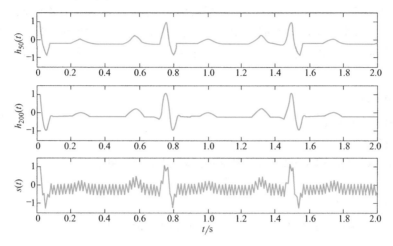

图 10-2　纯净的心跳曲线和有污染的心跳曲线

请用零极点设计法，设计一个二阶点阻滤波器，并用 MATLAB 的基本指令消除信号 $s(t)$ 中的干扰。要求根据时间画信号滤波后的波形。

设计的原理：设置零极点→写系统函数→写差分方程→写程序→运行程序→根据结果调整极点半径，直至滤波效果最好和进入稳定状态的时间最短。

实验的参考指令：for，end，$y(n) = s(n) + s(n-2) - r^2 * y(n-2)$。

10.6　软件无线电通信

软件无线电是软件指挥硬件工作的通信方式，其特点是，能用数字方式解决的通信问题都用可编程 DSP 芯片和程序来完成。

电磁波传输信号都是以模拟方式进行的，数字信号也不例外。图 10-3 表示软件无线电调幅通信，将英文字符加载到高频正弦波上，进行所谓无线电通信。

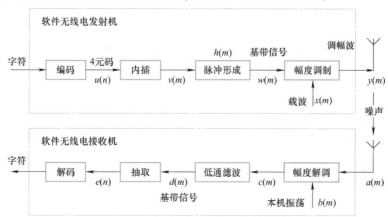

图 10-3　软件无线电通信

英文字符常用 ASCII 编码，MATLAB 能将字符变为 ASCII 码。若在 MATLAB 的 Command Window 中输入字符串 s = 'yym'和 real (s)，回车就能看到 s 的 ASCII 码。

软件无线电发射机的任务是用字符调制载波：先将字符编码为 4 元码 $u(n)$，码集为 $\{-3,-1,1,3\}$，每个字符用 4 个码表示；然后，提高码信号的速率，形成窄带波形（基带信号），用它调制载波幅度。该过程的 MATLAB 程序如下，请解释每条指令的含义。

```
s = ' $ '
N = length(s);
u = zeros(1,4*N);
for k = 1:N;
    u(4*k-3:4*k) = 2*(dec2base(s(k),4,4)) - 99;
end
figure(1)
subplot(321);stem(u,'.'),xlabel('n');ylabel('u(n)');
L = length(u);M = 200;
v = zeros(1,L*M);
v(1:M:end) = u;
subplot(322);stem(v,'.');xlabel('m');ylabel('v(m)');
h = hamming(M);
subplot(312);stem(h,'.');xlabel('m');ylabel('h(m)');
w = filter(h,1,v);
subplot(325);plot(w);xlabel('m');ylabel('w(m)');
x = cos(0.2*pi*1:L*M);
y = w.*x;
subplot(326);plot(y);xlabel('m');ylabel('y(m)');
```

软件无线电接收机的任务是从收到的信号恢复字符：先从接收信号恢复基带信号，并降低其速率，然后判断信号对应的码电平，译出字符。该过程的 MATLAB 程序如下，请解释每条指令的含义。

```
a = y + 0.3*randn(size(y));
figure(2)
subplot(221);plot(a);xlabel('m');ylabel('a(m)');
b = cos(0.2*pi*1:L*M);
c = a.*b;
N = 50;% FIR 滤波器阶
w = [0,0.2,0.3,1];% 滤波器归一化频率
A = [1,1,0,0];% 滤波器幅度
B = 2*firpm(N,w,A);
d = filter(B,1,c);
subplot(222);plot(d);xlabel('m');ylabel('d(m)');
```

```
e = d(0.5 * (N + M):M:end);%抽取波形极点
subplot(223);stem(e,'.');xlabel('n');ylabel('e(n)');
f = round((e + 3)/2) * 2 - 3;
subplot(224);stem(f,'.');xlabel('n');ylabel('f(n)');
L = length(f)/4;
for k = 1:L;
    r(k) = base2dec(char((f(4 * k - 3:4 * k) + 99)/2),4);
end
r = char(r)
```

请对比汉明窗和矩形窗的频谱，说明用汉明窗作为码波形的好处。参考指令有 ones，rectwin，freqz。

参 考 文 献

[1] 彼得·罗赛尔. 大脑的功能与潜力 [M]. 付庆功, 滕秋立, 译. 北京: 中国人民大学出版社, 1988.

[2] 陈桂明, 张明照, 戚红雨. 应用 MATLAB 语言处理数字信号与数字图像 [M]. 北京: 科学出版社, 2001.

[3] 陈怀琛, 吴大正, 高西全. MATLAB 及在电子信息课程中的应用 [M]. 北京: 电子工业出版社, 2002.

[4] 陈生潭, 郭宝龙, 李学武, 等. 信号与系统 [M]. 2 版. 西安: 西安电子科技大学出版社, 2003.

[5] 程佩青. 数字信号处理教程 [M]. 2 版. 北京: 清华大学出版社, 2004.

[6] 丁玉美, 高西全. 数字信号处理 [M]. 2 版. 西安: 西安电子科技大学出版社, 2002.

[7] 董绍平, 陈世耕, 王洋. 数字信号处理 (修订版) [M]. 哈尔滨: 哈尔滨工业大学出版社, 2001.

[8] 冯桂, 林其伟, 陈东华. 信息论与编码技术 [M]. 北京: 清华大学出版社, 2007.

[9] 冯象初, 甘小冰, 宋国乡. 数值泛函与小波理论 [M]. 西安: 西安电子科技大学出版社, 2003.

[10] 高西全, 丁玉美. 数字信号处理 (第二版) 学习指导 [M]. 西安: 西安电子科技大学出版社, 2002.

[11] 谷萩隆嗣. 数字信号处理基础理论 [M]. 薛培鼎, 徐国鼐, 译. 北京: 科学出版社, 2003.

[12] 顾德仁, 等. 脉冲与数字电路: 下册 [M]. 北京: 人民教育出版社, 1980.

[13] 胡广书. 数字信号处理——理论、算法与实现 [M]. 2 版. 北京: 清华大学出版社, 2004.

[14] 胡广书. 现代信号处理教程 [M]. 北京: 清华大学出版社, 2005.

[15] 胡航. 语音信号处理 [M]. 哈尔滨: 哈尔滨工业大学出版社, 2000.

[16] 姜建国, 曹建中, 高玉明. 信号与系统分析基础 [M]. 2 版. 北京: 清华大学出版社, 2006.

[17] 井上伸雄. 数字信号处理的应用 [M]. 孙祺荫, 孙绍明, 等译. 北京: 科学出版社, 1991.

[18] 酒井英昭. 信号处理 [M]. 白玉林, 译. 北京: 科学出版社, 2001.

[19] 李径定, 方卓毅, 元广杰, 等. 汽车车内结构噪声新型控制方法实验研究 [J]. 汽车工业, 2001, 23 (4): 262 - 265.

[20] 李明生. 电子测量与仪器 [M]. 北京: 高等教育出版社, 2004.

[21] 李水根, 吴纪桃. 分形与小波 [M]. 北京: 科学出版社, 2003.

[22] 刘顺兰, 吴杰. 数字信号处理 [M]. 西安: 西安电子科技大学出版社, 2003.

[23] 刘卫国. MATLAB 程序设计与应用 [M]. 2 版. 北京: 高等教育出版社, 2006.

[24] 卢官明, 宗昉. 数字音频原理及应用 [M]. 北京: 机械工业出版社, 2005.

[25] 彭启琮, 李玉柏, 管庆. DSP 技术的发展与应用 [M]. 北京: 高等教育出版社, 2002.

[26] 芮坤生, 潘孟贤, 丁志忠. 信号分析与处理 [M]. 2 版. 北京: 高等教育出版社, 2003.

[27] 沈世镒, 吴忠华. 信息论基础与应用 [M]. 北京: 高等教育出版社, 2005.

[28] 史可信. 力学 [M]. 北京: 科学出版社, 2005.

[29] 汪学刚, 张明友. 现代信号理论 [M]. 北京: 电子工业出版社, 2005.

[30] 王秉钧, 王少勇. 卫星通信系统 [M]. 北京: 机械工业出版社, 2004.

[31] 王丹, 陈纪椿. DSP 上的指纹识别模块的实现 [J]. 计算机应用, 2004, (2): 6 - 8.

[32] 王军宁, 吴成柯, 党英. 数字信号处理器技术原理与开发应用 [M]. 北京: 高等教育出版社, 2003.

[33] 王世一. 数字信号处理 (修订版) [M]. 北京: 北京理工大学出版社, 2000.

[34] 吴镇扬. 数字信号处理. 北京: 高等教育出版社, 2004.

[35] 谢兴甫. 立体声原理 [M]. 北京：科学出版社，1981.

[36] 徐惠康，施转坤，孙淑英. 电子技术 [M]. 北京：机械工业出版社，1999.

[37] 徐科军，全书海，王建华. 信号处理技术 [M]. 武汉：武汉理工大学出版社，2001.

[38] 杨小牛，楼才义，徐建良. 软件无线电原理与应用 [M]. 北京：电子工业出版社，2001.

[39] 杨毅明. 会学习是大学生必备的素质 [J]. 华侨高等教育研究，2002（1）：113 – 116.

[40] 杨毅明. 简化傅里叶变换 [J]. 电气电子教学学报，2005，27（2）：35 – 37.

[41] 杨毅明. 教会学生如何学习数字信号处理 [J]. 电气电子教学学报，2005，27（4）：99 – 104.

[42] 杨毅明. 数字信号处理 [M]. 北京：机械工业出版社，2011.

[43] 余兆明，李晓飞，陈来春. 数字电视设备及测量 [M]. 北京：人民邮电出版社，2000.

[44] 雨宫好文，佐藤幸南. 信号处理入门 [M]. 宋伟刚，译. 北京：科学出版社，2000.

[45] 曾涛，李昕，龙腾. 高速实时数字信号处理器 SHARC 的原理及其应用 [M]. 北京：北京理工大学出版社，2000.

[46] 张善文，雷英杰，冯有前. MATLAB 在时间序列分析中的应用 [M]. 西安：西安电子科技大学出版社，2007.

[47] 张延华，姚林泉，郭玮. 数字信号处理——基础与应用 [M]. 北京：机械工业出版社，2005.

[48] 赵尔沅，周利清，张延平. 数字信号处理实用教程 [M]. 北京：人民邮电出版社，1999.

[49] 赵静，但琦，严尚安，等. 数学建模与数学试验 [M]. 3 版. 北京：高等教育出版社，2008.

[50] 赵凯华，罗蔚茵. 力学 [M]. 2 版. 北京：高等教育出版社，2004.

[51] 郑阿奇，曹戈，赵阳. MATLAB 实用教程 [M]. 北京：电子工业出版社，2004.

[52] 郑君里，应启珩，杨为理. 信号与系统 [M]. 2 版. 北京：高等教育出版社，2001.

[53] Avtar Singh, Srinivasan S. 数字信号处理 [M]. 蒋晓颖，译. 北京：清华大学出版社，2005.

[54] Boggess A, Narcowich F J. A First Course in Wavelets with Fourier Analysis [M]. Englewood Cliffs NJ：Prentice Hall，2001.

[55] Bose T. Digital Signal and Image Processing [M]. New York：John Wiley & Sons，2004.

[56] Boyce W E, DiPrima R C. Elementary Differential Equations and Boundary Value Problems [M]. 3rd ed. New York：John Wiley & Sons, Inc.，1977.

[57] Girod B, Rabenstein R, Stenger A. Signals and Systems [M]. New York：John Wiley & Sons，2001.

[58] Hayes M H. 数字信号处理 [M]. 张建华，卓力，张延华，译. 北京：科学出版社，2002.

[59] Haykin S, Veen B V. Signals and Systems [M]. 2nd ed. New York：John Wiley & Sons，2003.

[60] Ifeachor E C, Jervis B W. 数字信号处理实践方法 [M]. 2 版. 罗鹏飞，杨世海，朱国富，等译. 北京：电子工业出版社，2004.

[61] Jerry Whitaker. 数字技术：数字电视原理与应用 [M]. 邱绪环，乐陶，徐孟侠，等译. 北京：电子工业出版社，2000.

[62] Johnson Jr C R, Sethares W A. 软件无线电 [M]. 潘甦，译. 北京：机械工业出版社，2008.

[63] Manolakis D G, Ingle V K, Kogon S M. Statistical and Adaptive Signal Processing：Spectral Estimation, Signal Modeling, Adaptive Filtering and Array Processing [M]. New York：McGraw-Hill，2000.

[64] Mitra S K. Digital Signal Processing：A Computer-Based Approach [M]. 2nd ed. New York：McGraw-Hill，2001.

[65] Oppenheim A V, Schafer R W, Buck J R. Discrete-time Signal Processing [M]. 2nd ed. Englewood Cliffs NJ：Prentice Hall，1999.

[66] Oppenheim A V, Willsky A S, Nawab S H. Signals and Systems [M]. 2nd ed. Englewood Cliffs NJ：Prentice Hall，1997.

[67] Orfanidis S J. Introduction to Signal Processing [M]. Englewood Cliffs NJ：Prentice Hall，1996.

［68］Sen M Kuo，Bob H Lee. Real-Time Digital Signal Processing：Implementations，Applications，and Experiments with the TMS320C55x ［M］. New York：John Wiley & Sons，2001.

［69］Sen M Kuo，Woon-Seng Gan. Digital Signal Processors：Architectures，Implementations，and Applications ［M］. Upper Saddle River，NJ：Prentice Hall，2005.

［70］Thomas F Quatieri. 离散时间语音信号处理——原理与应用 ［M］. 赵胜辉，刘家康，谢湘，等译. 北京：电子工业出版社，2004.

［71］Vegte J V 数字信号处理基础 ［M］. 侯正信，王国安，等译. 北京：电子工业出版社，2003.